NF文庫
ノンフィクション

四人の連合艦隊司令長官

日本海軍の命運を背負った提督たちの指揮統率

吉田俊雄

潮書房光人社

四人の連合艦隊司令長官——目次

第三章　豊田副武の作戦

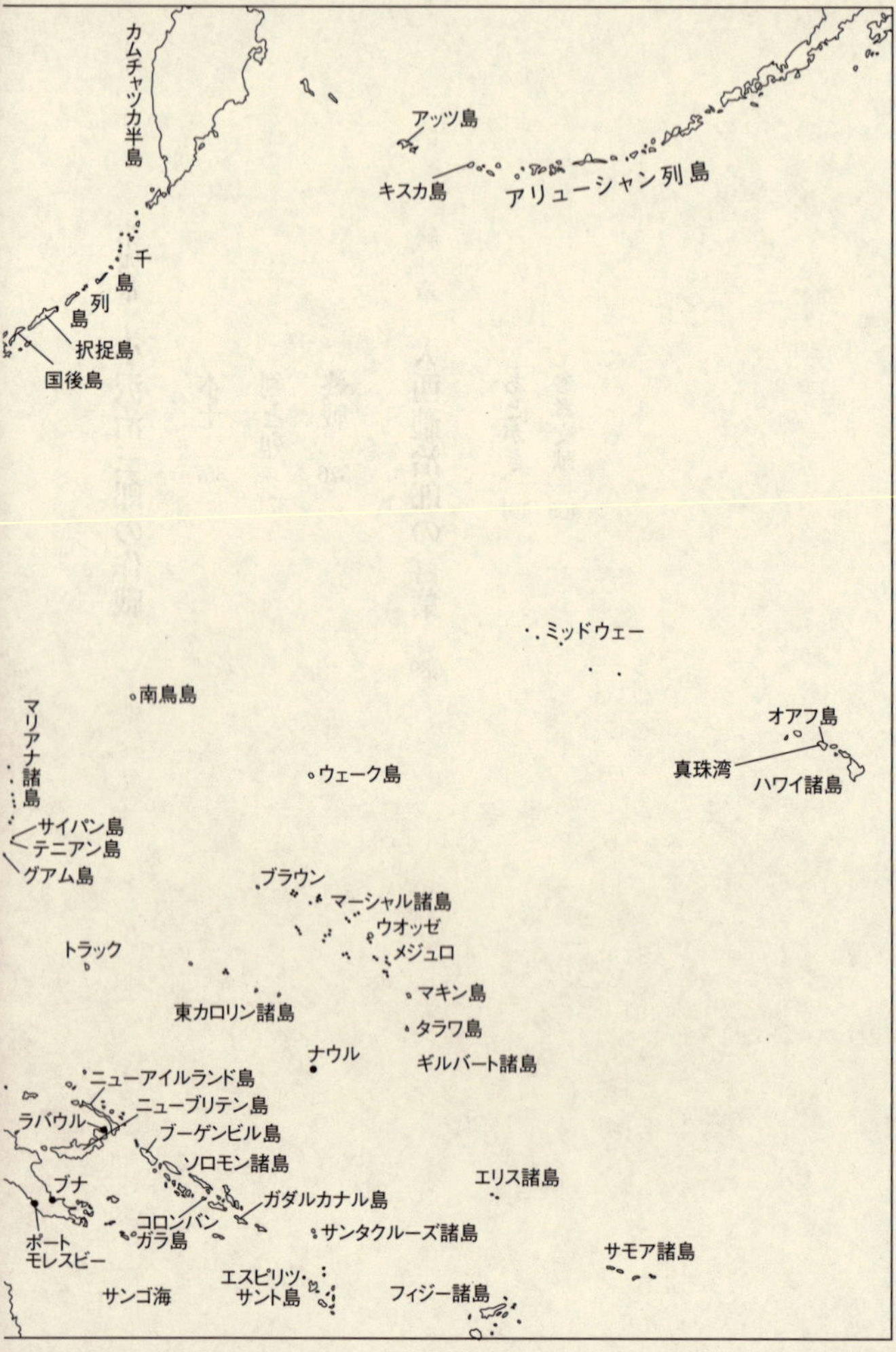

カムチャツカ半島
アッツ島
キスカ島
アリューシャン列島
千島列島
択捉島
国後島
ミッドウェー
南鳥島
マリアナ諸島
オアフ島
真珠湾
ハワイ諸島
ウェーク島
サイパン島
テニアン島
グアム島
ブラウン
マーシャル諸島
ウオッゼ
メジュロ
トラック
マキン島
東カロリン諸島
タラワ島
ナウル
ギルバート諸島
ニューアイルランド島
ニューブリテン島
ラバウル
ブーゲンビル島
ソロモン諸島
エリス諸島
ブナ
ガダルカナル島
コロンバンガラ島
サンタクルーズ諸島
ポートモレスビー
サモア諸島
エスピリツ・サント島
フィジー諸島
サンゴ海

ソ　連
モンゴル
中華民国
奉天
北京
大連
朝鮮
ウラジオストク
樺太
大湊
東京
広島
日本
佐世保
南京
上海
重慶
奄美大島
沖縄
小笠原諸島・硫黄島
台北
台湾
高雄
香港
インパール
インド
ビルマ
ハノイ
海南島
仏領インドシナ
タイ
バンコク
ラングーン
アンダマン諸島
サイゴン
クラーク
マニラ
フィリピン諸島
サマール島
レイテ島
セブ島
パラワン島
スル海
ダバオ
ミンダナオ島
ヤップ島
パラオ
西カロリン諸島
ペリリュー島
コタバル
ペナン
マレー
ブルネイ
スマトラ島
シンガポール
ボルネオ
セレベス海
ハルマヘラ島
ビアク島
ホランディア
ウエワク
バリックパパン
インド洋
リンガ泊地
バタビア
セレベス島
ニューギニア
ジャワ島
チモール島
ポートダーウィン

四人の連合艦隊司令長官

——日本海軍の命運を背負った提督たちの指揮統率

序章　四人の人間像

日本海軍は、太平洋戦争でつぎつぎに四人の連合艦隊司令長官を立て、たたかった。

山本五十六《いそろく》大将
古賀峯一大将
豊田副武《そえむ》大将
小沢治三郎中将

開戦から終戦まで、三年八ヵ月と長くはあったが、それにしても海上実力部隊の最高指揮官が、そのあいだに三度も敵前交替をしたのは、異様であった。

山本大将は、昭和十六年十二月八日の開戦から数え、約一七ヵ月たったとき、米軍に謀殺された。

二代目の古賀大将は、着任約一一ヵ月後、司令部を移動する途中、洋上で行方不明になった。

三代目の豊田大将は、ほぼ一年一ヵ月にわたってポストにいたが、終わりごろになって、ときの米内海相の手で軍令部総長に推され、小沢中将がその後を襲った。

小沢の登場で、連合艦隊司令長官にはじめてその人を得たといわれた。

四人の長官のうち、三代目まではいわゆる軍政家で、海軍省、艦政本部、航空本部など、行政方面のキャリアが長い人たちだった。ほんとうに艦隊勤務のなかで腕を磨いてきた人は、小沢だけだったからだ。

しかし、小沢の出番は、あまりにも遅すぎた。終戦までに、たった二ヵ月半しか残されていなかった。

開戦前から軍令部作戦課長、終戦近く軍令部作戦部長として、「太平洋戦争の開戦と終戦の様相をつぶさに見、また戦後も史料調査会に拠り、戦争の真相究明につとめてきた」富岡定俊少将が、戦後、回想した。

「いま一番痛感しているのは、太平洋戦争を顧みて、日本軍には『作戦研究』はあったが『戦争研究』がなかったということである。私たちは、『軍人は政治に干与すべからず』というシツケを、いやというほどたたきこまれてきたが、『これはしまった』と今でも痛感する次第である。なぜ『しまった』かというと、陸軍はさほどではないが、海軍はことさらサイレント・ネービーに徹することを心がけて、政治にたいし、すっかり臆病になってしまったからである……」

日本軍には「作戦研究」はあったが「戦争研究」がなかった、という回想は、うっかりすると読み落としてしまいそうだが、実は、容易ならぬ意味をもっている。

「作戦」とは、部隊の移動、攻撃、防御など、軍事目的を達成するために必要な部隊の運動や戦闘の実施をいう。

たとえば、昼間の艦隊決戦では、まず航空部隊の死闘によって制空権を奪い、その上で敵主力を雷撃、混乱に乗じてわが主力の砲戦と魚雷戦で圧倒するとか、夜間の決戦では、夜戦の主兵である水雷戦隊を重巡戦隊が最後まで支援し推進し、敵主力にむかって水雷戦隊が突撃するときには、重巡戦隊も策応して魚雷攻撃を加えるとか、そういう「作戦」、つまりオペレーションの研究はするが、国全体としての視野から見た国力、政治力、経済力、科学技術力を組織し、動員する「戦争」の研究は、誰も、何も、しないのである。

そのころ総力戦研究所はできていたが、富岡少将は「ドロナワで底の浅いもの」だったという。「政治」「経済」に触れずに「総力戦」を研究しようとすれば、しょせんは「底の浅い」ものになるのは、いたしかたなかったろう。

要路にあった海軍幹部たちが、そんな「作戦研究」だけに熱中しているとき、ただ一人、山本五十六は「戦争研究」に着目し、研讃して倦むところを知らなかった。なぜ、かれだけが、その研究に突っこんでいったかは後に考えるが、それだからこそ、日本の悲劇は、「作戦研究」一辺倒の艦隊幹部を指揮統率する連合艦隊司令長官山本五十六大将が、海軍幹部の中でただ一人、「戦争研究」の立場に立って総力戦思考をする人だったところにはじまったのである。

山本五十六

山本五十六の人間像は、クラスメートであり、親友であった堀悌吉中将に聞くのが、もっともよい。

かれは、そのとき海軍省教育局長だった高木惣吉少将が、山本戦死の報を聞いて送った弔詞に、こう答えた。

「……一将一友を失いしを惜しむのときにあらず。ただ、この人去って、ふたたびこの人なし……」

山本は、何にでも興味をもち、素直に驚くことができる人だった。それでいて情に厚く、稀代のガンバリ屋でもあった。

大正八年四月、米国駐在を命ぜられた山本（少佐）は、日本郵船の諏訪丸で、六月、サンフランシスコに着いた。はじめての外国勤務。石油事情を調べてこいと特命されていた。ここに山本のアメリカ第一信がある。サンフランシスコに第一歩を印し、大陸横断鉄道でワシントンにつき、ボストンの下宿に入って書いた。着米後一八日目の日付になっている。宛先は軍務局員の堀悌吉少佐。読みやすくすると、

「着米早々金のことをいうのもどうかと思うが、男女を問わず、多少教育のある米人は就職難などなく、容易に生活に必要なサラリーが得られる。このことは、やがては国運隆昌のもとともなり、注意する必要がある。……ハイスクールを出たばかりの少女が、週一〇ドルから一五ドル、少し気の利く者は月収一〇〇ドルから一五〇ドルとっている。生活費が日本の三倍かかるにしても、かれらが活気に満ちているのは当然だ。日本のサラリーマンが、青白い顔をして、うらぶれているのを思うと、国力発展、能率向上といっても、まず生活難を打破してからねば駄目であると感じ、一言する」

このとき山本、三十五歳。江田島の海軍兵学校では、政治と経済ぬきのカリキュラムで純粋培養された。少尉候補生で日本海海戦（第一艦隊の殿艦「日進」乗組）に参加、重傷を負った。傷癒えたのちは、普通の海軍士官の歩むコースを歩んできたはずだが、かれの目のつけどころはぬきんでて政治的、経済的であり、人間臭さが溢れていた。

そういえば、山本は、越後長岡藩の、貧乏武士の家の出だった。

明治維新のとき、長岡藩は朝敵の汚名を着せられ、戦い敗れた。ほとんどの武士の家は、

一家離散、ドン底の苦しみをなめた。やがて、年月がたち、人々が長岡に帰り、落ちつきをとりもどしたが、朝敵の「汚名」はかれらの心から消えなかった。

（――汚名を雪がねばならぬ）

寒さきびしい雪深い暗い山すそ、信濃川のほとりにつらなる旧長岡藩士の家々では、こぞって教育に情熱を燃やした。その代表的果実の一人が、山本五十六であった。

かれの不撓不屈さ、正義感、勇気などは、おそらく雪国・長岡のものであったろう。現実的、政治的なアプローチとあたたかい人間性は、長い精神的、物質的苦しみに堪え、生きぬいた旧藩士たちの強い連帯のなかに育《はぐく》まれたものであろう。

日本海海戦で大勝した明治の連合艦隊司令長官――鹿児島出身の東郷平八郎元帥とは、育ってきた環境の明度と温度に大差があった。南国の太陽がいつもさんさんとふりそそぎ、噴煙たえぬ桜島と錦江湾を目の前にした、天空海闊な火の国・鹿児島と、日本海の側にあって、毎年、数十日は雪に閉ざされ、屋根の雪おろしを八回も九回もしなければならない寒い、うすぐらい長岡盆地と。

山本の人間性の特徴は、友とよろこびをわかちあうときよりも、哀しみをわかちあうときに光を放った。

霞ヶ浦航空隊副長時代。指揮官としての山本の猛訓練は有名だが、猛訓練の場に、いつも山本が立ちつくしていたことも有名である。

たまたま着陸に失敗して、練習機が地面に頭をつっこみ、逆立ちしたりすると、まっ先に駆け寄るのは山本だった。そのときの山本は、滑走路にとび出してはならないという規定もなにも無視して、全力疾走した。

「松永を殺したかあッ」

といった悲痛な叫びを残して、斜めにフッとんでいくのである。

「赤城」艦長時代。まだ横張り式着艦制動装置が開発されないとき、着艦に失敗して飛行甲板をオーバーランしようとする飛行機を見るなり、全力疾走してその尾翼にしがみついた話もある。

艦長が、空母の飛行甲板を、ぶら下がった飛行機にズルズルと引きずられていくなど、海軍はじまって以来の珍事であった。おどろいた山口多聞中佐たちが駆けつけ、飛行機にとりつき、海中に転落することだけは免れたが。

このころ、その後の第一航空戦隊司令官時代でも同じだったが、訓練中、機位を失したり、燃料切れで未帰還機が出ると、山本の心痛はすごかった。涙を流し、食事も咽喉を通らぬ様子だった。反対に、それが漁船などに助けられ、搭乗員が生還してきたときの喜びようは、今も語り草になっているほどだ。

司令官室のデスクの前には、殉職した搭乗員の名を書いて貼りつけ、かれはいつもその前で仕事をした。黒表紙のポケットノートに、細かい字で殉職者の氏名、出身地、遺族の状況を書きつらね、折りにふれてはノートをひろげ、唇を動かしながら読み、読んでは瞑目していた。

そして海軍次官時代（中将）。たまたま山本が、海軍省の新聞記者室に顔を出し、記者と話をしていたとき、かつて部下だった白相《しらそう》定男少佐戦死の報が届いた。一瞬、かれは凍りついたように身動《じろ》ぎもしなかったが、たちまち大粒の涙が両眼にあふれ、堰を切ったように頬を流れ、やがて耐えられなくなったのか、無言のままそこを出ていった。

白相少佐といえば、そのころ海軍の三羽烏といわれた名パイロットの一人。三羽烏のもう一人、南郷茂章少佐が、昭和十三年南昌で戦死したときは、山本は留守宅を弔問し、慟哭のあまり、二度も卒倒した。

海軍中将の軍服を着た海軍次官が、号泣するだけでさえ異常であるのに、悲しみのあまり二度も倒れたから、遺族をはじめ、周囲にあった人たちのおどろきと、感動は大きかった。

連合艦隊長官となり、戦争突入後も、かれはポケットノートに戦死者の名前を書きつづけた。

開戦一年後の所感として、かれは、

ひととせをかえりみすれば亡き友の
　数えがたくもなりにけるかな

と記している。

暑いトラック基地で、みな軽装の、緑っぽい防暑服を着ているのに、かれだけは白服（二種軍装）の襟を正して、上甲板に立ち、戦場に出ていく艦船をかならず帽子を振って見送った。

ラバウルに進出したときには、現地の海軍病院を見舞い、入院中の下士官や兵たちを激励してまわったりした。

そのようなことは、ほかのどの連合艦隊長官もしなかった。山本長官だけのことだった。かれは、最高指揮官として必勝の策を練りながら、いつも部下将兵とともに戦う姿勢を崩さなかった。

人の情は、そのまま、まっすぐに人の心を射る。山本のことを、兵士たちまでが、

「ウチの長官」

と敬意と親愛の情をこめて呼び、

「ウチの長官がおられるかぎり、いくさは大丈夫だ。かならず勝つ」

と信じて疑わなかった。

二年間の米国駐在から帰国し、大学校教官になって、山本（中佐）が学生に説いたテーマは、一つには、

「石油なくして海軍なし」

であり、もう一つは、

「飛行機の将来性は、一般の人が考えているよりずっと大きい。航空軍備にたいして目を開

かねばならぬ」

であった。

石油なくして海軍なし、とはなにごとか。物質主義に走っておる。神州不滅、必勝の信念があってこそ海軍があるのだ、といきりたつ声もあった。また、山本教官の話は、なるほどとは思っても極端すぎて、と学生たちの無視にも逢った。

大正十一年ころの話である。

この年、ワシントン軍縮条約が締結され、米英おのおの一〇、日本は六の主力艦比率を押しつけられた。日露戦争を戦艦六隻、装甲巡洋艦六隻の、いわゆる六六艦隊で勝ち、その後、米国を仮想敵国にして、八六艦隊、ついで八八艦隊をつくりあげようとしていた。そして、議会の協賛をとり、大いに意気ごんでいたところだったから、海軍は、みなショックを受けた。

しかし、全権として軍縮会議をまとめた、海相加藤友三郎大将の考え方は、違っていた、

「なるほど、日本は六割かもしれない。だが英米、ことに米国に十割というタガを嵌めたことは、大成功ではないか。なぜなら、米国の国力、生産力、技術力は日本のはるかに及ばぬものがあり、もしタガを嵌めないままでおいたら、かれらはどれだけの艦艇兵器をつくるかわからない。米国がもし制限なしにつくったならば、日本の比率は六割どころか、三割にも二割にも落ちて、戦う前に敗れることになるだろう。第一、帝国議会は八八艦隊

を協賛しはしたが、これを建造し維持する負担には、日本の国力は堪えられないのだ」

これは、加藤海相が海軍次官にあて、ワシントンから送った手紙の要旨だが、このような視野の広い「戦争」思考は、このころすでに、一般海軍士官の理解しがたいものになっていたようだ。

中堅士官、青年士官が被害者意識を募らせ、加藤寛治中将をつついて不満を、そして条約廃棄、脱退を申し出してきたが、それを聞いた海相は、加藤中将を一喝した。

「君も中将になったのなら、少しは若い者を抑えたらどうか」

加藤友三郎大将は、日本海海戦を東郷司令長官の参謀長として戦い、大功をたてた人。強硬派、タカ派を自任する加藤寛治中将といっても、しょせん頭が上がらないのである。

それから八年。昭和五年一月末から、こんどはロンドンで、前回議題にのせなかった巡洋艦以下の軍備制限を話し合う会議が開かれた。このとき山本は、全権である財部海相を補佐する随員を命じられた。

そのときまでに、山本は、大正八年の米国駐在からはじまり、十二年には井出大将のお伴をして、ワシントン軍縮条約締結後の欧米諸国を、九ヵ月かけて視察してまわった、十四年には米国大使館付武官（三年三ヵ月間）となり、途中、米国で開かれた通信会議にも出席を命じられた。

こうして、米国を足がかりに欧米事情を勉強し、その中での日本のあるべき姿を研究していたから、ロンドン会議の席では、異彩を放った。

それは、すでに政治的、経済的な着眼をもっていた山本を、会議の進行の間に、かつてワシントン会議で世界をリードした加藤友三郎全権の思想、ないし哲学に、かぎりなく近寄せることになった。「戦争研究」の立場からの軍備の研究と、三大海軍国の協調による世界平和の模索――「政略家」山本五十六の開眼であった。

大正十一年、加藤全権は、前記の手紙の冒頭に書いていた。

「国防は軍人の専有物にあらず。戦争もまた軍人にてなし得べきものにあらず。国家総動員してこれに当らざれば、目的を達しがたし。ゆえに、一方にては軍備を整うると同時に、民間工業力を発達せしめ、貿易を奨励し、真に国力を充実するにあらずんば、いかに軍備の充実あるも活用するあたわず。平たくいえば、金がなければ戦争ができぬということなり……」

山本は帰朝後しばらくして航空本部技術部長を命ぜられ、約三年間、全力投球した、航本の技術部長というと、機体を設計製作するだけでなく、民間航空機会社の編成育成から搭乗員の教育などまでを含む広い範囲をカバーする職務だ。

日本海軍航空は、昭和九年、十年ころから急速に進歩していくが、それは、五年十二月から八年十月までのかれの技術部長時代、そして、十年十二月から十一年十二月までの航空本部長時代に種子が蒔かれ、育てられ、収穫されたものであることは間違いなかった。

山本は、技術部長のあと第一航空戦隊司令官に出た。そして一年たたないうちに、軍縮会議予備交渉日本代表として、またもロンドンに使いすることになった。

この予備交渉は、日本が国際連盟を脱退し、国際的孤立への足を踏み出したあとのことで、時機が悪かった。各国とも軍備増強をはじめた、いわば危機感が高まっている最中《さなか》であった。利害の対立は前と比較にならぬほど鋭く、調整の余地が限定され、はじめから成功の可能性は薄かった。

「軍縮は、世界平和のため、また日本存立のためにも必要である。ぜひ英米と話をまとめていかねばならぬ」

山本が出発にあたって語ったそういう考えかたは、五・一五事件や満州事変などがつづく対外強硬論ばかりの国内では、孤立し、軟弱視された。

「大体蔭で大きい強いことをいうが、自分が乗り出してやってみるだけの気骨もない連中だけだから、ただびくびくしているに過ぎないのもやむをえないが、もともと（予備交渉日本代表就任を）再三固辞したのを引き出しておきながら、注文もあったものではない。この手紙の届くまでには引き揚げているかも知れぬが、思うことを話す人もないのは誠にただ寂しい。これまでとうとう手紙を書く気にもなれなかった。御諒察を乞う」

ロンドンから、堀悌吉中将に送った手紙である。

交渉の席で山本（中将）は、強く日本の主張（不脅威不侵略を原則とし、各国それぞれの国防安全感を損わず、攻撃的軍備を大幅に縮減すること）を説いた。しかしこの考え方は、ナンバー・ワンでなければ承知しない米国と、当然ながらまっこうから対立した。なんとか決裂を避けようとする英国の調停もあったが、具体的成果を挙げることができず、十二月二十日、交渉は休会となった。山本はさらに二ヵ月ねばって非公式会談をつづけたが、それもはかばかしく進まず、結局一月末にロンドンを離れた。

昭和五年のロンドン軍縮会議と、昭和九、十年の軍縮会議予備交渉。山本が、実際に軍縮会議に参加し、英米の委員たちと交渉したのはこの二つだったが、山本はこの二つの会議で、ほかの人には得られない体験を積み重ねることができた。国力、生産力、技術力を背景として軍備のあり方を論じ、英米代表を説得している間に得られたものであった。

ロンドン会議のとき、かれは全権一行とともに北野丸で神戸に帰着したが、帰ってみると、国内は統帥権問題で騒然としていた。艦隊派、条約派などと称して、海軍部内で反目が起こっていた。加藤寛治軍令部長は、直接天皇に政府弾劾の上奏文をたてまつり、辞表を提出した。

山本は、ひととおりの出張報告を終えると、病気だといって面会を謝絶、鎌倉に閉じこもった。将来の国防計画を練っているという話もあったが、海軍を辞めるのではないかという噂もあった。

そして、昭和九年の予備交渉のあとも、そうであった。

予備交渉のときは、途中（十二月）で堀が予備役に編入されたことを知った。

「吉田（善吾・クラスメート）よりの第一信に依り君の運命を承知し、尓来怏々《おうおう》の念に堪えず。出発前相当の直言を（軍令部）総長にも（海軍）大臣にも申し述べ、大体安心して出発せるに、事ここに到りしは誠に心外に耐えず、坂野の件等を併せ考うるに海軍の前途は真に寒心の至りなり。かくの如き人事が行わるる今日の海軍にたいし、これが救済のため努力するも、とうていむつかしと言われる。やはり山梨（勝之進・大将）さんがいわれるごとく、海軍自体の慢心に斃るるの悲境にいったん陥りたるのち立て直すのほかなきにあらざるやを思わしむ」

「坂野の件」は、山本より一期下で当時軍事普及部委員長（のちの報道部長）が、非公式ではあったが総理大臣の政治問題に一言しゃべったといい、ときの大角岑生海相が怒ってクビにしたことをいう。

この大角海相は、さらにいわゆる条約派（谷口尚真、山梨勝之進、左近司政三、堀悌吉、寺島健たち良識派といわれる人たち）をクビにしてしまった。この人たちが海軍にいたら、おそらく太平洋戦争ははじまらなかったろう、といわれる人たちであった。

この一連の騒動のとき、タカ派の先頭を走って「条約派」をクビにするため奔走したのが、当時軍令部二課長だった南雲忠一大佐だといわれた。

山本は、このときも、海軍を辞めようと真剣に考えている。かれの挫折感と公憤と、海軍上層部への不信感は強かった。山本の言葉でいえば、それは、

「仕事をする気力も張り合いもなくなってしまった」

というほどであった。

この機会に、かれのもう一つの特質を述べておく。

たとえば堀中将のような、たとえば航空本部技術部長時代の航空本部長松山茂中将のような、たとえば海軍次官時代の海軍大臣米内光政大将のような大器が山本を大きくカバーし、そのカバーを受けて山本が専心、自由奔放に腕を振るうことができたとき、かれはもっとも充実し、目を見張るほどキラキラした業績を残したこと。

かれは、それを自覚していた。

のち、及川、嶋田両大臣にそれぞれ宛てて（後述）、連合艦隊長官に米内大将の出馬を乞い、山本自身は一航艦長官となってハワイに突撃したいと、悲痛な響きさえもつ言葉を連ねて献策した。かれらは、山本の心中を理解できなかったのか、この山本案の実現にあまり熱意を示さなかった。

また、今では有名な、

「実績を示せば、頑迷な鉄砲屋（砲術出身者の俗称）でも、航空が主兵であることがわかっ

てくる」
——口でいってもわかるもんか、というようなことを、昭和九年、かれが第一航空戦隊（一航戦と略す）司令官時代、若い飛行機乗りの質問に答えていっている。だが、これは、山本の誤判断であった。実際は、後述するように、海軍大学校を恩賜（首席）で出て、連合艦隊参謀長を二回、軍令部作戦部長、第二航空艦隊（二航艦と略す）長官を経、戦略戦術の大家といわれた福留繁中将でさえ、「実績を示されても」航空が主兵であるとはわからなかったのである。

言葉を変えれば、海軍のすべてが「作戦研究」に注意を集中して他を顧みないとき、山本一人が「戦争」を考え「総力戦」の立場から作戦指導をするにはそれだけの細かい、十分な配慮が必要だったのだ。しかし山本は、

「口でいってもわかるもんか。作戦計画どおりにやれ。そうすれば、いくさはできる。下手の考え休むに似たり、だ」

と考え、そう決めこんでいたようだ。そのくらい、かれは意思を疎通させる努力を怠った——もちろん訓示はする。が、部将とじっくり話し合い、自分自身の分身として戦場に派遣する、という着意がどうにも少なかった。

人に対する好き嫌いが強いと、嫌いなヤツとはできるだけ喋らないようにするし、喋らねばならないときには、おのずから切り口上になる。そのせいかもしれなかった。

ついでだが、四人の連合艦隊司令長官の性格的共通点は、この「人にたいする好き嫌いが、

人並み外れて強いこと」ではなかったろうか。山本は強いし、小沢も強い。古賀と豊田も同様である。人の上に立つ者が、人の好き嫌いが強いのは、褒めた話ではないが、個性がキツかったのか、それともダダッ子ふうなところがあったのか。

さて、山本は、このような、かれと海軍一般との考え方の違いを自認していた。

そこで、ほぼ八ヵ月考えつめた結論として開戦劈頭の真珠湾攻撃を決意すると、山本はすぐ(昭和十五年十一月末)、中央に出向いて、及川海相や、おそらく軍令部のトップに会って話し、そのあと書類で確認する意味をこめて、及川海相にあて、昭和十六年一月七日付の手紙を書いた。

この手紙は、写しを山本自身で遺書の中に加えたくらい重要なもので、かれの本心を吐露していた。

この手紙のなかで、かれは、伝統的兵術思想を否定し、実際問題として、全艦隊をもってする花々しい決戦場面は起こらないだろうと述べた。

「これまで何度も図上演習をしたが、(敵艦隊を西太平洋に迎え撃とうとする)迎撃戦法による戦艦主兵艦隊決戦では、一度も日本海軍は大勝利を得たことがない。そして、このまま進めば恐らくジリ貧になるだろうと危ぶまれるところで、いつも演習を中止される。戦争すべきかどうかを決めるためのものならこれでもよかろうが、開戦となり、実際に戦争に勝たねばならぬというのに、こんな作戦をしているわけには断じていかない」

「日米戦争で、日本が第一にしなければならないのは、開戦劈頭、敵主力艦隊を猛撃撃破して、米海軍と米国民にすっかり士気阻喪させることだ。こうしてはじめて、日本は不敗の地位を確保し、東亜共栄圏も建設維持できるだろう」

とかれの基本構想を述べ、その具体策として、

「一、勝敗を第一日において決する覚悟をする。
二、赤城、加賀（一航戦）、蒼龍、飛龍（二航戦）で、全滅を期して敵を強（奇）襲する。
三、一コ水雷戦隊で、味方の沈没した空母の乗員を収容する。
四、一コ潜水戦隊で、航空攻撃のあと狼狽して真珠湾外に出てくる敵を迎え撃ち、敵艦を港口で撃沈して閉塞する。
五、敵主力がもし早期にハワイを出撃してきたら、決戦兵力をあげてこれを迎え撃ち、一挙に撃滅する。
ハワイ作戦とフィリピン、シンガポール方面の作戦は、ほぼおなじ日に実施するが、米主力艦隊が撃滅されれば、フィリピン以南の雑兵力は士気阻喪し、勇戦敢闘できなくなろう。

ハワイ作戦のわが損害が甚大だからといって、東にたいして守勢をとり、敵の来攻を待

つようなことをすれば、敵は一挙にわが本土を急襲、帝都はじめ大都市を焼きつくすだろう。このようなことになったら、世論は激昂し、国民の士気はガタ落ちになろう。日露戦争のとき、ウラジオ艦隊が太平洋岸に出てきたときの国民の狼狽ぶりを思いだすがよい。ハワイ作戦は、小職（山本）自身航空艦隊司令長官となり、これを指揮したい。連合艦隊司令長官には、米内光政大将の出馬を乞うようご尽力願いたい」

だが頭のいい作戦企画者たちには、山本の抱く作戦構想は、伝統的兵術思想と違っていたし、作戦ともいえない危険なものとしか思われなかった。しかもそれは、度胸がいいというだけの粗っぽい投機戦で、そんなバクチに国の運命を賭けるわけにはいかない、と考えた。

開戦劈頭の真珠湾攻撃作戦が正式に採用されたのは、結局、十月十九日であった。その五日後（二十四日）に、山本は新しく就任したばかりの嶋田海相（山本の同期生）に手紙を書いた。

この手紙で、かれは真珠湾攻撃のような危険な放れ業をなぜそれでも決行しなければならないかを述べ、さらに（読みやすく摘要すると）、

「……聞くところによると、軍令部作戦部などでは、このハワイ作戦は、結局一つの支作戦にすぎない上に、成否半々の大バクチで、これに航空艦隊の全力を注ぎこむなど、もってのほかと考えているそうだが、そもそも対支作戦四年の疲弊《ひへい》につづき、米英支同時作戦

に対ソ戦も考えに入れ、欧独作戦の数倍の地域を持久作戦で十数年もちこたえ、自立自営しようというのは非常な無理で、これも押し切って敢行――いや大勢に押されて立ち上がらねばならぬとすれば、艦隊の担当者としては、とうてい尋常一様な作戦では見込み立たず、結局、桶狭間《おけはざま》と鵯越《ひよどりごえ》と川中島《かわなかじま》とを併わせ行なわねばならなくなる。

中央の一部には、主将たる小生の性格や力量に相当不安を抱いている人もあるらしいが、小生自身、もともと大艦隊長官として適任とも自認していない。及川前海相に米内大将起用を進言したのも、この意からだ。

以上は小生の伎倆不熟のため、安全堂々たる迎撃作戦に自信がない窮余の策だから、他に適当な担任者があれば、欣然退却を躊躇しない心境である……」

他に適当な連合艦隊長官を担任する人があれば、よろこんで、いつでも辞める。だが、自分が長官であるかぎりは、開戦劈頭の真珠湾攻撃は決行せざるを得ないと、そのときの嶋田海軍大臣に、いわば選択の下駄を預けたわけである。

日露戦争開戦の約三ヵ月前、明治の海軍大臣山本権兵衛大将は、戦略戦術の大家と自他ともに許した常備艦隊司令長官日高壮之丞中将を、舞鶴鎮守府長官東郷平八郎中将に替えた。舞鶴鎮守府長官は、まもなくクビになるという、一種のうば棄て山的ポストと考えられていた。それよりも東郷中将自身が、「昼あんどん」と綽名されていたくらいで、開戦ぶくみのこの時期のこの更迭には、大多数の人が衝撃をうけたといわれる。

しかし山本海相は、平時から戦時に切り替えるための人事をおこなったまでだった。

「日高中将は、なるほど戦略戦術の大家で、突撃精神は旺盛である。ただし、自信に溢れるあまり、中央の統制に服さず、独走することがある。平時はそれでもよいが、戦時は困る。艦隊は、中央の統制に服し、一糸乱れず指揮運用されねばならぬ。東郷ならばそれができる」

血相を変えて大臣室にとびこんできた日高中将に、山本海相はそうさとした。また、心配された明治天皇には、

「東郷は運のよい男でございますから、替えました。御安心下さいますよう」

とお答えした。

さて、同じ時期――太平洋戦争開戦三ヵ月前の昭和の海軍大臣は、及川古志郎大将であった。

そのとき、山本長官は、着任以来まる二年を超えていた。連合艦隊長官は激職だからと、二十三代つづいた連合艦隊長官のうち、二年以上つとめた人は、一人もいなかった。

ここで及川海相は、「戦争」思考の山本を引っこめて自分自身と入れ替り、「作戦」思考の代表選手である古賀峯一大将、ないしその他適切な人物を海上に押し出すべきだったかもしれない。

戦争は、国の大事である。人についても、モノについても、適材を、適時適所につけ、べ

ストをつくさせ、それらが集約されて、国の全能力を発揮することにならねばならなかった。

ここでちょっとわき道にそれ、軍令と軍政、軍令部（大本営海軍部）と連合艦隊司令部の機能と力関係などについて、紋切り型になるが、あらかじめ述べておく。

おおざっぱにいうと、ただ一つの意志にもとづいて、海軍を指揮運用するものが軍令機関（軍令部）であり、その海軍を維持管理するものが軍政機関（海軍省）である。

大日本帝国憲法では、「天皇ハ陸海軍ヲ統帥シ陸海軍ノ編制及常備兵額ヲ定ム」と規定していた。天皇の大権である。

軍令部は、天皇がその大権にもとづき、海軍を統帥（指揮運用）する場合、天皇を直接補佐する機関である。そして、軍令部総長は、天皇の海上幕僚長となり、国防、用兵の計画をつかさどり、用兵のことについて、連合艦隊などの実施部隊の長に伝達する。

天皇を基準に考えると、軍令部総長はそのスタッフの長であり、連合艦隊長官、連合航空総隊長官、鎮守府長官、警備府長官などはラインの長で、それぞれ天皇に直属していた。

軍政機関である海軍大臣は、天皇を補佐する内閣の一員としての責任を負うと同時に、軍部大臣として天皇に直属していた。海軍大臣のスタッフは海軍省部局で、中心が軍務局。ラインには艦政本部、航空本部をはじめ、諸学校、施設などがある。

海軍では、「中央」と称する以上の在京の軍政、軍令機関、とくに軍令部作戦課（第一部第一課）、海軍省軍務局には、連合艦隊司令部とともに、もっとも優秀な人材を配員した。

海軍は、人事管理の方針として、将来、重要配置につかせる者には、必要な経験を体得させる職につける計画人事をしていたが、そのほか、各クラスのクラスヘッドは、やむを得ないことが起こらないかぎり、ずっとクラスのトップにおき、恩賜組とともに重要配置に就かせた。だから、自然、そういう人たちが中央の要職を占め、それも、おなじ人物をくりかえし配員することになり、好むと好まないにかかわらず、軍令色、軍政色が濃くついた。

その傾向に拍車をかけたものが、それら枢要ポストのまわりに張りめぐらした秘密主義のバリケードであった。秘密事項が外国に知られては国防を危うくするおそれがあるのは事実だが、日本海海戦(明治三十八年)の名参謀秋山真之が、若いとき、米国留学中に、日本海軍のゆきすぎた秘密主義を慨嘆していることからみると、もともと秘密主義が日本海軍の体質であったのかもしれない。

これは、いっそう人事の交流を少なくした。軍政と軍令は、互いに相互理解を軸とした車の両輪であるべきだが、他の側の輪に理解を欠く傾向が強くなった。

その軍令部だが、戦時または事変にさいし、天皇の旗のもとに最高の統帥部をおき、これを大本営と名づけた。大本営は、海軍関係についていえば、軍令部とそれに平時は軍令部に入っていない戦備や補給、報道などを加えて構成した。だから、この稿で問題にしている範囲では、大本営イコール軍令部と考えても大きな間違いではなかった。

霞ヶ関の赤レンガの建物には、軍令部と大本営海軍部の二つの標札が、海軍省と書いた標札に相対してかけてあった。

軍令部総長は、天皇の幕僚長で、連合艦隊長官は天皇直属のラインの長だと、前に述べた。総長は、天皇を補佐して作戦計画案を策定し、天皇の裁可をうけ、天皇の命令（大命。大本営海軍部命令、略して大海令）として、必要なラインの長に伝達する。勅を奉じて伝えるから、奉勅命令ともいった。

だが、総長には、そのようにして奉勅命令を伝達し、大命によって権限を与えられた場合、その命令を実施するための細かいことを指示することはできたが、ラインの長に命令を下す、いわゆる作戦指揮権はなかった。

これが、一般によく誤り伝えられているところで、陸軍の参謀が部隊などに派遣され、場合によっては指揮権の一部を行使し、大本営の派遣参謀が師団長あたりに命令する光景がみられたことから、海軍の参謀もそうにちがいないと考えられることがあった。

陸軍はドイツ陸軍に学び、海軍はイギリス海軍に学んだ差であろうか。海軍の参謀はスタッフとして指揮官にアドバイスすることはできたが、部隊を指揮命令することは許されなかった。スタッフは、ラインの自主自律性に干渉してはならない、という考えかたである。連合艦隊参謀長でも、連合艦隊に命令を出すことはできなかった。命令を出すのは、あくまでも長官であり、参謀長はそのスタッフにすぎなかった。

さて、その軍令部作戦部である。

軍令部には作戦（第一部）、戦備（第二部）、情報（第三部）、通信（第四部）の四つの部があり、その作戦部（第一部）は、第一課（作戦）、第二課（防備）、第十二課（内線作戦）にわかれていた。中心は作戦課（第一課）であった。

作戦課は、兼務部員も含めると、終戦直前には三四名の課長、班長、部員（少将、大佐、中佐、少佐）からなる大世帯。想定敵国の軍備状況を考慮し、わが軍備計画を練り、また毎年度の作戦計画案を立てるのが任務である。

作戦課が作った成案にもとづいて、軍令部総長は参謀総長とともに上奏、御裁可を得て、正式に年度作戦計画を決定する。こうして戦争が起こった場合に備え、海軍の作戦をおこなう方針と要領を、あらかじめ決めておく。

開戦の年、昭和十六年度作戦計画では、そのころ一課長であった富岡定俊少将によると、対米、対英、それぞれ一国を相手とする作戦計画案を立て、御裁可を得て、六月ころ決定されたという。米、英、蘭同時作戦の計画は、そのとき、まだ立案に手をつけていなかった。

日独伊三国同盟条約が調印されたのは、その前年九月二十七日であった。その後、米国の動きは目に見えて険悪になった。昭和十六年四月、野村大使と米国務長官との間に日米交渉をはじめたものの、十六年度作戦計画が決定された六月から七月にかけて、独ソ戦がはじまった。また日本は南部仏印進駐を決め、それに反撥して米国は在米日本資産を凍結、石油の対日輸出を禁止した。

日本をとりまく情勢は急速に悪化した。対米、対英それぞれ一国を相手にする作戦どころか、米英支蘭など数ヵ国を相手にする戦争になりかねない。なにはともあれ早急に新しい作戦計画を立案しなければならなくなった。

それも、決めたばかりの作戦計画をそのまま実行に移すことになりかねない。「四ヵ国同時作戦」など、これまで夢にも考えたことがなかった。前々から米国一国だけを念頭に戦備を整え、訓練を重ねてきたものが、急に四ヵ国同時作戦をするのだといっても、そんな戦争が日本海軍の力でやれるのかどうか。

作戦課は緊張した。富岡作戦課長は、八月のはじめ、万一にそなえて戦争準備をすることを課員に命じた。

作戦課で航空作戦を担当していた三代中佐は、課長にいった。

「対米戦争には全然自信ありません」

バカないくさをやるもんじゃない、やめるべきだ、という気持だった。

富岡課長は、顔色を変えた。

「なにをいうか。戦争は、自信があるからやる、自信がないからやらぬ、というものではない。戦争をやるかやらぬかは、政府がきめることだ。政府が、さあ戦争だ、といったときに、自信がないから準備しませんでしたで、われわれの責任が果たされると思うか。最善をつくして戦う準備をするのが、われわれの責務ではないか」

なるほど、それも理窟だ、と三代中佐は思った。

「そうですか。そういうことなら、すくなくとも航空作戦には勝ち味はないのですが、最善をつくして戦う準備をやりましょう」

海軍とは、そういうところでもあった。

古賀峯一

古賀峯一大将は、どこからみても、正統派海軍将校の大エリート鉄砲屋であった。
「古賀大将は軍政家で、第一線の提督とは思われない。……山本大将と違い、道楽もせず、バクチも打たず、私生活が清潔なかわり、ユーモアがなく、部下にはときどき痛烈な皮肉を浴びせた」

高木惣吉少将の古賀評である。高木自身、典型的な軍政家で、終戦ほぼ一年前から特命によって終戦秘密工作にあたった。大学校恩賜組の特異な存在であったが、この評にはいかにも古賀大将の風貌がでている。

日露戦争との関係は、四人のうち山本のクラス（海軍兵学校三十二期生）が兵学校を卒業、海軍少尉候補生として日本海海戦に参加しただけである。そのとき山本の乗艦は装甲巡洋艦「日進」。戦艦「三笠」に将旗を翻す、連合艦隊司令長官東郷平八郎大将に直率された第一艦隊の殿艦（最後尾。この場合は六番艦）であったが、ここで山本は敵弾をうけて重傷を負った。

そのとき、江田島の海軍兵学校には、最上級生徒として豊田副武の三十三期生、二学年として古賀峯一の三十四期生がいた。遠く日本海の戦場を想って青年の血をたぎらせていたには違いないが、二人とも戦争に参加することはできなかった。小沢治三郎にいたっては、あと二年たたないと兵学校に入ってこない若さ（三十七期）であった。

四人とも兵学校恩賜組（優等卒業者。首席と次席卒業者は恩賜品を頂戴した）ではない。大学校でもおなじだが、ただこのとき、豊田副武だけは恩賜で卒業した。

さて、開戦一年前、小沢第一航空戦隊司令官が、

（大型空母を全部集めて航空艦隊を編成し、ふだんから一人の指揮官の下で統一指揮と訓練をつづけておかないと、戦時に海上航空威力を最高度に発揮することはできない）

とみて、航空艦隊編成の意見具申を提出した。このような意見具申は、大臣と総長にあてるが、直属上官の連合艦隊長官を経由し、その賛同を得て提出するのが筋である。

これを見た山本長官は、しかし、

「その必要を認めない」

と賛成しなかった。いまのままが――各戦隊に分属させたままがよい、というのである。

山本と小沢の、空母航空部隊に対する認識の違いが、そこに出ていた。どちらも、リアリストではあったが、小沢の意識の中にある飛行機はソフトウェアを指向していたのにたいし、山本のそれはハードウェアを問題にしていた。つまり、実戦的、戦術的に航空に向かいあおうとする小沢にたいし、山本は、もう戦艦の時代ではなく、航空主兵時代だと洞察し、搭乗員の養成、飛行機の開発促進に心血を注いできた。山本は実戦家ではなかった。政略家だったのだ。

小沢はそこで、山本の指揮下の第二艦隊長官であった古賀に相談した。だが古賀は、これはもう見事に鉄砲屋で、伝統的兵術思想の権化であった。

「めっそうもない。艦隊決戦のとき、第一艦隊（主力部隊。戦艦基幹）、第二艦隊（前進部隊。重巡基幹）に空母部隊がはじめから分属していないと、指揮官の望むとき、望むところで、望むように自由に飛行機を使うことができんではないか。おれは絶対反対だ」

四面楚歌とは、このことだった。だが小沢は、固い信念をもっていた。かれはそこで、権道をとろうと決心した。書類を四通つくり、「正」を海軍大臣に、「副」を軍令部総長に、そして「写」二通を、それぞれ連合艦隊長官と第二艦隊長官にあてて発送した。

バイパスされた山本と古賀は、当然怒った。ところが、書類をうけとった中央、なかでも作戦課は、まったく小沢の意見同様に考えていた。そこで、すぐに小沢案を採用した。十六年四月に大型空母六隻を集中して第一航空艦隊が新編され、小沢より一年上の南雲忠一中将が司令長官に任命された。

しかし、よくみると、第一航空艦隊（一航艦と略す）は、連合艦隊の中では、一艦隊、二艦隊に次いで三番目の重さしかもたせてなかった。一艦隊、二艦隊長官がそれぞれ兵学校三十五期生なのに、南雲中将は三十六期。いわゆる軍令承行令によって、一艦隊長官高須四郎中将、二艦隊長官近藤信竹中将は、先任だから、南雲中将を指揮する権限をもっている。

つまり、中央は、小沢の意見具申を採用しながら、古賀の要求も聞き入れていたのである。あとのことながら、この一石二鳥策は、作戦を失うもとになる。

また、古賀について、こんな話もある。

開戦前、中支方面で作戦していた第二十二航空戦隊（航戦と略す。陸上基地から作戦する双発の陸上攻撃機隊。中攻と略した）は、開戦直前に仏印のサイゴンとツドウム基地に進出を命ぜられた。開戦準備のためである。

中支から作戦地に移動の途中、二十二航戦司令部幹部は、上海に立ち寄り、当時、支那方面艦隊長官だった古賀中将に挨拶した。

その夜、長官官邸で中華料理の招待にあずかったが、そのときのことである。

中攻部隊の参謀たちは、席上、飛行機の威力が急速に大きくなったので、戦艦といっても飛行機の敵ではなくなった、といった意味のことを、口々に述べた。

聞いていた古賀は、色をなした。

「魚雷を射てば、と君たちはいうが、命中率は低い。だいいち、飛行機がどのくらい（魚雷の発）射点にたどりつけるかが問題だ。戦艦の対空射撃は強力だ。防御も完璧だ。飛行機の攻撃なんかで、戦艦は沈んだりするものではない」

古賀は昭和十五年三月の、統一指揮による大飛行機隊による昼間雷撃訓練が見事な成果をあげ、山本長官が思わず、

「飛行機でハワイをたたけないものか」

と、そばにいた福留参謀長にもらした、その記念すべき現場に居合わせていた。しかし、古賀は、山本のいう「頑迷なる鉄砲屋」以上の鉄砲屋らしく、その「実績を見ても」、戦艦信仰はすこしもゆらいでいなかった。

「いや、長官。そんなことはありません。やはり、飛行機の方が……」

などと、実例をあげ、なんとか古賀の蒙をひらこうと奮戦につとめたが、ガンとして古賀はうけつけなかった。

大奮闘をした二十二航戦の重村通信参謀がいった。

「中将と少佐だ。位負けして勝負にならない」

無念やるかたない思いを抱いて、かれらはサイゴンに移動。昭和十六年十二月十日、開戦の三日目、中攻八五機の力だけで、英最新鋭戦艦プリンス・オヴ・ウェールズと高速戦艦レパルスを撃沈した。

飛行機からの報告を総合して、重村通信参謀は、連合艦隊と支那方面艦隊にあて、戦果を報じた。

『……レパルス轟沈、プリンス・オヴ・ウェールズ撃沈……』

重村参謀は、わざわざ支那方面艦隊長官を宛先に加え、古賀長官がこの電文を読むように細工をした。そして、あとでこういった。

「あのとき、古賀長官が、戦艦は飛行機の攻撃では沈まないと断言されたその戦艦を沈めた。レパルスの方は、魚雷七本、二五〇キロ爆弾一発、プリンス・オヴ・ウェールズには魚雷七本と五〇〇キロ爆弾二発命中させた。レパルスはものすごい黒煙をあげて沈んだ。ホラ、見事に沈めましたぞ、という気持をこめて考えた造語ですよ、轟沈ての は」

東京で、報道部長平出大佐は、重村参謀の起案した電報をそのまま発表した。そして記者団に質問されると、

「轟沈とは二分以内に沈没したものを指す」

などと、奇想天外な答えをした。

だがその電報を、起案者の意図どおりに古賀長官が読んだかどうかはわからない。

豊田副武

佐賀の出身であった古賀のあと、三代目の連合艦隊長官になった豊田副武は、大分の出身だった。四代目の小沢が宮崎の出身だから、二代目以後は、みな九州人になった。

話はさかのぼるが、三七年前、日露戦争でロシア艦隊を撃滅したときの連合艦隊では、連合艦隊長官兼第一艦隊長官東郷平八郎大将が鹿児島出身で、五十八歳。第二艦隊長官上村彦之丞中将と第三艦隊長官片岡七郎中将も鹿児島出身。日本海海戦は「薩摩艦隊」で勝った、といえそうな顔ぶれだった。

戦闘部隊の最高指揮官というと、やはり九州男児が適任なのだろうか。

ついでに述べておくと、いま、東郷長官の年齢を書いたが、山本は一つ若く、五十七歳（明治十七年生）であった。古賀と豊田は、五十六歳（十八年生）、小沢が五十五歳（十九年生）。おもしろい話だが、米太平洋艦隊長官ニミッツ大将が、古賀、豊田とおない年の五十六歳であった。

もうひとつ、海軍幹部の兵術思想を構築する上で、大きな役割を果たした海軍大学校甲種学生課程にふれておく。

海軍大学校は、「将来海軍の枢要職務につき任務を遂行するに必要な学術智識技能を習得させる」ことを目的とした海軍部内の最高学府である。陸軍大学校が参謀官の養成を目的としているのにくらべると、海軍の大学校は、参謀をつくるよりも将官になるための登竜門、といった方が早わかりする。

古参の大尉から少佐にかけ、入学試験を受けて、パスしたものが東京目黒の大学校で二年間勉強する。

「教官も学生も、真面目で職務に精励する勤務優良な者が選ばれ、いわゆる豪傑肌の、とっぴな言動のある者はけっして選ばれなかった」（中沢メモ）

教育内容は、「潔癖すぎるほど兵術教育に専念し、そのため、政治、政略を研究し論議することを敬遠した」（中沢メモ）

授業時間は「総時間数のうち、一学年が四一パーセント、二学年が五六パーセントを図上演習と兵棋演習に当てた」（実松譲『海軍大学教育』）

この図上演習では、主として決戦を企図する艦隊が敵艦隊に接近するまでの戦略行動を、兵棋演習では、主として決戦場面での艦隊の戦術行動を研究する。解説的にいえば、まず敵艦隊に近づくまでを図上演習で、決戦場面の戦術行動を兵棋演習で研究する。

だから、甲種学生にたいする授業時間の約半分は、艦隊決戦をどう上手に、有利に戦うかの実技的作戦研究に当てられていたわけである。

艦隊決戦とは、両軍の主力艦隊と主力艦隊の激突をいう。

たとえば、日清戦争のときの黄海海戦、日露戦争のときの日本海海戦のようなオール・アウトの撃突によって、敵主力を殲滅し、無力化し、敵を、われに屈服しなければならぬような窮地に追いこむ。

日米の間には、いうまでもなく国力に大差がある。日本として望ましいのは、速戦即決である。といって、日本から主動的に遠征して戦いうるような大兵力をもつことは、国力が許さない。どうしても、太平洋を西に向かって押し渡ってくる米艦隊を、西太平洋で迎え撃ち、これを撃滅する防御的な策をとらざるをえない。

いわゆる迎撃（当時は邀撃《ようげき》といった）戦法による艦隊決戦である。

――その場合、昼間決戦になったら、どう戦うか。夜間決戦になったらどうするか。そのとき、飛行機をどう使うか。

飛行機が急激に進歩してきたため、艦隊決戦に先立って、まず相手の航空部隊を撃滅しなければならなくなった。まず航空決戦が戦われ、それに勝ったものが戦場の制空権を奪いとる。その制空権の下で、主力艦隊の主砲による決戦をおこなう。

「制空権下の艦隊決戦」

である。

このとき敵主力の息の根をとめて味方を勝利に導く主兵は、戦艦の主砲であり、戦艦の主砲の砲撃戦によって敵を圧倒して勝機をつかむ。そのほかの巡洋艦も、駆逐艦も、潜水艦も、航空部隊も、すべて主兵をもりたてるための補助兵力である、とする。

古賀も、その参謀長の福留繁中将もそう考えた。これは海軍のオーソドックスな考え方といってよかった。

ここでつけ加えておきたい。

山本が戦前そういったので有名になった、「頑迷なる鉄砲屋」が伝統的兵術思想に固執したことについて。これを頭がカタいとか、動脈硬化だとか、かならずしもいい捨ててしまうわけにいかないことである。

これまでにみてきたとおり、訓練を含む教育の場では、伝統的兵術思想による艦隊決戦をより確かに成功させるために努力を集中してきた。

この兵術思想は、日本海軍が独り相撲をとっていたわけではなかった。

山本が少佐で米国に駐在していたころ（大正九年）、米国海軍の対日渡洋作戦という極秘文書が手に入った。こおどりしてそれを見ると、米海軍もまた日本海軍の構想を裏返しにした作戦構想をもっていた。日本海軍の作戦企画者たちは、ホッとする一方で、自信をもった。

こうして、米海軍極秘文書によって、迎撃戦法による艦隊決戦の構想が裏づけられた。第一次世界大戦（大正三年から八年）で戦われたジュトランド海戦では、日本海海戦的大艦巨砲の主砲射撃による艦隊決戦が起こった。これで、自分たちの考えと方向が正しかったことも裏づけられた。

さきほども述べたように、日米戦うとすれば、国力に大差があるから、日本は、米国の国力、生産力がフル稼動をはじめる前に短期決戦、速戦即決を求めるしか勝つ手がない。それには、一本勝負の艦隊決戦にもちこむしかなかった。いわば、艦隊決戦にすがりついた作戦構想であった。

戦争がはじまってから、山本、古賀、豊田、小沢は、ともども艦隊決戦を挑もうとして、必死になる。しかし、挑んでも、挑んでも、敵艦隊の主力である空母を全滅させることができない。米空母の耐える力が、日本空母よりも格段に強いことに気づかなかった。そして、昭和十八年に入ると、攻撃力までも日本空母の敵ではなくなるのである。

豊田副武は、前記のとおり、大学校甲種学生課程を、首席で、恩賜の軍刀をいただいて卒業した。

恩賜の軍刀をいただくには、人事局長と作戦部長を歴任した中沢佑中将によると、「天下国家のためというより自分のために努力しなければならない。猛勉強をすることは当然として、担当教官に気に入られるよう、好みにあわせた答案を書き、作業をする。つまり、『私心』いっぱいの勉強をしなければならない」という。むろん、例外はあろうけれども。

「兵科将校（海軍兵学校出身者）についていうと、学校成績の優秀なものが勤務成績がいいか、至誠奉公の念が強いか、というと、事実はだいたい逆である」

中沢はつけ加える。そのことだけでも学校成績を偏重し、すこしの例外を除いて各学校の恩賜組を重要配置におく海軍の人事管理方針は、間違っていたことになる。

豊田がその「例外にあたる人材」であったかどうかは、穿鑿《せんさく》の必要はない。

かれが海軍有数のウルサ型であったことは、これはもう定評がある。それだけに、圧倒的なモノ識りである。

「しっかりした人物だが、慎重でないところがある」とか「悪気はないが、ひと筋縄ではいかない人物だ」とか、そんないわれかたもした。

終戦までの約一年半、連合艦隊主計長として、そのうち一年間を豊田長官と、半年間を小沢長官と起居した中垣主計大佐は、こう二人を比較する。

「豊田長官は万事にきちょうめんで、困難な大戦争をしているときだから、そんなことはどうでもよいと思われることにまでやかましかったが、小沢長官は、つまらないことにはいっさい無頓着であった。しかし、こと作戦に関する場合は、一変して眼光炯々、真剣そのもので、些事といえどもゆるがせにせぬ厳しい態度であたられた」

豊田自身は、こういっている。

「他人にたいして、ただ当り障りのないことをいっておいたり、いいかげんに体裁をつくろうようなことは、私の主義方針とまったく相反する。このことは、私の一貫した信念である。これは私が、他からともすれば頑固者呼ばわりされる理由ともなっていると思うが、これは確かに親譲りのものらしい。私は、生来、お世辞や愛嬌をいうことが嫌いだし、また、いえもしない性質なのだが、思うことだけは腹蔵なくいってしまわなければ気がすまない。正しいと信じたら、あくまで遠慮会釈なくいってやる。自然、私が頑固者として敬遠されたりしたことは認める。間違ったことはしもしないし、言いもしない。そして、アイロニー（皮肉、反語）を口先で上手につかってみたり、遠まわしにわけのわからぬことを喋ったりすることは大嫌いだ。はっきり、率直にものをいえば、理解するだけの頭のある者ならばかならずわかってくれる――こう、私は信じている……」

あるタイプのエリート軍人を、みずから描き出していることは確実である。

豊田が横須賀鎮守府長官から連合艦隊長官になるときの様子は、山本とも古賀ともだいぶ違っていた。

山本のときは、昭和十四年八月、開戦二年四ヵ月前、連合艦隊としては、いうまでもなく「平時」である。

平沼内閣が八月二十三日総辞職して、阿部内閣が三十日に成立するまでの間のある日、海相を辞した米内大将が、山本にこういった。

「実はね、この前、君がきてくれたとき、ちょうど居あわせた男があったろう。あれは、紹介しなかったが、有名な占い者だよ。その後、またやってきて、君の顔に死相が現われている。気をつけなければいけない、といっていた。妙な話だが、どうもそのまま、その言葉が頭にひっかかってね。まあ、しばらく安全な海上暮らしをするさ。――そのうちに、また二人で、日本のために矢面に立たなければならん時期がくるかもしれぬから、今回、君を海軍大臣に推薦しないで連合艦隊長官にしたのだ」

平沼内閣で、米内海相、山本次官、井上成美軍務局長の「三羽烏」が、日独伊三国同盟の締結に猛反対をした。その結果、三国同盟に反対した「国賊」は山本次官だ、として、山本は刺客に狙われた。

米内は、そのことをいっていた。オカルト風の、いささか場違いの理由づけだが、「平時」であれば、そう言葉とがめをするほどのことではない。海上緊急避難も結構だ。

連合艦隊司令長官は、海上戦闘部隊の総指揮官。海軍のなかでは最高の尊敬をうけ、その意見は最高に尊重された。日本海軍は、これは世界どこの海軍にもないことだが、連合艦隊を中心にして動いていた。まさに、男子の本懐。

山本は、米内の前から退がって一人になると、酒をやめていた禁を破り、ビールをなみなみとコップに注ぐと、一気に飲みほした。

連合艦隊長官になるのは、それほどに壮快であり、充実感を覚えるものであった。

その山本が戦死し、前に述べたようにして、嶋田海相は、横須賀鎮守府長官の古賀大将を候補者に選んだ。

「山本の後任には、閲歴からみて、豊田、古賀の二人しかいなかった。古賀は豊田より後任だったが、古賀を選んだ」

と、嶋田はいった。

使者に立った中沢人事局長が、古賀を訪ね、大臣の内意を伝えると、古賀は、沈思黙考の後、謹厳な口調で、

「御指命あらば謹んでお受けいたします。しかし、私の希望をかなえさせていただきたい。軍令部作戦部長の福留中将を、連合艦隊参謀長にほしい」

と申し出た。たしかに、古賀は、二艦隊長官から昭和十六年九月に支那方面艦隊長官に出、翌十七年十一月には上海から内地に戻ってきて横須賀鎮守府長官になった経歴からみても、戦争がどう動いてきたか、直接タッチせず、フォローもしていない。福留は、開戦前から作戦部長で居すわっているので、補佐役には打ってつけだ、と古賀自身が考えたのも無理はない。

嶋田海相はすぐにこの申し出を受けいれ、古賀、福留コンビによる二代目の連合艦隊指導部ができるが、古賀の発令は四月二十一日（旗艦「武蔵」に着任二十五日）、福留の発令は五月二十二日。福留の着任は、米軍のアッツ来攻（五月十二日）をうけ、この支援のために古賀が主力を率いて北上、横須賀入港のときまでお預けとなった。その間、古賀は負傷した山本司令部の宇垣参謀長たちの補佐をうけていたわけだ。

三代目の豊田になると、戦局の違いもあるが、ずいぶん様子が変わってくる。

連合艦隊長官のおハチがまわるとすれば、当然、豊田は古賀より一年先任だから、山本のあと、すぐに推薦されねばならないはずだ。出しぬかれてムクレているのではないが、かれ自身、連合艦隊長官に適任だとは思っていなかった。古賀は中将になって軍令部次長を二年間やっているが、自分は軍令の中枢にいたことがない。軍政系統の人間だと思っていた。

だから、嶋田（そのときは大臣と総長を兼ねていた）大将に呼び出され、古賀のあとをうけろといわれると、ピシャリ断わった。

「これまで戦争に直接関与していないから、最高指揮官として責任を負うには不適である。

他に適任者がいる。また戦勢も悲観的で、重責を自分が引き受けても、この難局を打開する確算は自分にはとうてい立たない。この話は、まっぴらご免こうむる」

「それは、わかっている」

嶋田がいった。

「だれが出たって、この戦局に善処して盛りかえしてみせるという確信のある者は、一人だってありはせん。しかし、だれかが引き受けなければならん。この問題は、別に君に相談するのではない。意見をきくのでもない。ただ念のために通告するだけのことなのだ。この件は、すでに伏見宮さまの御承認を得ており、万事は決定しているのだ」

これから人事について内奏するために参内する、ともいい、高飛車であった。

嶋田にすれば、まさか古賀までが殉職し、三代目長官を出すことになろうとは思いもよらなかったので、最高に具合のわるい立場に立っていた。名うてのウルサ型とされる豊田に、これ以上ゆっくり喋らせておくと、なにをいいだすかわからない、というのであろう。

「押し問答をしているうちに、とうとう引き受けなければならんようなハメになった」

豊田でなくとも、ここは嶋田に、さんざ手こずらせたくなるところだろうが、海軍では兵学校のクラスが上か下かが決定的な人間関係をつくっていた。五クラス上（五年古参）でも一クラス上（一年古参）でも、上官であることには少しの変わりもない、と考えた。嶋田は山本とおなじクラスで、三十二期。豊田は一年あとの三十三期。嶋田の強引な人事を、引き受けざるを得なくなる。

このとき豊田が、適任者がいる、といったのは、かれ自身によると、南雲忠一を考えていたという。開戦以来、ずっと戦場にタッチしてきたし、航空部隊の最高指揮官もやってきた。その点、豊田は、航空重点の職務についたことはないし、航空のことも知らない。このさいは、航空に体験をもった者の方がはるかによい、と嶋田にも話したという。

海軍の人事管理の特徴は、公平で、適材適所だったといわれるが、どうもそれは、カードの積み重ねシステムで人事管理をしている中佐、少佐クラスの担当人事局員の周辺だけだったようだ。大将、中将たちが、将官クラスの人物評価をするとき、あるいは適材を選抜するとき、人をみる目が、まるでなっていないのにおどろかされる。人事局員レベルの管理がゆきとどきすぎていたため、人を見る目を養う必要がなかったせいか、あるいは、将官の人事は、本来、局員レベルのデータを使うものではなく、性格とか考え方とか哲学的理念とか、視野の広さとか、そんな要素こそ重視されねばならなかったのに誰も気づかなかったせいか。

山本が選んだ黒島先任参謀、古賀が選んだ福留参謀長、豊田が選んだ草鹿龍之介参謀長など、いかにも性格の似た者同士で、欠点が倍増されたようだし、古賀が選んだ栗田二艦隊長官、ずっとあとになるが、次官になった井上成美中将が軍令部次長に選んだ大西瀧治郎中将、大臣の米内大将が軍令部総長にした豊田副武大将など、存亡の切所で、どうにもテコずる存在になってしまった。大失敗である。

そして、あとになって、

「まさか、そんなことをするとは思わなかった。見損なった」

と嘆くだけでは、歴史にたいする責任を果たしたといえまい。

逆にまた、真珠湾の第二次攻撃をするかどうかを決めねばならぬ切所で、山本長官が、

「南雲はやらんだろう。泥棒でも帰りはこわいよ」

と評論家的捨てぜりふを吐くのも、気になる。連合艦隊長官が、暴君的ワンマンであれというのではないが、これでは、最高指揮官として責任をもとうにも、もちようがあるまい。

豊田は、その三すくみ状態の原因を、間接的に、こう明かした。

「南雲のほかの意中の人物としては、小沢治三郎（三十七期）という人。この人は、いくさ上手で、りっぱな将軍だが、すこし若すぎた。かれより先任の人が当時連合艦隊にまだ二、三人（二艦隊近藤信竹、南西方面艦隊高須四郎が三十五期。一艦隊清水光美三十六期。おなじ三十七期でも南東方面艦隊草鹿任一の方が小沢より先任）いたようだ。だから、小沢君をもっていくと、だいぶ大きな人事異動をしなければならぬ。それでなければ、嶋田君が自分で戦争をはじめたのだから、先生が乗り出して長官になるのも一案だな、とも思った」

妙に持ってまわった言いかたをしているのは、「軍令承行令」に頭を押さえられていたからである。

軍令承行令というのは、「部隊（軍隊）の指揮権をうけつぐ順位」をきめた定めで、その順位の上下を分けるのが、先任、後任というものである。前に述べた、海軍兵学校を五年早く出た者も、一年早く出た者も、先任だという意味ではおなじだといった意味は、後任者は先任者の指揮をうける、先任者は指揮権をもっている、という、軍隊のバックボーンをなす

権限をもつか持たないかの、いちばんかんじんなポイントなのである。

だから、連合艦隊内にかぎらず、艦内のシステムにしたところで、海軍では指揮官同士の先任後任順序と、指揮統率上の上下関係とが、完全に一致しなければならなかった。そうしないと、部隊の指揮運用が不可能になった。

さきに、一航艦を新設されたところで述べたが、一航艦長官南雲中将は三十六期、一艦隊長官高須中将、二艦隊長官近藤中将は、ともに三十五期で、南雲より先任であり、したがって一航艦にたいして「こっちにこい」とか、「敵主力にたいする航空攻撃を直ちに開始せよ」とか命ずることができる。また、そう命ずることができるよう、一航艦長官を後任にしてあるのである。

ところが、とつぜん山本長官が戦死したため、この指揮構造が機能しなくなった。ひどいのは、古賀長官の殉職のときで、軍令承行令のために日本海軍が首を締められた。その状況は、あとで出てくる。

米海軍では、これをうまく解決していた。

米海軍将校は、ふつう、少将に進級したら、そこでみな足踏みをしている。誰かがあるポストに就くと、そのポストに格づけがあって、そのポストに就いている間はその格付けによる処遇をうける。そのポストをおりたら、もとの少将にもどる、という仕組みである。

たとえば、米太平洋艦隊司令長官ニミッツ大将の場合。かれはそれまで海軍省軍務局長のポストにいて、少将であった。それが、ルーズベルト大統領とノックス海軍長官の協議で、キメル長官のあとをうけて太平洋艦隊長官に抜擢された。そうすると、発令と同時に大将になった。それまで、かれより先任であった少将や中将たちも、その時点からニミッツ大将の指揮をうけるようになる。

名案だが、日本では、なかなかこうは割り切れない。年功序列とトコロテン昇進で来ているから、長幼の序を崩すと安定をこわし、ひどいキシミが出る。「軍令承行令は、自縄自縛を画にかいたようなものだった」と前出の富岡少将はいうが、またこのくらい日本の社会通念に適合したシステムもなかったのである。適材適所よりも人間関係の秩序の方が大事なのだ。

小沢治三郎

山本は、前に述べたとおり、子供のころから秀才のほまれが高く、長岡のホープとして将来を嘱目されていた。古賀も豊田も、いくらかの違いはあるものの、どちらも郷党の期待をあつめた俊才であった。

だが、小沢はそれらと反対で、いささか毛色の変わった経歴の持ち主であった。正義感に燃え、柔道が強く、ワンパク大将だった。中学時代、中学生同士の大喧嘩で殴りこみの先頭に立つのはもちろん、正義感を逆撫でされると、校長夫人の乗っている人力車をひっくりかえして物議をかもしたりした。橋の上を通っていたとき、喧嘩をふっかけてきた不良青年二、三人を、橋の上から河のなかに投げとばし、地方新聞に書き立てられた。

新聞に校名をレイレイしく出され、仰天した学校当局は、ふだんからもてあましていた小沢少年だったので、退学処分にしてしまった。中学校を退学させられた連合艦隊司令長官は、小沢治三郎一人である。

そのかれが、どう立ち直り、兵学校に入学したかは、省略する。

同期生によると、海軍に入った小沢は、さすが苦労をしてきただけあって、一種特異な雰囲気をそなえていたという。口数は少ない。いつも胸中なにかを期しているようで、勉強はよくしたが、点とり虫とか、立身出世とかは、まったく念頭になかった。

四人の長官の経歴を比べると、小沢が他の三人と際立って違っているところが、二つある。

一つは、学校の教官と学生であった期間を除くと、小沢は、軍令部とか海軍省とか、そういった陸上の配置に勤務したことが一度もない。おどろくほど、徹底した船乗りであり、実戦家であったこと。

もう一つは、外国駐在や大使館付武官など、はなやかな外国勤務を一度もしていないこと。もっとも、中佐のとき、半年ばかりかけて欧米をまわっているが、それはいわゆる出張であって、滞在して制服の外交官として働いたわけではない。

なぜ外国勤務をしなかったか。今日、その公式記録を調べることはできないが、おそらくかれの無器用なほどまッ正直な、私心のない硬骨漢ぶりが、そうさせたのであろう。大学校では、教官の気に入るような答案を書いたり、作業をするなど、一度もしたことがなかった。小沢のそんな剛直な性格が、制服の外交官に適しているとはどうしても思われなかったのであろう。

ともかく、海軍切っての実戦家——航空作戦の特質を捉えていたもっともすぐれた戦術家、小沢治三郎を、どんなに国の総力を傾けてみても勝ち味のうすいこの戦争で、海軍がどう使い、どう働かせたか。それを追跡すれば、日本海軍がどれほどこの戦争の重大性を認識し、知恵を絞り、総力を傾けて戦おうとしたか、ないし、戦ったかがわかるだろう。

しかし、事実は、初代一航艦長官は、それを企画した小沢ではなく、南雲であって、小沢は三戦隊（高速戦艦部隊）司令官（中将）。開戦二ヵ月前、南遣艦隊長官を命じられ、陸軍のマレー作戦、フィリピン作戦、ジャワ作戦などの支援に任じた。

石油その他の資源を押さえ、長期戦不敗態勢をつくることが、軍令部など、この戦争の主作戦（真珠湾攻撃は、したがって支作戦）としていたので、それは重要なポストではあったが、それにしても鶏を割くのにすごい正宗の銘刀を用いたものである。

昭和十七年十一月から十九年十一月まで、かれは南雲と交替、空母機動部隊指揮官となり、全艦隊の運命を双肩に担う。が、その間、かれが機動部隊を率いて戦ったのは、十九年六月のマリアナ海戦のときだけで、あとは、困難をのりこえて空母航空部隊搭乗員を訓練し、ようやく一人前に飛べるようにして戦場に出ていくと、そのときの連合艦隊長官が苦しまぎれに、無定見に、それをムリヤリ陸上基地航空部隊の消耗戦に注ぎこみ、たちまち大損害をうけ、またはじめから再建と訓練のやりなおしをしなければならなくなった。

一回目が、山本長官の「い」号作戦——十八年四月の南東方面航空撃滅戦。二回目が、古賀長官の「ろ」号作戦――十八年十一月のブーゲンビル島沖航空戦。三回目が、古賀長官の二航戦投入――南東方面航空戦に増援。四回目が、豊田長官の三航戦投入――十九年十月の台湾沖航空戦に飛行機隊全部を徴発され、フィリピン沖海戦には小沢艦隊は、文字どおり身を殺してオトリになるほかなくなった。

そんなことで、終戦まで二ヵ月半しかない五月末、はじめてもっとも連合艦隊長官にふさわしい小沢が、米内海相の推薦で実現したが、あまりにも遅すぎた。起死回生の作戦計画を立てて、精力的に推進したが、米航空部隊の空襲で損害を受け、立て直しに時間がかかり、あと四日で決行という日に、終戦の大命が下った。すべては終わった、のである。

第一章　山本五十六の作戦

開戦

「……個人としての意見と正確に正反対の決意を固め、その方向に一途邁進のほかなき現在の立場は、まことに変なものなり。これも命《めい》というものか……」

山本が、心友堀悌吉にあてた昭和十五年十月十一日付の手紙である。

約一年前、山本が海軍次官時代、井上成美軍務局長とともに米内光政海相をたすけ、（日独伊三国同盟を結ぶと日英米戦争になる。日本は英、米と戦争してはならない。英、米を敵にまわして、日本が成り立つはずはない）と死を賭した反対をつづけた。

その案を蒸しかえし、いくらか化粧直しをして、九月二十七日に調印してしまった。上京した山本が抗議的質問をしても、もうきまったことだからと、とりあげなかった。怒った山本は、海軍省に正式に要求した。

「それならば、零戦と陸攻おのおの一〇〇〇機を、戦争への準備として整備してもらいたい」

実は、要求をする前に、山本はこっそり保科兵備局長に会い、これから一〇〇〇機要求するが、できるかどうかと質問し、そんな多数の飛行機は、作れといわれてもできませんよとの回答を確かめていた。

不可能を承知の上で、あえてその数字を出したのである。つまり、不可能なことをぶっつけて、同盟を考え直させることが主眼で、かたがた、戦争になったらそれくらいの飛行機は必要だから、早目に準備しておこうとした。航空生産体制をよく知っている山本は、いまこの機数を作ろうとすれば、どうしても生産体制の再編成をしなければならなくなるはずで、それをしなければ、戦争にでもなったらたちまちどうしようもなくなると見透していた。

零戦や陸攻が世界第一級の高性能機だといっても、日本には、まだ量産方式は根づいていなかった。海軍機の生産量は、練習機を含めて月約一八〇機、うち零戦五〇機にすぎなかった。

搭乗員も、その部隊の定員を充たすだけの数しかない。

開戦が近くなって、空母がつぎつぎに就役した。「瑞鳳」十五年十二月末、「翔鶴」十六年八月、「瑞鶴」十六年九月、「大鷹」十六年九月。

海軍の人員計画は、艦が主体で、艦ができるとはじめてその艦に乗り組む人(定員)の予算がとれる仕組みだった。平時ならば、それから教育訓練すれば、だんだん上手になっていくようなものだが、戦争になると、すぐ戦場に出なければならない。

しかたがないから、練習航空隊（学校）の教官（士官）、教員（下士官）を引き抜き、鎮守府管下の航空隊の主軸搭乗員も引き抜いた。引き抜くといっても、借用証を入れて借り出すのである。作戦が終わったら返しますという期限づきで。

そうしたら、見渡すかぎり飛べる者がいなくなった。苦しまぎれに、小型空母戦隊（三航戦、四航戦）はカラにしていいから、搭乗員を一航戦（赤城、加賀）、二航戦（飛龍、蒼龍）、五航戦（翔鶴、瑞鶴）に移してしまえ、と命じた。

ムチャクチャな話だった。

飛行機も余裕がないが、搭乗員はもっと余裕がない。よくもこれで、戦争ができるなどと考えたものだが、かれらは、べつに不安を感じているふうでもなかった。戦争は、一本勝負の艦隊決戦で戦われ、その決戦で勝つ、と考えていた。そのときの主兵は戦艦であり、飛行機は、その艦隊決戦を成功させるためのワキ役、つまり補助兵力である……。

話はもどるが、山本の要求にも、海軍省では、こんなふうに反応しただけだった。

「山本長官は航空本部技術部長も本部長もやられて、そんな数の飛行機をつくられるかどうか、よく知っておられるはずだ。それにもかかわらずああいわれるのは、何かほかに狙いがあるのだろう。すくなくともわれわれには関係ないことだ……」

これを、日米の国力、生産力、技術力の比較にまで考えを拡げていくと、山本の心痛にもうすこし手近に触れることができるようになる。

昭和十五年七月、ヨーロッパの戦局が緊迫し、同時にアジア情勢も緊張してきたのを見た米国は、太平洋、大西洋の双方の艦隊を増強するため、艦艇だけでも一挙に七割がたふやす両洋艦隊法を成立させた。

日本は、それまでなんとか米国の増勢に立ち遅れまいと建艦に努めてきたが、そのころは国際情勢の悪化で戦備を急がねばならず、その上に、さらに米国の天文学的増勢に追いつこうとしても、国力、工業力の差のために手を挙げざるを得なくなった。

——二〇年前、加藤友三郎海相が予想したとおり、そして六年前、山本が警告したとおりの事態になったのである。

この苦境にありながら、それでも戦わなければならないとすれば、山本のとるべき策は、一つしかなかった。くりかえすようだが、開戦劈頭、敵の本陣を攻めて、敵に大損害を与え、日米兵力比を、まずひっくりかえすことであった。

そしてそのあとは、

(日本が作戦の先手をとり、先手、先手と打ってゆき、そのたびに決定的打撃を与えて、兵力比をたえず日本の有利な状態におき、米海軍と米国民の士気を阻喪させ、戦意を失わせる)

山本は、主義として、同時にアレもコレもと欲ばるような、そんな命令の与え方はしなかった。いつもこれこそ、と判断した最重要目標を選択し、それに全力を傾倒させた。

真珠湾の重油タンクも工廠施設も、この戦争を総力戦とみれば、「常識」として攻撃破壊すべきものだったが、かれはあえて切り捨てた。

戦略空母機動部隊という前人未到の思想を打ち立てた山本は、同時に、部隊の指揮運用のスタイルをすっかり変えてしまっていた。

しかし、そのことを、海軍の誰が気づいていただろうか。もし気づいていなかったとすれば、それは、あきらかに敗因の一つに数えることができるほどの重大問題であった。

主将の意図をうけて戦う部将は、それまで――たとえば艦隊決戦の場合、連合艦隊長官山本大将と、前進部隊指揮官近藤中将、主力部隊指揮官高須中将という関係で、主将はその段階の部将にまで意思を疎通させておけば、部隊の指揮運用はうまくいった。

しかし、現実に、真珠湾にいって攻撃を直接指揮したのは、南雲長官ではなく、第一次攻撃隊は淵田美津雄中佐であり、第二次攻撃隊は嶋崎重和少佐であった。

南雲中将は、草鹿少将、源田中佐たちスタッフとともに、戦場から後方に二〇〇浬（シー・マイル。一浬＝一・八五二キロ）離れた艦に残り、電報をたよりに一喜一憂しているだけであった。この点では、三四〇〇浬離れた柱島泊地（広島湾）の「長門」にいる山本長官と、いっこうに変わりばえしなかった。

このような状況は、米海軍にも、おなじように起こっていた。しかしかれらは飛行機用無線電話を自由自在に使いこなし、司令官も艦長も電話口に出て、状況の変化に応じ、適切な命令をジカに出し、第一線の報告をジカに聞いた。指揮運用のスタイルの変化を、すぐれた無線電話システムでコトもなく乗りきっていた。

日本海軍の飛行機用無線電話は、重く、雑音が多く、聞こえにくかった。専門のオペレーターが乗っている艦攻、中攻などはともかく、もっともそれが必要な単座の戦闘機では、パイロットが厄介物扱いにして、

「こんな役立たずは降ろす。そのぶんだけガソリンを積んでくれ」

という始末。

飛行機同士の連絡は、バンクをしたり、拳を振ったり、以心伝心によったりして、ながいことペアを組んでいるベテランたちでなければうまく意思が通じなかった。学校を出たばかりの搭乗員には、とてもムリ。ベテラン戦死のあと配属されてくる若い搭乗員のマイナス要素でもあった。

それよりひどいのは空母と戦闘機の連絡で、これはまったく手がなかった。そこで、燃料弾薬の補給に着艦したとき、次の目標を指先で示し、ソレ行ケ、と肩を叩き、発艦させた。まるで鉄砲玉だった。機銃を射ち終わり、燃料がなくなって着艦するまで、状況がどう変化しても、少なくとも戦闘機には新しい命令は出せなかった。

では、主将は部将にどんなふうにして意図を示していたかというと、たとえば、こうだ。

昭和十六年十月下旬、開戦が避けられそうになくなったころ、南遣艦隊長官に補せられて赴任する小沢治三郎中将が、挨拶を兼ね、指示を受けにきたとき、山本はこう切り出した。

「どうして井上（成美）を大臣にしないのかなあ」

十月十八日に東条内閣が成立、海軍大臣に軍令畑の嶋田繁太郎大将がなった。小沢が人事

局長から聞いた話を伝えると、

「井上でないと駄目だ。井上なら東条と堂々とわたりあえるのに」

いかにも残念そうに嘆息した。小沢は、いっこうに山本が、南遣艦隊長官としての心構えや連合艦隊長官としての指示などに触れようとしないので、しびれをきらせ、問いかけた。

山本は、

「まあ適当にやってもらおう」

と答えただけ。小沢はそこで、「安宅の関」の義経の言葉を思いだし、あらためて腹をすえたという。

伝統的兵術思想のなかでなら、徹底的な思想統一教育によって、「まあ適当に」というだけで、一糸乱れずに艦隊は動いた。クラスは多少開いていても、みな江田島の海軍兵学校出身者で、あの猛訓練の日々を乗り越えてきた信頼できる人間同士であった。

だが、飛行機が主兵となり、部隊の指揮運用システムがすっかり変わった今は、そういう指揮官の間の意思疎通（コミュニケーション）の方法では安易すぎた。それが深刻な盲点になるのは必至だった。

真珠湾

――開戦劈頭の真珠湾空襲。

この山本作戦は、当然ながら、軍令部作戦課の猛反対に逢った。

真珠湾攻撃作戦が正式に採用されるまでのきわどい経緯は、とくにふれない。ただ残念なのは、そのときの海軍首脳——戦争に直接影響を与える重要なポストの人たちが、その「戦争」について、ずいぶんチグハグな認識を持っていたことだ。

山本長官が、危険をおかしても真珠湾攻撃からはじめなければならぬ、と決意しているその危機感は、他の首脳たちは、どうやら持っていないらしかった。

軍令部の富岡作戦課長は、この戦争を有限戦争と考え、敵に大損害を与えたところで講和ができるつもりでいた。折からヨーロッパ戦線ではドイツからさかんに勝報が届いていた。そのうちにいいチャンスが来るのではないか。他力本願といえばいえるが、見透しは暗くなかった。

南雲機動部隊長官は、真珠湾攻撃を無謀きわまる作戦と考え、なんとかやめさせようと工作した。参謀長の草鹿龍之介少将に発案者の大西瀧治郎少将を同行させて、山本長官に作戦取りやめの意見具申をさせたり、準備作業も消極的にしか進行させず、ワザと山本を苛立たせたりした。

十一月十三日、岩国航空隊での連合艦隊最後の作戦打ち合わせでも、山本が、

「攻撃開始前、日米交渉が妥結した場合には引き返せを命ずるから、その心組みでいてもらいたい。ハワイ空襲のため攻撃隊が発進したあとでも、引き返させるよう……」

というと、

「それは実際問題として不可能です」

と南雲は反撥した。

「出かかった小便をとめろというようなものだ」

とも聞こえたが、そこまで南雲がいったのか、それとも他の指揮官がいったのかは、わかっていない。

山本は怒った。そんなに怒った山本を見たのは、みなはじめてだった。

「百年兵を養うのは、なんのためだと思っているのか。もしこの命令を受けて帰ってこられないと思う指揮官があるなら、ただいまから出動を禁ずる。即刻、辞表を出せ」

みな、水のように押し黙ったまま、反論するものはなかったという。

しかし、なぜここで南雲と「出かかった小便」氏が黙ってしまったのか、ふしぎである。

「実際問題として不可能」

というのがほんとうならば、辞表を書くのが筋ではないのか。

山本の話はここで終わってしまったが、実は、この話にはまだ続きがある。

南雲艦隊が千島の単冠湾《ヒトカップ》（択捉島《エトロフ》）を出て、しばらくしてから、南雲が草鹿にこぼした。

「参謀長、君はどう思うかね。僕はエライことを引き受けてしまった。僕がもう少し気を強くしてキッパリ断わればよかったと思うが、いったい、出るには出たが、うまくいくかしら」

「大丈夫ですよ。かならずうまくいきますよ」

草鹿が答えると、南雲は、

「君は楽天家だね。羨ましいよ」

と肩を落としたという。

南雲はここで、もう少し気を強くして断わればよかった、といっている。断わらなかったのは、かれの気が弱かったことになるが、先任者ないし先輩からいわれると、いわれたとき、すでにそのとおりにする前提でそれを聞くのは、海軍仲間のいい点であった。同時にまた、なんとなく甘い、というのが不適切ならば、もたれかかり、といった気配があった。

これは、あと、特攻のくだりになって、思いあたることになる。

こんなバラバラの状態で、よくもあの放胆無比の作戦が、成功したものだった。それは、物理的には、天候に恵まれ、一隻の船に行き逢って魂を消したが、別に何事も起こらず、なによりも洋上補給が予想以上にうまくゆき、真珠湾への第一弾投下が、予定時刻より五分遅れただけという、驚くべき正確さで運んだせいでもあった。

しかし、それ以上に、山本五十六の決意の固さ。その固い決意を昭和十五年十一月末から十六年十二月八日まで一年間、あらゆる反対、抵抗、無視に逢って微動もせず、障碍の一つ一つを取り除き切り拓いて、ついに成し遂げた精神的強靭さ。これには、敬服のほかない。

なぜなら、この真珠湾攻撃の発想は、日米の国力、生産力、技術力の比較からきた、つまり「戦争研究」からもたらされたものであり、日本海軍には、もともと「戦争研究」はなかったから、誰もこの作戦の目的と意義を理解できず、それぞれ自己流に解釈し、あるいは血も凍る冒険性に気押されて、必死にしてのけただけだったからである。

山本と海軍との、これは壮烈なたたかいであった。そしてどうやら、山本の意図が実現したかにみえたが、どっこい、海軍はもっとシタタカであった。山本は、まだまだたたかわねばならなかった。

南雲部隊は、その手で米海軍の咽喉元を締め上げながら、途中でサッと手を離し、はじめの腹案どおりに帰ってきた。

「この作戦の目的は、南方部隊の腹背擁護にある。機動部隊の立ち向かうべき敵は、なお一、二にとどまらない」

草鹿参謀長の引き揚げの弁だ。

「これについては、あとからいろいろ非難の声も聞いた。山本長官も空母を逸したことに不満だったとか、なぜ大巡以下の残敵を殲滅しなかったかとか、工廠、重油タンクを壊滅しなかったかとか、戦争の主力である空母を徹底的に探し求めて壊滅していたら東京空襲はなかったとか、いろいろ専門的批判もあるが、私にいわせれば、この際、これらはいずれも下司《げす》の戦法である」

草鹿という人は、剣の達人で、禅にも通じていた、といわれる。

「ただ一太刀と定め、周密な計画のもとに手練の一太刀を加える」

という「一太刀」主義だ。一本勝負の艦隊決戦には適当だろうが、山本の「戦争」思考による作戦指導には、まるで合わない。レスリングやボクシングのように、与えられたチャンス（場所と時間）を、ゴングが鳴るまで、のべつ幕なしに闘いつづけるアメリカ方式でないと、総合効果はあがるまいが、かれは、それを、宗教的、むしろ芸術的方式で闘おうとしていた。自分の方式のほかは、すべて下司の戦法として蔑視しながら。

草鹿はまた、帰る途中でミッドウェーを叩いてこいと連合艦隊が命じてきたといって、八ツ当たりする。

「広島湾内に安居して机上に事を弄する人達からみれば、この成果の余勢を駆って鎧袖一触に価しないミッドウェーを、事の序でに舐《な》めてこいということである。兵は勢いである。いま意気冲天の機動部隊の全力をもってミッドウェーを叩くごときことは、何でもないことではあるが、私はこの命令を企図した人々の浅い心根に憤懣を覚えた。

獅子は一匹の兎を搏つにもその全力を傾倒するといわれる。いかなる小敵に対しても一応の計画を樹てなくてはならぬ。身構えも要る。しかも、その当時の状勢として、必ずしもミッドウェーを叩く必要もなく、また叩いてみたところで土地を叩くようなものである。

また一面、つまらぬ感情の点からいっても、相手の横綱を破った関取に、帰りにちょっと大根を買って来いというようなものだ。それより、この成果を挙げ、意気揚々としている機動部隊の脚の下に気をつけてやり、いやが上にも逸やる心の手綱を引き締めてやることが肝要である。これこそ、幾多の精鋭を駆使する上級司令部の心構えでなくてはならぬ」

憤懣を覚えた件は、南雲部隊帰投後、草鹿から宇垣連合艦隊参謀長に言ったとみえ、その日付の「戦藻録」（宇垣の陣中日誌）に出ているから、以上が実際に起こった話であることに間違いない。

南雲部隊は、十二月二十三日、一艦をも損うことなく、飛行機二九機の犠牲を払っただけで、無事、広島湾柱島泊地（連合艦隊泊地）に帰ってきた。

翌日午前、山本は、「赤城」に出かけ、機動部隊各級指揮官の労をねぎらったあと、訓示をした。三和参謀によると、骨子はつぎのとおりであった。

「真の戦いはこれからである。奇襲の一戦に心驕るようでは真の強兵ではない。勝って兜の緒を締めよとはまさにこの時である。諸子は凱旋したのではない。次の戦に備えるため一時帰投したのである。一層の戒心を望む」

そう強く言い放った山本の語調からいえば、叱られているかともとられるほどだったという。

マレー沖

真珠湾攻撃のとき、大戦果がつぎつぎに入ってきても、沈痛な表情を崩さなかった山本が、マレー沖海戦で中攻隊の戦果を知ると、手放しの大喜びで、笑みくずれた。

十二月九日と十日、マレー沖に姿を現わした英戦艦プリンス・オヴ・ウェールズとレパルスは、その方面にいた日本軍の戦艦「金剛」「榛名」では、歯が立たなかった――というのはオーバーだが、とにかく勝ち味のないことは確かだった。

兵器は、大きさはおなじでも、製造年月が新しくなるほど改良され、威力が増す。プリンス・オヴ・ウェールズは一九四一（昭和十六）年に就役した真新しい戦艦で、三六センチ砲一〇門をもち、レパルスは三八センチ砲六門、これにたいする日本の三六センチ砲戦艦「金剛」（英国製）、「榛名」（国産）は、レパルスと同時代（レパルスは一九一六年、「金剛」一九一三年、「榛名」一九一四年）艦で、しかも三隻とも巡洋戦艦として完成し、のちに戦艦に改装されたもの。生粋の戦艦にくらべると、決定的に装甲が弱い。

第一次大戦で、ドイツ軍艦の主砲砲弾をうけて轟沈した四隻の英戦艦は、みな巡洋戦艦タイプのものだった。

軍令部や連合艦隊司令部では、英戦艦二隻出現の報告に、頭をかかえた。なんの目的で出てきたのか、むろん的確にはわからないが、悪くするとマレー作戦はめちゃめちゃにされかねなかった。といって、「長門」「陸奥」を急派しようにも、もう間にあわない。

富岡作戦課長はじめ作戦課の幕僚たちは、飛行機だけで英最新鋭戦艦を撃沈できるとは、考えなかった。

「そんな、バカな」

と蒼い顔をして吐き捨てた。といって、打つ手はなにもなかった。

十日、世界はじめての飛行機と戦艦の一騎打ちが戦われた。それまで、

「戦艦か、飛行機か」

で世界中の専門家たちを沸かせたテーマが実証されようとしていた。

「どうだ。二隻とも撃沈するか」

山本が急に、三和（航空）参謀に挑んだ。

「――ぼくはレパルスはやるが、キング・ジョージ五世（そのときは、プリンス・オヴ・ウェールズをそう誤り伝えられていた）はまず大破だと思う」

三和は、断乎として反駁した。

「両方ともやります」

「よし。賭けようか」

「やりましょう。私が勝ちましたらビール一〇ダースいただきます。長官が勝たれたら一ダース奉納します」

「よし」

山本は、三和によると、よく自分の考えるところと逆に賭けて、相手の自信の程度を確かめる手に使ったという。

レパルスはすぐ沈んだが、「キング・ジョージ」の方が、いっこうに様子がわからなかった。三和大佐が大いにヤキモキするうち、電信室から暗号長がとてつもない大声で、叫んだ。

「またも戦艦一隻沈没」

ワーッと作戦室に歓声があがった。山本も顔をまっ赤にして、ニコニコしていた。

「長官。一〇ダースいただきます」

三和が、いたずらっぽく右手を出した。

「一〇ダースでも五〇ダースでも出すよ。おい副官、頼んだぞ」

三和は、こんなに嬉しそうな山本長官の顔は、はじめて見た、と書いている。

山本がかつて、

「実績を示せば、頑迷な鉄砲屋（砲術関係者）でも航空が主兵であることがわかってくる」

と答えたその「実績」を、疑う余地のないマレー沖の一騎打ちで示したのである。

（南雲入りだから渋い顔をし、南雲抜きだからニコニコしたんだろう）

と考えるのは当たるまい。山本の最大の念願の一つが、ここで果たされたのだから。そして、前に述べたように、「轟沈」という新語まで生んだのだから。

で、実際はどうだったか。なるほどこの「実績」から、日本海軍は航空の戦力を高く評価するようになった。が、それだから航空が主兵になったとは考えなかった。戦艦主兵の艦隊決戦思想は、依然として動かなかった。戦艦「武蔵」の艤装工事は、最優先で進められた。

ハワイ攻略

南雲部隊が、一撃だけで真珠湾から引き返したことを知ると、山本は、かねて考えてきたさらに強力な早期決戦——早期終戦構想を打ち出した。

（ハワイ攻略）

である。

といって、山本は、ハワイを長期確保して、米軍が奪還に来るのを蹴散らして——というふうには考えていなかった。維持・防衛まで考えると、ハワイ占領の成算は立つものではない。それよりも、ハワイ攻略に打って出れば、米艦隊はかならず全力をあげて阻止しにくる。それをとらえて撃滅する。早期敵主力艦隊撃滅である。

また、そんな現実がまたしても米国の庭先で発生することで、米海軍や米国民の戦意にダメージを与え、戦意を喪失させ、それによって早期終戦に導く。

日米戦って、常識的な戦法をとっていて、日本が勝てるはずはない。思いきった手段をとり、かれらの戦意を失わせるほかない——これが山本の一貫した構想であった。

しかし、このハワイ攻略は、十分な数の飛行機を揃えなければ、不可能である。十分な航空兵力を集めて守りを固めているに違いないところへ、島基地伝いにハワイに近づいていく基地航空部隊と、この作戦の主軸になる空母機動部隊とが突撃していくには、なまなかな機数ではたりなかった。

希望の機数は、十月にならねば揃わなかった。まだ九ヵ月も十ヵ月も先のことである。

山本がもっとも心配していたのは、その空白期間に米空母部隊が来襲、なかでも本土を空襲してきはしないか、ということだった。

山本が大臣あての手紙で述べていたように、日露戦争のとき、かれの若い心を揺すぶった上村長官の留守宅への市民の狼籍、あるいはロシア艦隊が太平洋岸に出てきたときの市民の狼狽と混乱が、どうしても忘れられなかった。あの市民たちが、もし空襲をうけて死傷者が出、家や財産を壊され焼かれたら、なんと海軍を罵るだろう。戦争を続けられなくなるのではないか。

真珠湾を攻撃し、ハワイを攻略して、米海軍と米国民の戦意喪失を狙っている山本が、逆に米海軍の本土空襲で日本国民が戦意を失うのをおそれるとは、皮肉なまわりあわせであった。

「さあ、これからどうするか考えろ」

と、米空母対策を幕僚に研究させた山本だったが、研究させてみても、キメ手といえる妙案は、ひとつもみつからなかった。

まず、いつ米空母部隊が真珠湾を出たか、がわからなかった。ましてそれがどちらに向かったかなど、もっとわからなかった。開戦と同時に、真珠湾を蟻も這い出すことができないほどヒシヒシと潜水艦で取り囲んだが、ほとんど成果が挙がらなかった。

戦争になって、日本海軍では、戦前の予想に反する悲喜こもごもの誤算が出た。飛行機のおそるべき戦力をみせた大活躍は「喜」の方の誤算だった。二七隻の新鋭大型潜水艦がハワイを取り囲んでも、敵の対潜兵力に制圧されて頭を出せず、真珠湾に出入りする艦船を視認することもできず、まして攻撃することもできなかった（一例だけ例外的に攻撃したが命中しなかった）ことは、「悲」の方の誤算だった。

潜水艦の迎撃戦法による艦隊決戦のときの役割は、まず真珠湾ないし敵基地周辺に潜伏して敵艦隊の動静を監視、出入する艦船を攻撃。敵艦隊が出撃したら、いちはやく急報する一方で、これを尾行。動静を報じつつ機を見て攻撃し、主力艦の頭数を減らしていくことだった。

福留作戦部長は、戦前、演習や訓練で、潜水艦は神技に近いほど敵中にもぐりこんで、勇猛果敢な攻撃を成功させていたのに、

「それがハワイ作戦でいっぺんに画餅に帰した。大本営も連合艦隊も異常な衝撃を受け、深刻な失望を禁じ得なかった。これでは日本海軍が多年心血をそそぎ、そして大きな期待をかけてきた潜水艦戦を、根本的に考え直さなければならなくなったのである」

といったいいかたをしている。

しかし、それはおかしい。戦前、潜水艦の目標になって訓練した日本の軍艦には、レーダーもなく、ソナー（水中探信儀）も不完全。潜水艦も、レーダーはもたず、水中では雑音や震動音を出して、すぐにどこにいるか突きとめられる状態であったが、それを探知する能力が日本の軍艦になかったから、十分に通用した。ところが、戦争になってみると、米海軍の艦艇は、遙かに耳が鋭く、目もよく見えた。

迎撃漸減作戦による戦艦主兵の艦隊決戦というが、その出発点で敵をとらえることができず、途中でも堅固な敵輪型陣に潜りこめないとすれば、福留がいうように、漸減作戦は画にかいた餅でしかなかった。つまり、日本海軍が描いていた作戦構想は、米海軍の暗号をすっかり解読しないかぎり、最初のところ――真珠湾を出て艦隊決戦にいたるまでの間で敵艦隊の踪跡をとらえ得ない。幸い捉えたとしても、捜索のために太平洋のあちこちに散らばった部隊が集まるのに時間がかかり、それまでに、その場にいた部隊から片ッ端に各個撃破される可能性が強かった。

山本が、気の毒そうにいった。

「軍縮会議で、日本は潜水艦を防御的兵器であると主張して、廃止しようとするアメリカに反対したが、廃止しておいたほうがよかったようだな。実際に防御的兵器になってしまった。だが、一隻でも大物をやれば、元気もでるだろう」

いや、実情は、「気の毒」以上であった。

潜水艦が追跡、尾行しようとしている敵主力は、いまは空母部隊になって、旧型戦艦部隊よりもはるかに機動力が大きくなり、そのため敵戦艦——それも真珠湾で潰滅させた旧型戦艦を基準として決めた潜水艦の水上最高速力が、空母相手では、遅すぎることになった。

具体的にいうと、旧型戦艦部隊の移動速力は、一四ノットから一六ノット。二〇ノット以上を出すと、全速力に近くなって、そう長い時間は走れない。ところが、空母は、飛行機を発着艦させるときすぐに三〇ノット以上に増速する（飛行甲板上の合成風力を大きくし、安全に、急速に発着艦させるため）のでもわかるが、エンジンの軸馬力も戦艦のほぼ二倍もあり、二四ノット前後で走るのがふつうである。

こうなると、水上速力の一番速いのが二三ノット前後という日本の潜水艦では、追いつけない。それ以上に、先回りして潜航し、魚雷を射てる二〇〇〇メートル以内にもぐりこむことは、よほど好運に恵まれるか、ないしは向こうのほうから近づいて来てくれないかぎり、まず不可能になった。

つまり、潜水艦は、戦前に予想していたものとすっかり異質の条件、背景に直面していた。

その現実を直視し、即刻、対策を講じなければならなかった。――艦隊決戦から交通破壊への用途転換であった。

山本は、日本には長期戦を戦いぬく力はない、なんとしても戦争は短期戦で終わらせねばならぬ、と決意していた。

（軍令部で、長期持久態勢をととのえるなどといっているが、日本は長期戦はとても戦えない。ただかれらは戦えそうに「思う」だけだ。どうしたら長期戦を戦うことができるのか、具体的、科学的につきつめ、たしかな青写真を出したわけではない）

山本が、そのような決意で、早期終戦のキッカケをつくろうと腐心している現実とうらはらに、ハワイやマレー沖で挙がった勝ちどきは、海軍のなかはもとより、国民を熱狂の渦に巻きこんでいた。

「無敵」の文字をかぶせられた南雲機動部隊、海軍航空部隊は、ひとまわりもふたまわりも大きく見えた。

反対に、その日までは日本海軍を背負って立つ主兵として、エリート意識に胸を張っていた鉄砲屋は、プライドをいちじるしく傷つけられた。切歯扼腕を通りすぎ、欲求不満にイライラし、やがて士気沈滞した。

宇垣参謀長さえ、鉄砲屋のイカツさをむき出しにした。日記に、

「いまにみておれ……」

といった感情的な言辞を、二度も書きつけた。

狭い海軍のなかである。エリートを競いあうと、すぐ感情的にエスカレートする。肩で風を切るようになると、とかく驕りやすく、驕ればとかく粗雑になる。

どうしても勝てないはずの国々を相手に、圧倒的な危機感を抱いて戦争に突入したところ、勝ってしまった。大本営発表のたびに、予想外の大戦果がつづいた。

近代戦では、無準備のところに多数飛行機集団の奇襲をうけると、ひとたまりもない。その上、それは日本軍の開発した新しいノウハウによるのだから、ひととおり敵がその洗礼を受け終わって対策を立ててくるまで、日本軍の圧勝がつづくのも道理だった。

緒戦の勝利が、あまりにも大きすぎたようだ。海軍はむろん、陸軍にも国民にも、

「米英おそるるにたらず。南雲機動部隊は、史上最強の戦闘部隊である」

といった、敵戦力の過小評価、味方戦力の過大評価が生じた。

「勝って兜の緒を締めよでェす。みんな気を引きしめて下さァい」

などとあわてて叫んでみても、いったん緩んだ心、楽観気運は、容易にもとにもどらなかった。

このころ山本は、いつもは淡々としているのに、ときおり、焦りの色を見せるようになった、という。藤井政務参謀に、打つべき手が打たれていない、と中央の手ぬるさに、いても立ってもいられない気持を洩らした。

藤井が回想する。

「戦争は、はじめるよりも、切りあげる方がむずかしい。緒戦の成果を基礎にして、あらためて政戦両略の活用を図る、と基本構想には書いてあったが、具体的な、ではどのようにして、といった決定は何もなかったのが事実である。その交渉を、どうもっていったらいいのか。ともあれ、こんどの戦争は、仲介者となるべき適当な国が存在しなかった。まだ時間の余裕がある間に、日本の運命を、できるだけその方向にもっていかねばならない」

それから約二ヵ月、シンガポールを陥し、ジャワ全土を占領した昭和十七年三月半ばすぎ、山本は親しくしていた桑原虎雄少将に、こんな話をした。個人的意見を、という桑原の注文だったが、

「いまが戦争のやめどきだ。それには、いままで手に入れたものを全部投げ出さなければならない……」

桑原は、山本の口調からみて、その全部といったなかには、日華事変で手に入れたものを含めていることは間違いないと受けとった。

「……しかし、中央にはとてもそれだけのハラはない。われわれは、結局、斬り死にするほかはなかろう」

中央は「作戦」思考であり、勝ちつづけているいま、戦争をやめる気は毛頭ない。そして、ズルズルと破局に引き込まれながら、気づかずにいる。そうである以上、山本としては、危険をおかしても敵の戦意をより決定的に失わせる作戦を強行するほかなかった。それが、かれのハワイ攻略作戦だった。それも、「時間の余裕がある間に」、つまり、米国の圧倒的な国

力、生産力、技術力がフル回転をはじめ、工場群からぞくぞくと艦船や航空機が戦場に送り出されてくる前に――わが機動部隊や基地航空部隊の戦力が、米海軍の戦力を上回っている間に作戦を決行し、青天の霹靂的衝撃をかれらに与えて刀を引かせなければならない。

開戦後一週間とたたぬうちに、日本にはもう必勝不敗の態勢が整ったように思われ、山本は「いくさの神様」にされてしまった。そして、それをもっとも迷惑がったのは、当の山本であった。

藤井政務参謀などは、

「あんなにまわりから晴れがましくされるのを嫌っておられるが、これで凱旋のときは、どうされるのだろう」

と本気で心配した。まさか、宮中差し廻しの馬車に替え玉をのせ、自分は背広を着て、東京駅から歩いていく、というわけにもいかないだろうに、と思ったりした。

真珠湾のときもそうだったが、山本は、作戦構想については、自分の信ずるところはだれにも洩らさなかった。話してもわからないし、誤解されるとさらに面倒だ。ただ大臣と総長だけには了解を求めておく――といった慎重さで、そのためあちこちにトラブルを起こしても、統率のレールから外れぬかぎり意に介しないほどの強靭な面をみせた。

おなじクラスの嶋田繁太郎、吉田善吾とくらべても、嶋田の形式主義、精神主義など、山本にはなかったし、吉田善吾の、なんでも自分でやらねば気がすまず、三国同盟締結を防ごうとして、ノイローゼになって倒れてしまうほど人まかせのできぬ完全主義者でもなかった。

それより、洞察力、実行力、政治力、研究心、そして情誼の厚さと人間的魅力では、海軍将官のなかでは比類がなかった。

山本長官の端正な答礼は、有名だった。将官や佐官の士官たちから敬礼されようと、下士官や兵たちから敬礼されようと、山本の答礼は、すこしも分け隔てなく、端正だった。組織の頂点にいると、組織の全員から敬礼され、それに答礼することになる。真面目に答礼をしようとすると、いつも緊張していなければならない。

宇垣参謀長など、頭をちょっと後に反らすだけで答礼のかわりにした。それでいて、敬礼のしかたが気に入らぬと、仮面のような顔を向けて、睨みつけた。

山本は、人の好き嫌いこそ強かったが、人を階級では区別しなかった。若いもの、とくに飛行機乗りには、親身になって肩入れをした。

「ブリッジ（トランプの）をやれ。先が見えるようになるぞ」

とかれらに「訓示」をしたのは、一航戦司令官のころだった。

真珠湾後、海軍省は、報道禁止事項を達した。

「連合艦隊司令長官山本五十六大将ガ勝負事ニ巧ミナルコト」

山本が、博才に富んでいることを国民に知らせまいとした。だが、真珠湾攻撃のような乾坤一擲の大バクチは、よほど勝負度胸のあるものでなければできるはずはない。隠そうとしてもすぐバレることだが、おそらく嶋田海相の差し金だったろう。

さて、山本は、旗艦の作戦室や幕僚休憩室などで、くつろぎの時間、よく将棋に興じた。

山本の腕が抜群なので、なまなかの将棋巧者では相手ができず、自然、顔ぶれがきまった。戦務参謀の渡辺安次中佐、政務参謀の藤井茂中佐、航空参謀の佐々木彰中佐たちが定連だった。その他大勢は、まわりを取り囲むともなく、ビールを片手に観戦、しかるべく野次をとばし、あるいは芝居の台本にみる「その他大勢、ここで笑声をあげる」といった役割を演じた。

黒島先任参謀は、性格なのか、日露戦争の名参謀秋山真之中佐にあやかろうとするあまりそうなったのか、とかく秋山ばりの奇矯な行動が多かった。司令部従兵たちからは、先任参謀でなく、「変人参謀」だとか「仙人参謀」だとかかげで呼ばれていた。

先任参謀（大佐）は、司令部のカナメに当たるもっとも重要な役割をもっている。軍令部作戦課長（大佐）でも同じで、海軍では大佐を実際に手を下して仕事をする最も円熟した、価値ある年代と考えていた。参謀長（部長）は少将でチェック役、長官（局長、本部長）は、中将か大将で、だいたい「ウン」と頷いて採用するから、先任参謀のアタマで艦隊（戦隊）が動くといって間違いない。もっとも、これは一般論で、司令部内の力関係で、多少空気の違うところもあるが、この長老制はほぼ同じだった。

昭和十四年八月末、山本が連合艦隊長官になると、海軍省人事局は、島本久五郎大佐を先任参謀候補に考えた。島本大佐ならば米国勤めも長いし、軍令部勤めもある。ところが、山本が採らなかった。そして、黒島亀人大佐にきまった。米国通でもないし、軍令系統でもない。米国通でないのは、長官が米国通だからカバーされるかもしれないとしても、長官と先任参謀が双方とも軍政系統ではマズい、と頭を抱えたが、どうにもならなかった。

山本の考えを推測すると、山本自身「戦争」思考の、軍政的発想をする。「作戦」研究ばかりに熱中している軍令部のありかたに批判的である。またかれ自身、航空主兵思想で対米作戦構想の再構築を考えているので、なまなかに伝統的兵術思想の化身みたいなのが来ても困る。そんなものにとらわれず、新しいアイデアを創造できるものが欲しい、とアイデア参謀を求めたのであろう。

山本は、折にふれて幕僚をひやかしたそうだ。

「君たちに質問すると、いつでも皆おなじ答えをする。顔が違えば考えが違っていいはずだが、黒島だけではないか、違うのは」

黒島重用の弁である。だが幕僚は、口を尖らせた。

「兵学校、術科学校、大学校と、おんなじことを詰め込まれ、思想統一されてきた。だれに聞いても、おなじ考えをするのがあたりまえだ。違った答えをしろといわれても、ふつうのアタマのものには、ちょっと、ね」

黒島先任参謀の評判は、悪い。

「小部隊の作戦にはいいかもしれないが、大部隊の作戦計画者としては不適当だ」

という人もある。ミッドウェー作戦のときの黒島参謀の言動を追跡すると、おそろしく主観的独善的で、それでいて自己顕示欲も強い人のようにみえる。あるいは山本が、前に述べた米内・山本の関係式を山本・黒島に置き換えて、山本が米内から委されたようにすっかり黒島に委せた――またしても山本の人を見る目の問題になるが、それが誤りだったのか。

宇垣参謀長は、ドイツ通の、どことなくヒトラーを連想させる強気の独善居士。気性の激しいサムライで、山本長官だから押さえることができた、ともいわれる。黒島作戦には文句大ありながら、黒島が長官お気に入りなので、カッカしつつ見ている、といった格好。

そんなところに、緒戦の大戦果であった。

「完全勝利をすると、必ず兵が驕ってダメになる」

といわれる。

冷静、綿密に、科学的思考を重ねて万一にも遺漏のないようにしなければならない最高指揮官のブレーンたち――これをとりまく環境、精神的条件としては、不適当、ないし、きわめて危険な状態になりつつあった。

日露戦争が、日本海海戦の空前の勝利によって幕を閉じたあと、東郷司令長官のあとをうけた伊集院五郎長官は、いわゆる「月月火水木金金」の猛訓練を艦隊に課して締め上げ、大勝利後の海軍将兵が気をゆるめ、うぬぼれに堕ちることを戒めた。気のゆるみやうぬぼれは、いったんそこに堕ちたら容易に這いあがることができず、国防を任とする軍隊として、どうあっても戒めなければならないものだ。

太平洋戦争では、それならば、緒戦の大戦果にどんな対策をとったか。前記、真珠湾から南雲部隊が内地に帰ってきたとき、

「真の戦はこれからである。この奇襲の一戦に心驕るようでは、ほんとうの強兵とはいいが

たい。勝って兜の緒を締めよとはまさにこの時である。今後一層の戒心を望む」

と山本が訓示をした、そのくらいのものであった。

第二段作戦

昭和十六年十二月、開戦時、軍令部が考えていた――日本海軍公式の作戦計画には、開戦後、長期持久態勢を確立する段階までのものしか入っていなかった。

まず、第一段作戦で、東洋にいる敵勢力を駆逐、南方資源地帯を攻略して足もとを固め、つづく第二段作戦で米艦隊主力を撃滅し、長期持久態勢を築きあげる。

そのあと、戦争終結にもっていくツメの段階を第三段作戦としていた。

このような考えかたをきめたのは、日露戦争の終わった明治の終わりのこと。そのころは日露戦争の場合のように、艦隊を撃滅すれば、戦争が終わる可能性が大きかった。

つまり、作りためた兵器で戦い、それを失った方が敗け、残した方が勝つ。

しかし、工業力、技術力が向上し、生産力が昔の比でない近代では、作りながら戦い、戦いながら作ることになる。作る力を失うか、戦う意欲を失うかするまでは、戦争は終わらない。したがって「勝つ」ためには、敵国の軍事生産力を破壊してしまうか、軍隊と国民の戦意を喪失させるか、あるいはその両方を狙うかしかなくなる。

山本は、開戦前から、日米戦争をこの近代戦と観ていた。技術力、生産力、国力――どれをとっても日本の遠く及ばぬ大国を相手の戦争であるのに、米本土、工業地帯を襲って破壊することは不可能だ。とすれば、軍隊と国民の戦意を失わせて戦争を早く終わらせることを狙うしかない、と考えていた。

では、海軍中央はどう考えていたのか。

おかしなことだが、どのようにして戦争を終わらせるかの結論を出さないまま、戦争をはじめてしまった。そしてなんとなく、

「当時は欧州でも大戦が進行しており、最高指導者の間では、ドイツも非常に勝っていることだし、バランスということもあるので、講和のキッカケはその間に出るだろう」

と考えていた。

そこへ、緒戦の大戦果が挙がった。日米艦艇兵力比は、ハワイ攻撃直前六九パーセントであったものが、七六パーセントにハネ上がった。

いつも日本海軍は劣勢海軍というレッテルを貼られて、守勢的作戦しかとれなかったのが、これからは積極的作戦がとれるようになった、と「作戦研究」ひとすじの軍令部作戦課は考えた。

言葉は「積極的作戦」でも、山本のそれとは意味が違った。山本は、敵に時間を与えず、つぎつぎに敵のもっとも痛いところを衝き、敵主力艦隊（空母艦隊）を誘い出して徹底的に攻めつけて撃滅し、米海軍と米国民の戦意を失わせ、戦争を終わらせようとしていたが、軍令部は、情勢が有利になったから、長期持久態勢をつくろう。それに必要な新作戦をしよう、と考えた。

そのために攻撃破壊ないし占領すべき要点を、軍令部ではニューギニア東部、ニューブリテン（ラバウル）、フィジー、サモアなどの南東方面各地、アリューシャン、ミッドウェーの中部太平洋各地、アンダマン方面、豪州方面の要地とした。また、真珠湾で艦隊主力を潰された米軍としてみると、対日反攻拠点として豪州を使わざるを得なくなるはずで、豪州の戦略価値が急に高くなった、と見た。だから、豪州北東部の要地の占領と、米豪連絡路遮断のため、フィジー、サモア、ニューカレドニアの占領を計画した。たいへんな手の拡げようだった。

軍令部の豪州要地占領計画は、陸軍の反対で、結局、潰れた。そして、もう一つの、米豪連絡路遮断作戦計画（略称・FS作戦）が残った。

軍令部のFS作戦と山本のハワイ作戦――いいかえれば、長期持久と早期戦争終結。しかし、ハワイ作戦には十月にならねば飛行機が揃わず、着手できなかった。

そこで山本は、まずセイロンを攻略し、英国艦隊を撃滅して背後を固め、それからハワイに向かう構想をまとめた。

もっとも、このセイロン攻略は、黒島たちがドイツと手を繋ぐための作戦のつもりで計画をたてていたら、ふだんの山本の言葉の端々からそうでないことがわかり、あわてて作り直したものだった。ウソのような話だがホントウである。

三月上旬、軍令部の意見がまとまった。見ると、FS作戦だけが計画に残って、セイロン作戦は消えていた。

黒島たちは、おどろいた。山本は、フィジー、サモア、ニューカレドニア占領など、そんな悠長な作戦はできない、と強くいった。かれの目は、いつもサイパンからハワイを結ぶ中部太平洋に注がれていた。ところが、セイロンが消えたから、ハワイまでの間に軍令部案のＦＳ作戦をしなければならなくなった。

「こんなバカなことがあるもんか」

黒島たちは、途方にくれた。ちょうどそのころ、中部太平洋で問題が起こった。米空母部隊が、昭和十七年に入ると活動をはじめた。二月一日、マーシャル諸島。二月二十四日、ウェーク。三月四日、南鳥島。山本が戦前から心配していたとおり、受け身で防御一方では、空母を捉えることも、空襲を防ぐこともできなかった。

航空兵力が、情けないほど少なく、哨戒《しょうかい》（見張り警戒）が十分にできなかった。その上、暗号解読ができていないので、敵の意図がわからず、いつも不意を打たれた。これでは、敵空母部隊を誘い出し、出てきたところを捉えて攻めつけるしかない。

ＦＳ作戦をのがれ、ハワイまでのギャップを埋める、セイロンに代わる作戦、それも、敵空母を誘い出す見込みのある作戦はないか――苦しまぎれのアイデアが、瓢箪から駒のように、ミッドウェー作戦として浮かび上がった。

連合艦隊の有馬水雷参謀によると、山本はこのアイデアに賛成していなかったという。しかし、この時点では、もし「ノー」というと、選択なしでＦＳ作戦にかからねばならず、米空母部隊が荒らしまわっている中部太平洋をガラあきにすることになる。

（本土空襲は、なんとしてもさせてはならぬ）

と深く心に決している山本としては、選択の余地はなかった。その上、ここに哨戒機を置けば、本土空襲を狙って西進する米空母部隊をチェックすることもできるではないか。

これが、運命のミッドウェー作戦といわれるものの発端であった。

作戦の日程がきまった。

五月上旬　ポートモレスビー攻略作戦（略称・ＭＯ作戦）

六月上旬　ミッドウェー攻略作戦（ＭＩ作戦。アリューシャン攻略作戦が追加され、ＭＩ・ＡＬ作戦と呼ぶ）

七月上旬　フィジー、サモア、ニューカレドニア攻撃破壊作戦（ＦＳ作戦。米豪連絡路遮断作戦）

十月をメドとしてハワイ攻略作戦の準備を進める。

以上のどの作戦も、南雲機動部隊が中軸となること、いうまでもない。

そして、連合艦隊司令部内で、ミッドウェー作戦の主務として渡辺戦務参謀が指定された。つまり、渡辺戦務参謀と黒島先任参謀が計画の立案と推進にあたることになった。

予想しなかったことが司令部内に起こっていた。

山本が、賭けごとが好きで、また巧みで、モナコのカジノで、丁重に入場を断わられた史上二人目の人物であったという伝説もあるほどだが、前にも述べたように、毎夜、休息時間に将棋を楽しんだことから派生した問題であった。

一つは、将棋的発想の発生――賭けごとで勝負度胸がつくといっても、それは、山本ほどに蘊奥《うんのう》をきわめたものにはいえても、ふつうの人にはいいにくい。そして、毎夜の将棋が、なんとなく特定の幕僚たちを勉強不足にし、それを埋める手段のようにして押しの強い人間にする傾向が生じた。

山本長官には、身体から溢れ出る迫力のようなものがあった。心理的影響力ともいえようか。書類を起案して山本のところに持っていく。次官時代の話だが、

「山本次官がどんなに偉くても、そこまでわかるはずはない」

と、ちょっとゴマカしてツジツマを合わせておく。すると山本が、書類に目を通し、一ヵ所にひっかかり、目をあげて起案者をジッと見る。急に起案者は、身体がゾクゾクしてきて、

「実は、この部分をメーキングして（註・ごまかして）ありまして」

などと、シドロモドロの弁解をせざるを得なくなる――といった経験を、書類を起案して次官のところに持っていった人たちから、ちょいちょい聞く。

「山本さんには、カリスマ性があった」

と固く信じている人もある。

緒戦の大戦果で、名将、英雄、聖将など、ずいぶん「肩書」がふえた長官であった。将棋の相手をしている幕僚が、一種の特権意識をもち、五尺の身体が一間にも二間にもふくらん

だ気持になったのは、自然であった。

そんな、時間稼ぎのためのアイデア作戦――ミッドウェー作戦には、やむを得ないことだが、本質的にも、時間的にも、無理があった。

本質的な無理とは、ミッドウェーがハワイに近く（約一一五〇浬）、日本軍のいるウェークとは一三〇〇浬あり、味方基地から遠すぎて基地飛行機で戦場付近の索敵をすることができない。空母機で索敵するしかない（行動半径三〇〇浬）。ところが敵は、ミッドウェーから基地飛行機を飛ばせ、日本軍の接近を発見できる（行動半径六〇〇浬）。一方的に日本が不利であること。

日本軍が攻略に成功したとしても、維持補給がむずかしい。ウェークから遠すぎ、米空母部隊が襲ってきたら、容易に奪い還されてしまうこと。

このようなミッドウェーの欠陥部分を、担当参謀たちは、前記の押しの強さと勉強不足とで押しまくった。

「ミッドウェーの補給を願いますよ」

といわれた四艦隊司令部は、滅相もない、と断わった。

「ウェークの基地航空部隊（十一航艦）にたいする補給でさえ、うまくいかずに困っているところです。それから一〇〇〇浬も先まで足を延ばせといわれても、物理的にできませんよ。たってやれといわれるのなら、空母二隻をつけてください。空母の護衛つきでなければ、不可能です」

連合艦隊参謀は、怒った。

「じゃ、頼まん。十一航艦にやらせる」

と立ちあがり、ドアをバァンと閉めて出ていった。

四艦隊の参謀は、呆気にとられた。四艦隊が十一航艦の補給で苦しんでいるのに、その十一航艦にミッドウェーの補給まで押しかぶせて、どうなるのか。みんなが立ち枯れになるだけではないか。

そんな、あとから考えると正気の沙汰と思えないくらいラフな作戦準備が、連合艦隊で急がれていった。四月の月頭には体裁が整っていなければ、第二段作戦の段取りに間に合わないからだ。

ミッドウェー作戦計画案は、海軍作戦として採用してもらうため、軍令部に持ちこまれた。FS作戦を考えている作戦課は、大反対だった。真珠湾のとき山本長官から「これが採用されなければ辞職すると伝えよ」と命じられた黒島参謀が、それを軍令部に伝え、軍令部がおどろいて作戦を採用した故知にならい、渡辺参謀はブラフをかけたが、作戦課は動かなかった。

そうはいっても、軍令部のトップの立場は微妙であった。作戦課の大反対を押し切り、トップが政治的判断で採用した真珠湾攻撃が、心配をよそに大成功を収めた。山本長官の着想と力量についての評価は、真珠湾以前と圧倒的に違っていた。

「山本長官が自信があるとおっしゃるのなら、長官におまかせしましょう」

また、トップの政治的決断で採用がきまったが、作戦課は猛烈に怒った。

「作戦課の頭ごしに連合艦隊が作戦をおやりになるのだったら、どうぞご勝手におやりください」

こうして、しばらく話にもなにもならぬ状態がつづくが、それをもとに戻してくれたのが、ハルゼー中将だったから、皮肉というか、時にとっての氏神というか。

山本連合艦隊長官は、昭和十七年四月十六日、第二段作戦に入るにあたっての訓示を出した。そのうち、山本の気持そのままを述べた部分を拾い読みすると、各隊の善謀勇戦によって有利に第一段作戦を概成し得たことはよろこびにたえないが、戦備を怠って緒戦に潰滅した敵は、強大な軍備と、大規模な軍備増強によって、頽勢挽回を図ってくるだろう。

「コノ敵ヲ討チテ征戦究極ノ目的ヲ達成センニハ、ソノ軍容成ルニ先ンジ敵海上武力ノ中核ヲ撃摧シ、併セテワガ攻防自在ノ態勢ヲ確立セザルベカラズ。

戦局決戦段階ニ入ル。即チ連合艦隊ハ新部署ニ就キテソノ陣容ヲ整エ、今次戦訓ヲ加エテマスマス鋭鋒ヲ磨キ、決戦兵力ヲ挙ゲ東西両大洋ニ敵ヲ索メテコレヲ捕捉撃滅シ、モッテ戦局ノ大勢ヲ海上ニ決セントス……」

引用した部分の前半は、山本が一貫して考えてきた作戦方針である。後半では、なんといっても「戦局決戦段階ニ入ル」という認識——前に軍令部の考えている対米戦争のプロセスで、第一段作戦は南方要域を攻略するまで、第二段作戦は米艦隊主力を撃滅し、長期持久の態勢を強化するまで、そして第三段作戦を、戦争終末を促進させるためのツメの段階を考えていたことを想起すると、この「決戦段階に戦局が入った」という認識は、もっともかれが強調したかったところであった。

その約二週間後、第一段作戦戦訓研究会の最後に、山本は、はげしい口調で所信を表明した。

「第二段作戦は第一段作戦とまったく違う。これからの敵は、装備して備えている敵である。長期持久と称して守勢をとることは、連合艦隊長官としてはできない。海軍は、かならず一方に攻勢をとり、敵に手痛い打撃を与える必要がある。敵の軍備力は、日本の五倍から一〇倍である。これにたいしては、敵の痛いところにむかって、つぎつぎに猛烈な攻撃を加えねばならない。

したがって、わが海軍軍備は、一段の工夫を要する。従来のゆきかたと全然異ならなければならない。軍備は重点主義に徹底し、これだけは敗けぬという備えをする必要がある。それには、海軍航空の威力が敵を圧倒することが絶対に必要である。共栄圏を守るのは、海軍である……」

この所信表明は、中央の指導方針や戦備方針にわたっていて、連合艦隊長官がその部下に与えるものからハミ出している。いうまでもなく、参会している軍令部次長や軍務局第一課長など中央首脳に聞かせる——というよりは、開戦後四ヵ月をすぎ、主兵（敵の死命を決定的に制するもっとも強力な兵力）は戦艦の主砲から飛行機に移ったことを「実績」によって示したのに、いっこうに国内生産力の重点配備、生産組織の再構築がおこなわれず、増産も遅々として、計画数にも達しない。ところが敵は、わが戦略空母機動部隊システムをそっくりコピーして、昭和十七年に入るとわが前進基地を空襲しはじめ、四月十八日にはついに本土空襲までもしかけてきた。そんなノンビリした対応で、どうしてこの戦争を戦うことができるのかと叱咤したのだ。

胸をしめつけられるような危機感が、山本に、思わずも激烈な口調をとらせたにちがいない。

思いあわせてみると、この四、五月ころ、米海軍では、開戦前に就役していた四万二〇〇〇トン新鋭戦艦（速力二九ノット以上で空母と協同作戦ができる）ノースカロライナ、ワシントンに続いてサウスダコタ、インディアナ、マサチューセッツが就役（計五隻）、アラバマが艤装中、五万二〇〇〇トンのアイオワ以下四隻が建造中であった。また、空母では、開戦前からのレキシントン、サラトガ、エンタープライズ、ヨークタウン、ホーネット（計五隻）のほか、三万三〇〇〇トンのエセックス型新鋭空母六隻、一万三〇〇〇トンのインデペンデンス型新鋭空母六隻が建造中であった。

おなじころ日本でも、戦艦では「武蔵」が艤装を終わり、八月には就役する予定だったが、昭和十六年十二月に就役した「大和」を加えても二隻で、それだけであった。また空母では、すでに就役している潜水母艦改造空母「祥鳳」「瑞鳳」（一万三〇〇〇トン、二八ノット）と商船春日丸改造空母「大鷹」（二万トン、二一ノット）。「大鷹」と同型の「雲鷹」（八幡丸）と橿原丸改造の「隼鷹」（二万七五〇〇トン、二五ノット半）が就役したばかりで、まもなく「隼鷹」と同型（出雲丸改造）の「飛鷹」が就役にこぎつけようとしていた。そのかぎりでは、小型空母二隻、中型空母二隻、大型空母二隻のたのもしいラインアップになるが、問題は、商船改造空母の速力の遅さと防御装甲のない脆弱さであった。

なお、このうち出雲丸と橿原丸は、戦時には空母に改造することを予定して設計された優秀船で、建造費の六割は国が出した。だから、改造されたあとは、商船改造とは思えない高性能の大型空母になった。しかし、速力がすこし遅い上に、日本海軍式というか、おそるべきハダカ空母であった。

軍縮会議の折衝に身を削った山本には、血のかよったものとして、そういう日米海軍兵力のバランスが、意識されていた。日本にとって、残されている時間は、それほど多くないのである。

「長期持久の態勢を強化する」

と軍令部はいうが、どうすれば「具体的」にその態勢ができるのか。そして、それができたとき、日本に勝つ手が残っているのか。

「なぜ山本長官が、あれほど本土空襲を怖れるのか、理解に苦しむほどだった」

富岡作戦課長が述懐した。

「近代戦を戦っているのだから、本土が空襲されるのは常識というものだ」

という人もあった。

しかし、山本がおそれているのは、ちょうど真珠湾で、ハワイ攻略で狙った国民の戦意喪失――それを裏返したものであった。

そこへ、第二段作戦の訓示をした翌々日、ドゥリトル空襲が来た。山本に宛てた非難の投書が、案の定送られてきた。そのころ言論統制されていたし、幸いなことに戦況がよかったので、動揺もまもなく沈静した。

だが、陸海軍部内での反響は大きかった。ミッドウェー作戦など、それまで意義がないと反対してきた作戦課と陸軍が、敵空母の本土空襲対策にはこの作戦を成功させるほかないことを理解した。作戦課と連合艦隊司令部との冷戦状態がたちまちに融けた。陸軍兵力を派遣するのを渋っていた参謀本部が、掌を返すように、ミッドウェーにもアリューシャンにも陸兵を出そうといってきた。

モレスビーとサンゴ海

ミッドウェー作戦は、開戦半年後にきた戦争のターニング・ポイントになったといわれる。

そして、その失敗の原因を、草鹿参謀長は南雲部隊が驕兵になったからだという。

しかしそれは、真実を語りつくしていない。

問題はまず、五月上旬のポートモレスビー攻略作戦からはじまった。

担当は四艦隊（南洋部隊）長官井上成美中将。開戦の年の一月、軍令部が「明治の頭で昭和の軍備をするような」新しい軍備計画を出してきたのを見かね、「新軍備計画論」を書いて大臣に提出した。そのなかで、それまで考えられているような艦隊決戦は起こらないこと、そのかわり基地攻略戦が起こること、日本に適した特徴のある軍備に切り換え、飛行機と潜水艦に集中することなどを説いた、山本より一歩も二歩も先行するカミソリのように鋭い数学的頭脳をもつラジカル・リベラリスト。

そのとき軍令部や海軍省は、伝統的兵術思想とあまりにも考えが違うので握りつぶした。そして、とかくウルサい井上中将を航空本部長から四艦隊長官に、敬遠というか、島流しにした。南洋諸島の警備を任とする日のあたらない艦隊である。

その井上長官が、ポートモレスビー攻略作戦の主役であった。山本は、作戦部隊として、あちこちから応援部隊を加えた。主力は、インド洋作戦を終わって内地帰投の途中、マラッカ海峡付近からまっすぐトラックにやってきた五航戦（原忠一少将）の空母「翔鶴」「瑞鶴」と、五戦隊（高木武雄少将）の重巡「妙高」「羽黒」。

山本の照準している中部太平洋中央突破作戦からすると、モレスビー作戦は、いわば裏街道をゆくものにすぎなかった。といって軽視できないのは、四艦隊が担当して、三月上旬、ニューギニア東部のラエ、サラモア攻略作戦にかかったら、敵機動部隊の奇襲をうけ、参加艦船一八隻中一三隻が沈没するか損傷するかの大被害を出した。そこで、こんどは「翔鶴」

「瑞鶴」をまわしたが、もともとこんな地球の裏側のような田舎で、本格的海上航空戦が起こるとも思っていなかった。起こったにしても、鎧袖一触だと考えていたから、作戦が終わったらすぐに空母はミッドウェー作戦に参加する段取りにしておいた。

五航戦は、真珠湾のときとおなじ兵力で、おなじスタッフだから、不安はなかった。

ただ、折悪しくモレスビー作戦がはじまる五月上旬は、南雲部隊が四月下旬にインド洋作戦から帰ってきたばかり。五月中旬、下旬にむけてミッドウェー作戦部隊が動き出す時機で、作戦打ち合わせ、図演、燃料弾薬需品の積みこみなどが重なりあい、なによりもミッドウェー作戦が発動される六月五日までに時間の余裕がなかった。たえず後から追いたてられている気持であったから、司令部も艦艇も、つい、モレスビーには注意が届かなかった。

モレスビー作戦部隊は、五月三日、ツラギを占領した。そこに飛行艇と水上機基地をつくり、サンゴ海をおさえ、モレスビーへの通路をカバーしようとする。ここで、ツラギを押さえたことが、のちのガダルカナル戦への糸口になる。小さな島が点在し、波は静かで、水上基地としては最高の場所であった。

だがそれだけでは、サンゴ海を横切ってモレスビーに行く間、豪州北東部と北部の基地から飛ぶ敵機の攻撃にマル二日間、完全に暴露する。これでは、攻略作戦そのものが危険だし、攻略できたとしても、その後の補給が続かなくなる。

そこで井上長官は、この作戦のキメ手として、五航戦で豪州北東部と北部の飛行場を攻撃し、制空権をまず奪ってしまおうとした。

おどろいたのは、連合艦隊司令部だった。宇垣や黒島たちは、あわてて豪州空襲をとめた。「翔鶴」「瑞鶴」が怪我でもしたら、ミッドウェーに差し支える。

したがって井上長官は、制空権をとらずにいくさをさせられることになった。「そんな、バカな」といいたいくらいだが、このあたりから、連合艦隊の作戦指導がおかしくなる。

ツラギを占領した翌日、不意に米空母機群が来襲して、攻略部隊は大損害を出した。それを知ったMO機動部隊（五戦隊、五航戦）は、ちょうど洋上で燃料補給をしていたが、それを打ち切って現場に急航した。しかし、日米空母部隊のどちらも、空母同士の航空決戦ははじめてであった。どう戦えばいいか誰も知らない。競争でミスを披露しあった。

このとき、米海軍が日本海軍暗号の解読に成功して、「軽空母祥鳳と、ほかに大型空母二隻を含む攻撃部隊に護衛された輸送船団がサンゴ海に進出」「目的はポートモレスビー攻略で、侵入は海路をとり、戦闘は五月三日に行なわれるであろう」

ことを察知した。米空母レキシントン、ヨークタウンをタイミングよくサンゴ海に急派することができたのは、もちろんニミッツ司令部が、暗号解読に成功したからだった。

五航戦はさすがに技量でまさっていた。「翔鶴」が修理に三ヵ月かかる大損傷をうけ、飛行機約一〇〇機、搭乗員を「瑞鶴」では約四〇パーセント、「翔鶴」では約三〇パーセント失ったが、レキシントンを撃沈、ヨークタウンには修理に三ヵ月かかる大損害を与えた。

この海戦で、日本軍はずいぶん貴重な戦訓を得た。

ふだん攻撃訓練にばかり力を入れてきたため、それ以外の、敵を探す、洋上を飛行する、報告するなどの訓練がスッポリ抜けていた。ことに発見した敵の艦種と位置の報告がマズすぎた。

「翔鶴」は、火災を起こしたが、飛行機を発艦させたあとだったので、消しとめることができた。

敵の防御砲火は凄まじかった。作戦を終わったとき、「翔鶴」「瑞鶴」合わせて一一七機いたものが三九機しか残らず、とくに艦爆（艦上爆撃機）が九機（二一パーセント）、艦攻（艦上攻撃機）が六機（一六パーセント）に激減していた。

しかも、機動部隊は、燃料補給を途中で打ち切ってとびこんだので、燃料が乏しくなっていた。そこで、井上長官は、「祥鳳」が沈没して攻略船団を護衛するものがなくなったことと睨みあわせ、モレスビー攻略作戦を延期することとし、手続きをとった。

この様子を電報で知った軍令部、連合艦隊は怒った。井上中将の鋭利な直言にやっつけられた経験のある者が、みな怒ったのではなかろうか。

軍令部では永野総長が色をなして、

「蔚山《ウルサン》沖で上村艦隊がウラジオ艦隊の残敵を追撃しなかったのとおなじだ。なぜ追撃せんのか」

と、日露戦争時代に逆戻りして躍起になった。

連合艦隊司令部では、憤慨した参謀たちが、

「四艦隊は『祥鳳』一隻が沈んだといって、まったく敗戦思想に陥っている。戦果の拡大、残敵の掃蕩を当然図らねばならないのに、なにをしとるんでしょう。参謀長の名できびしくいってやりましょう」

と宇垣参謀長に迫った。

山本が、どんな姿勢をここでとったか、わからない。しかし、幕僚たちは、五航戦の艦爆が九機しかいなくなっていること、機動部隊艦艇の燃料が心細くなっていることを知らなかった。「翔鶴」が命中弾三発、至近弾八発をうけて発着艦不能になりながら、幸い格納庫に飛行機がいなかったため、機械室、罐室は無疵で、戦闘速力で航海できるからと、

「戦闘航海ニハ支障ナシ」

と電報してきたのを、文脈を見ずに航空戦可能で航海にも支障がないと直感的に誤解した。だから、前記の「敗戦思想に陥っている」と短絡した。

ともかく、八日午後八時、連合艦隊長官の名で、

「コノ際極力残敵ノ殲滅ニ努ムベシ」

と、南洋部隊、潜水艦部隊、基地航空部隊指揮官にあて、命令を発した。

後方の上級司令部がその概念的判断で命令を出し、現地での現実的判断と食い違って指揮の混乱を起こす、これが最初のものであった。

サンゴ海海戦は、日米両海軍とも大勝利を宣伝したが、ある意味では、どちらもウソでは

なかった。日本は「作戦」的、「戦術」的大勝利をいい、米国は「戦略」的大勝利をうたった。

確かに、米海軍はレキシントン沈没、ヨークタウン大破、日本海軍は「翔鶴」大破で、その大破の程度は、どちらも修理に三ヵ月かかる程度であった。そして「瑞鶴」は無疵。つまり「戦術」的には日本海軍が勝ったといえた。

しかし「戦略」的にみると、ツラギとモレスビーを攻略し、ここに兵力を注ぎこんで豪州北東地域に睨みをきかせ、サンゴ海を押さえて、敵がこの方面に兵力を積み上げるのを防ごうという目的は成らなかった。これは、中部太平洋のカナメ、そして、日本海軍の対米作戦最大の根拠地であるトラックを、南東からの敵の脅威から防ぐには、ぜひとも必要な手順であった。しかし、そのモレスビーを攻略できず、敵が兵力を増強するのを指をくわえて見ていなければならなくなった。その点では、疑いもなく、日本軍の戦略的敗北であった。モレスビー攻略への必死の努力が、このあとも続くが、どれも成功しなかった。日本軍は、モレスビーという巨大な爆弾を、火のついたまま放置せざるを得なくなったのである。

ミッドウェー

ミッドウェー作戦とサンゴ海海戦は、一つのものと考えた方がわかりやすい。違いは、モレスビーが支作戦とみなされ、四艦隊の井上司令部が作戦計画をたてたため、井上らしい理詰めの計画が立てられたこと。ところが、ミッドウェーは主作戦だといって、山本司令部が作戦計画を立てた。が、これがキメの荒いものになった。はからずも、二つの司令部の競作となったが、どちらの長官も、三国同盟締結を身をもって阻んだときの一人は海軍次官で、一人は軍務局長であったから奇縁である。

もう一つの違いは、意識の問題にあった。井上司令部が、開戦当初のウェーク島攻略作戦に手痛い反撃を食って失敗、南雲部隊の二航戦（司令官・山口多聞少将）の応援を得てようやく攻略に成功した苦い経験をもっていたのに比べ、山本司令部は順風満帆、プラス「名将」山本を中心とした幕僚グループが、「世界最強」の南雲部隊を駆使し、自信満々、意気軒昂で作戦を考えていることだった。

「自信過剰」と「敵の下算」――そのときには、なかなかブレーキをかけにくいものだが、信頼して委せている参謀が間違った情勢判断をしていたのでは、いくら山本が気を引き緊めていても、うまくいくものではなかった。

「こんどは、大物はいないだろう」

などと楽観的な判断を事前に山本は洩らしている。

たとえば、

「どう考えてもこの作戦は危険だ。盲目の日本が目明きの米国にいくさをしかけるのとおなじだから、これはやめるべきだ」

と判断した第二艦隊（前進部隊）長官近藤信竹中将が、直接、山本に意見具申をしにいったが、出会いがしらに連合艦隊命令を渡され、具申を諦めて帰ってきた。だが、山本は言っていた。

「奇襲戦法でいけば、ムザムザやられることもあるまい」

米海軍は、このころ暗号解読で、日本軍部隊の艦長と同程度、作戦の内容を知っていたことが、今日、わかっている。当時は、日本軍側では誰も暗号洩れに気づいていなかったし、山本も知らなかった。

山本はまた、参謀の一人から、旗艦「大和」が戦艦部隊の先頭に立って出撃するのは、不利ではないだろうかと意見具申をされ、こう答えた。

「情だよ。いま国民は、食うものも食わずに、われわれに食物を与えてくれている。国民は、長官がいつも先頭に立っていると思っている。柱島（泊地）などに、どうして、おれるか」

情が、兵理を超えていた。そして、山本のいうその「情」には、開戦以来六ヵ月、一度も戦場に出ず、柱島泊地ですっかり士気阻喪していた戦艦群、ことに第二戦隊（伊勢、日向、扶桑、山城）もいっしょに連れていくことも含まれていた。

もちろん、米海軍もこのクラスの低速（米戦艦のそれは二〇ノットから二一ノット程度。日本の戦艦はそれより二ないし三ノット優速であった）戦艦を、開戦時、太平洋艦隊に八隻持っていたが、それは南雲部隊の真珠湾空襲で撃沈破された。そのため、山本のような苦労をニミッツはしないですんだ。

つけ加えておく。この真珠湾で日本軍にやられた低速戦艦群のうち、浮揚修理のできた六隻（アリゾナとオクラホマは廃艦）は、のち、サイパンや沖縄で陸上目標の艦砲射撃専門に使われた。ガダルカナル攻防戦や空母機動部隊の輪型陣に入って活躍した米戦艦は、みな開戦後（ノースカロライナとワシントンだけは開戦七、八ヵ月前）就役した新鋭戦艦揃いで、速力も二九ノット以上をもつ、「大和」「武蔵」をもうすこしハンディ（四〇センチ砲九門、四万二〇〇〇トンから五万二〇〇〇トン）にし、スピードを速くした、対空砲でハリネズミのような戦艦であった。それが、昭和十八年五月（山本長官戦死の翌月）までに八隻、ヘサキを並べていたのである。

太平洋戦争の敗因の最大のものは、情況判断を誤ったことにあった。

日本海軍では、海軍大学校でしか情況判断のしかたを教えなかった。海軍大学校に入ったものは、平均一クラスの一割六分前後とされたから、少佐以上の八割強とそれ以下の将校の全員は、情況判断のしかたを知らず、ツメコミ型嵌《は》め教育で育てられて、自分自身で事態に直面し、判断し、処置することに慣れず、とかく直感的判断や希望的観測に陥りやすかった。

では、その一割六分前後の者はみな正しい情況判断ができたのかというと、それがすこぶるあやしいのである。

前に述べた、太平洋戦争を有限戦争と見、無限戦争と考えなかったのもその人たちの判断だし、海軍は昭和の時代になっても作戦研究だけしていればよく、戦争研究はしないでよい、と考えたのも、エリート中のエリートたちであった。

小学校から海軍大学校までの長いツメコミ式学生生活のうち、海軍大学校で二年間だけまるで逆向きの方法を教えられても、身につきにくかったということか。

情況判断がキチンとできていたら、米国を相手に戦争などしなかったはずだし、また、三国同盟締結を阻止しようとする山本たちを、「国賊」と号して天誅を加えようとする人たちもいなかったはずである。

話を戻す。

ミッドウェー作戦は、誤判断の連続であった。

山本でさえ、ミッドウェーの敵を奇襲できる（日本軍の作戦行動を敵はまったく知らない。南雲部隊が攻撃をしてはじめてそれと気づく）と判断していたことは、すでに述べた。

連合艦隊司令部が、描いていたピクチュアは、こうだった。

（日本軍がミッドウェーを攻略しようとすれば、米艦隊はかならず出てくるだろう。だが、出てくるといっても、空襲がはじまって、あわててハワイを出てくる、といったタイミングになるだろう。もっとも、攻略船団のトラック出港を発見され、ミッドウェーに向かっていることを正しく判断された場合、事前に米艦隊が出てきて、南雲部隊が空襲を加えているときに横合いから衝いてくるチャンスもあり得るが……）

五月一日から四日までの間、旗艦「大和」で、連合艦隊の第二段作戦図上演習をした。席上、青軍（日本軍）と赤軍（米軍）に分かれて作業をしたが、青軍機動部隊がミッドウェー空襲をかけている最中に、赤軍空母部隊が突っかけてきて、「赤城」と「加賀」が沈没、と判定されようとした。そのとき、統監であった宇垣参謀長が待ったをかけた。

「いまの爆弾の威力を三分の一に減らす」

このツルの一声で、沈没するはずの「赤城」は助かったが、それでも「加賀」は助からなかった。しかし、ミッドウェーがすんでフィジー、サモアにかかったときには、いつの間にか沈んだはずの「加賀」が浮かび上がって南雲部隊に加わり、走りまわっていた。

「われわれも相当心臓が強いつもりだが、宇垣参謀長には参ったな。ありゃ人間離れしとる」

向こう意気の強い、飛行機乗りのベテランさえ呆れていた。が、宇垣は動ずる気配もなかった。

「そうならないように注意するから、心配ない——」

敵をのむのはいいが、無雑作でありすぎた。「尊大」「手前勝手」といわれた宇垣の性格が、そのままあらわれたようであった。

いや、無雑作なのは、宇垣よりも黒島の方が上だった。作戦を発動するまでに、いろいろなマイナス要因が重なったが、泰然として、計画原案をいじらなかった。

第一に、攻略部隊はトラック出撃の計画だったが、間に合わず、日本に近く、かつミッドウェーにも近いサイパンから出撃することに変更したが、それでも奇襲できると判断した。

第二に、ミッドウェー攻略五日前までにハワイとミッドウェーの中間、航路上に南北に並んで、そこを通る敵艦隊を監視するはずだった潜水艦部隊が、作戦や修理の関係で、その日までに現場に到着できないことがわかった。が、たいしたことはあるまいと判断し、そのままにした。潜水艦部隊がその位置についたのは、米空母部隊が実際にそこを通ったあとになった。

第三に、敵艦隊が真珠湾にいるかどうか事前にチェックするため、フレンチ・フリゲート礁で途中給油をさせて、二式大艇（新鋭大型四発飛行艇）をハワイに出そうとした。しかし暗号解読でこのことを知った米軍が、水上艦艇をフレンチ・フリゲート礁に先に出し、居座ったため、途中給油ができなくなった。結局、真珠湾のチェックを放棄したが、たいしたことはあるまいと判断し、作戦計画は変えなかった。

第四に、ウェーク環礁（緒戦で苦労して占領した）から大艇を飛ばせ、ミッドウェーの北東海面を偵察しようと計画していたが、実際に飛行艇をもっていってみると、環礁の中の礁湖が狭すぎ、燃料満載しては夜間離水ができないことがわかった。だがこれもそのまま。ミッドウェーの北東海面といえば、米空母部隊が潜んでいたところだから、このキャンセルは大影響を与えた。

第五に、南雲部隊の準備が間に合わず（飛行機の部品が揃わず）、出港を一日遅らせなければならなくなった。連合艦隊司令部では、やむをえない、と南雲部隊の出港を一日遅らせたが、ほかの部隊の出港はそのままにした。そこで、計画を図に入れてみると、ミッドウェーの六〇〇浬圏内に最初に入り、最初に敵機に発見され、攻撃される可能性の大きい部隊が、攻略部隊の船団になった。これはたいへんなことだったが、たいしたことはあるまいと判断して、重視しなかった。

第六に、これも重大なことだが、第二段作戦図演が終わった二、三日後、サンゴ海海戦が突発した。「翔鶴」大破。「瑞鶴」は船体に被害こそなかったが二隻とも飛行機と搭乗員の被害が大きく、飛行機隊の立て直しをしないと作戦できないことが判明した。そこで、南雲部隊六隻参加の予定を四隻に書きかえ、そのほかは原案どおりとした。真珠湾のときより二隻少ないけれども、兵力が少ないとは、だれも判断しなかった。まして、サンゴ海海戦の戦訓には、忙しくて誰も注意しなかった。

もう一つ重大な第七の条件があった。それは、この作戦の主目的が何か、について、南雲部隊を含めた艦隊側に誤解があり、ハッキリとそれが訂正されないまま作戦が動き出したことである。連合艦隊司令部が、敵空母部隊の跳梁に手を焼き、防ぐだけでは敵を捕捉することも、空襲を阻止することもできないと覚って、敵空母部隊を誘い出す策に苦しみ、ミッドウェー作戦でその目的を達成しようとした。つまり、目的は敵空母部隊の誘出撃滅であり、攻略はそのための方便であった。この考え方は、たとえばセイロン攻略にも、ハワイ攻略にも、ミッドウェー攻略にも共通していた。

現に宇垣参謀長は、その点を聞かれて、

「(ミッドウェーを)もてなくなったら、引き揚げればいい」

と簡単に答えている。

ところが、軍令部はそう判断しなかった。攻略が主目的だ。攻略して、そこから哨戒機を出し、敵空母部隊が本土に近づくのを早期警戒する。攻略のとき敵艦隊が出てきたら、もちろんこれを撃滅する。それは当然のことではないか、という。

ともあれ、ミッドウェー作戦の主目的は、いつの間にか「攻略」になっていた。

それともう一つ、決定的ともいえる第八の条件は、サンゴ海海戦の結果、米空母部隊がどうなったかについての誤判断であった。

サンゴ海海戦で、米空母一隻を撃沈、一隻を大破させたが取り逃がした。この大破した空母は、豪州東海岸のどこかで修理中だろう、と判断した。

たまたま五月十五日（サンゴ海海戦の一週間後）、マーシャル群島の南方海面を西に向かって急いでいる米空母二隻中心の部隊を発見した。ビッグニュースである。それからはこの米空母部隊を求めて、全能力をあげて捜索をつづけたが、どうしてもみつからなかった。日本軍の偵察機の手の届かぬところ——豪州のどこかにいる、としか判断できなかった。

四月末、太平洋にいる米空母は三隻ないし四隻と判断していた。そうすると、サンゴ海海戦の結果と、五月十五日の空母部隊をつき合わせ、三隻が豪州方面にいることになる。

そうなれば、六月七日、ミッドウェー攻略のとき、ハワイには米空母はいないことになる。いても一隻やそこらで、出てこようにも、出てこられないではないか。

「なアんだ」

というようなものだった。

中部太平洋には米空母はいま一隻もいない、と判断されていれば、鳥なき里のこうもりで、敵空母のことなどまったく考慮に入れなくてよいことになる。

失敗するときは、そんなものだ。五月十五日に発見した敵空母二隻（四月十八日の東京空襲から帰ってきて、すぐサンゴ海に応援にゆくことを命ぜられ、急航していたハルゼーの指揮するエンタープライズ、ホーネット）は、間の悪いことに、翌十六日にはハワイに引き返していた。暗号解読で、日本軍のミッドウェー作戦企図を知ったニミッツ提督が、ハルゼーに「急いで帰ってこい」と命じたからだ。

一方、サンゴ海海戦で大破したヨークタウンも、呼び戻された。真珠湾の海軍工廠で修理に三ヵ月かかるというのを、ニミッツは三日でやれ、と命ずるのである。日本名物の突貫工事もビックリというところだ。

そして、そんな米軍の緊迫した動きとは対照的に、南雲部隊の一、二航戦（赤城、加賀。飛龍、蒼龍）搭乗員たちは、サンゴ海で戦った五航戦をやっつけていた。

「まったく、五航戦はチョロい。レキシントンをつぶしたのはいいとして、ヨークタウンを逃がすという手はない。五航戦の連中も、南雲部隊の中じゃあるが、あれはまだ一年生で、あいつらの腕では、まだまだ空母相手の勝負は無理だったのですよ」

「ま、見物しておってください。三年生の腕前を」

ミッドウェーに向かう「赤城」の病室。盲腸を切って寝ている淵田中佐のところで、一航戦の幹部たちが気焔をあげたという。

また、源田参謀も見舞いにきて、慰めた。

「こんどの作戦なんぞ、気に病むな。貴様が無理せんでも、鎧袖一触だ。それより、次の米豪遮断作戦には、また一つ、シドニー空襲をお願いするよ」

おそらく山本長官の耳には、そんな気焔も、黒島参謀たちが問題にしなかった前記の八つの条件にまつわる経緯も、入っていなかったろう。かれが心配していたのは、こんどの連合艦隊の大挙出動が、敵が出てこないため、カラ振りになることであったろう。

山本の考えに近かった三和参謀が、陣中日誌を書いている（五月二十八日付）。

「愈々明日は出陣なり。連合艦隊出動の出陣なり。今はただよき敵に逢わしめ給えと神に祈るのみ。敵は豪州近海に兵力を集中せる疑いあり。かくては大決戦はできず。われはこれをおそる。

　よき敵に逢わしめたまえ千万《ちよろず》の

　　神よわれらの赤心《まごころ》を賞《め》で」

ミッドウェー海域で敵艦隊が待ち伏せしているのではないか、などとは、とうてい考えられない道理である。

また、山本についていえば、かれは連合艦隊長官に着任してから、三年になろうとしていた。

「二年が限界といわれる連合艦隊長官のポストに、なぜ山本さんは三年八ヵ月も残っておれたのか」

戦後の話だが、渡辺戦務参謀に聞いた。かれは、答えにくそうだったが、

「大きな声ではいえないが、やめられても、次につかれるポストがなかったのだ」

そうするとこれは、あと一年たったラバウル航空隊の搭乗員たちが、口々にいった言葉とおなじだ。

「われわれは、死ななきゃ内地には帰れんのです」

くりかえすようだが、日本海軍、とくに人事管理を担当する海軍省は、前線将兵の疲労と判断力、集中力、瞬発力、バランス感覚などとの相関関係について、平時からどのような研究を積み重ねてきたのだろうか。

米軍航空部隊では、三直《ちょく》制になっていて、一直分が戦場で働き、他の一直は本土に帰って休暇をとり、もう一直の連中は基地に集まって再訓練を積む。そして、適当なときに全部がいっせいに次の節にすすむタクト・システムをとっていた。

日本では、三直制はおろか、一・五直分を準備しようとして届かなかった。六割の劣勢比率を押しつけられ、たえず国防に不安を感じていた。そこで、予算の許すかぎり、まず物的軍備（軍艦とか飛行機とか兵器とか）をつくり、人的軍備は、それに配員する要員ギリギリにして、少数精鋭主義でゆくことにした。いや、そうせざるをえなかった。

だから、いったん人的被害——死傷者が出ると、その空白を埋めるはずの人はなかった。埋めるには少なからぬ無理が必要だった。戦場をギヴアップすることはできない。そうする

と、無理に空白を埋める人を探すわけだが、その人たちは、最近入ってきたばかりで、まだ訓練途中であった。つまり日本海軍では、ベテランが戦死すると、そのあとを埋める人たちは、まだ技量未熟で、ベテランと大きな段差があったのだ。

連合艦隊が、平時の一年間に使うよりも多くの燃料（約六〇万キロリットル）を一つの作戦で消費したミッドウェー・アリューシャン作戦がはじまった。参加艦艇三五〇隻、一五〇万トン、飛行機一〇〇〇機、将兵一〇万。

この堂々とした無敵艦隊――南雲部隊を押し立てた世界最強の大艦隊が、六月五日午前、一、二航戦の空母四隻が全滅したことで、一人も敵艦隊の姿を見ないまま、総退却しなければならなくなった。だれがそんなことを予想しただろうか。

南雲部隊は、真珠湾攻撃のときそのままに、後方の連合艦隊旗艦や東京から打ちこんでくる電報にこそ耳をそばだてていたが、それ以外の、たとえば前方の敵の交信などには注意を払わなかった。内地出撃の直前に聞いた、

「敵艦隊は出てこないだろう、いや、出てこられないだろう。奇襲は成功しよう。敵がもし出てきても、攻略が終わってからだろう」

という話をそのまま信じて、時がたつまま六月四日になった。「赤城」では、その日、盛んな敵信の間にナマの英語交信を聞いたが、司令部は無視した。また東京から、敵の緊急信がふえているとか、敵の動きが活発になっているとか知らせてきたが、それがなにを意味し

ているのか、判断できなかった。

「大和」が、敵空母らしいものがミッドウェーの北方にいることを捉えたのは、攻略船団が敵機の攻撃を受けた、空襲開始の前夜——四日夜であった。なにも気づかず、虎の顎に片足を踏みこもうとしている南雲部隊を、われに返らせる願ってもない機会であった。

山本はすぐに、

「『赤城』に知らせてはどうか」

と幕僚に注意した。長官以下、みな艦橋にいたときだったという。黒島参謀は、

「しめた。敵がワナにかかったぞ」

と、例によって、異を立てた。だが、ほんとうはそれが敵空母であるとは、誰も思っていなかったのだろう。軍令部や連合艦隊から入る情報は信用しても、自分のところで捉えた情報は信用しない——というのが、エリートの常であった。

（なんだ。あいつのいうことか）

これは、終戦期、スイス武官藤村海軍中佐が、米国のダレス機関と連絡がとれ、講和の道が開かれようとしたとき、軍令部総長だった豊田副武大将がいった言葉と似ている。

「なんだ、中佐か。若僧ではないか。信用ならん。アメリカにだまされとるんだ」

「大和」の場合、無線封止を破って「赤城」に電報を打つと、「大和」の所在を暴露するマイナスがあった。だから、そのマイナスを甘受してまで電報を打つべきかどうかの判断が大切だった。ここでは、幕僚の評議は保身優先の官僚的判断に強く傾いて、南雲部隊には電報

を打たなかった。山本の表情に不興げな色がみえたというが、それ以上、なにもいわなかった。黒島先任参謀に委せていたからである。

ふしぎなのは、出撃前、草鹿と打ち合わせ、

「重要な作戦転換は連合艦隊から知らせる」

と約束したはずの宇垣参謀長が、このときなぜ「電報を打て」と頑張らなかったか、ということだ。あとでかれの「戦藻録」に、

「参謀長（一航艦）に対しては、当司令部としても至らざる所あり、相済まずと思量しあり」

と情報を知らせなかったことを反省している。あとになって反省しても何もならないのである。あるいは、宇垣参謀長が司令部の中で「浮いて」いたことの証明だったか。

アメリカでは、ミッドウェー海戦は「情報の勝利」といわれ、それが通説になっているようだ。この「情報の勝利」は、暗号解読を指しているようだが、全面的には、どうも賛同しかねるのである。

当時の南雲部隊には、米空母三隻が突然出てきても、敗けねばならぬ理由はなかったし、米艦爆隊が急降下をはじめるまでの長い戦闘では、まぎれもなく南雲部隊が勝っていた。かれらは「情報」に敗けたのではなく「自分」に敗けたのである。

前に述べた八つの条件の変化を知りながら、計画原案を改訂しなかったのも、その一つである。

その前の日に攻略部隊の船団が発見され、攻撃され、被害まで出していたのに、ミッドウェー空襲に向かわせた第一次攻撃隊の報告の受け取り方もおかしかった。南雲部隊は奇襲できないどころか、逆に敵のワナに嵌まる可能性さえ見ることができたのに。

「利根」の索敵機が三〇分遅れてカタパルトから射出されたが、なぜ遅れたのか、今日になっても理由がよくわかっていない。艦では索敵機よりも対潜警戒機を先に射出したほどで、

「敵はいないが、念のために見ておく」

といった程度の重要性しか与えていなかったからのようだ。

だから、「利根」機が方向を間違え、北寄りに曲がっていったことにも気づかなかった。

これが、南雲部隊にとって致命的重要さをもつ判断——いますぐ敵空母攻撃に飛行機をハダカで出すか、それとも飛行機隊を揃え、戦闘機をつけ、大兵力を集中して出すか、二つの選択肢のうちから一つを選ぼうとするとき、南雲部隊の源田航空参謀に判断を誤らせた。

それは、悪夢のような一瞬だった。

あと一機で来襲した米雷撃機は全機撃墜または追っ払い終わる、「ヤレヤレ」というちょっとした間隙を、米艦爆隊が幸運にも衝いた。

「急降下ッ」

だれかが絶叫したときには、四五〇キロの、日本軍のものよりひとまわり大きい爆弾が、つぎつぎに、虚空に弧を描いて落下してきた。

レーダーをもたぬ空母の悲劇だった。低高度を這うように突っこんでくる米雷撃機と、こ

れを追う零戦との格闘に、みな注意を吸いとられていた。上空は、見ていなかった。「赤城」「加賀」「蒼龍」は、そのとき最悪の状態にあった。ガソリンを満載した飛行機と、爆弾と魚雷とが、狭い格納庫の中にいっぱいになっていた。もう、手の施しようのないほど、ひどい誘爆であった。

そのとき山本は、たまたま「大和」の作戦室で、渡辺戦務参謀を相手に将棋を指していたという。司令部従兵長近江上曹の話である。

そのとき作戦室に詰めていた近江上曹は、青ざめた顔で通信長が空母の悲報を報告してくるのを、息を殺して見ていた。

「なぜあの大事な作戦行動中、しかも空母がつぎつぎと撃沈されていくとき、将棋をやめられなかったか。あのときの長官の心境は、あまりにも複雑で痛切で、私ごときの理解を遙かに超えるものだったのだろう。そのときも、長官は、将棋の手を緩めることなく、『ほう、またやられたか』の一言だけだった」

と、戦後、かれは書いている。だが山本はこのとき、敗けたとはすこしも思っていなかったはずである。かれの手紙によく出てくるように、「戦って被害はつきもの」と心得ていた。日本海海戦の苛烈な戦闘の間に重傷を負い、生死の間を彷徨してようやく生命をとりとめた。めったに動揺する人物ではないが、それ以上に、敵空母の二隻くらい、

「『飛龍』さえ健在ならば」

猛将山口多聞二航戦司令官がひと揉みで撃沈するもの、と信じて疑わなかった。

しかし、山本はすこし楽観しすぎていたようだ。二航戦の「三年生」――おそらく当時世界一の腕前をもった搭乗員が、大兵力集中という重要な要素が不十分で、第一次空襲には艦爆一八機と零戦六機、第二次攻撃には艦攻（雷装）一〇機と零戦六機が出発、第一次攻撃では空母一隻に大火災を起こさせ、その一時間二〇分後に出た第二次攻撃では、火災もなにも起こしていない健在空母一隻に魚雷二本命中させた。が、損害が予想を越えて大きかった。合計艦爆一八機、艦攻一〇機、零戦一二機が飛び立って、わずか艦爆四機、艦攻一機、零戦六機になってしまった。

すさまじい被害である。一回の攻撃で、艦爆の約八割、艦攻の九割がやられた。技量未熟の者ならともかく、「三年生」、つまり日本海軍のベテラン中のベテラン揃いがそうなった。

何が原因なのか。

これを調べ、その原因をつきとめて、適切な対策を講ずれば、その後は相当なところまでいい戦いができるはずであった。しかし、いまの山本には、そのヒマはなかった。「飛龍」もやられて、ミッドウェー部隊の空母は全滅した。ただ、そのときの敵味方の距離――南雲部隊とスプルーアンス部隊との距離が、一〇〇浬を切っていた。一〇〇浬以内であったら、夜戦に持ちこむ、と考えるのが、日本海軍の常識だった。山本も、まず全軍を集合して夜戦を挑もうとした。

だが、現実のところ、戦艦が主力でなく、空母が主力になると、前にも述べたように、走る速力が変わってきた。

敵味方が、夜になる前、約一〇〇浬離れていたとし、味方の砲弾や魚雷が届く距離にまで敵を追いつめようとすると、その差約九〇浬を夜半すぎまでにゼロに近くする必要がある。

敵味方どちらも夜戦を企て、相手を求めて接近するのなら、ないし、敵が一ヵ所にジッと動かずにいるのなら、夜戦は可能である。が、空母部隊が戦艦部隊に夜戦を企てて接近してくるなど、また動かずにいるなど、ありえない。

まして、ミッドウェーのように、まだ無力化されない敵基地がすぐそばにあるときには、早朝、基地飛行機が活動をはじめる前に、味方はその航空威力圏から脱出していなければならない。夜戦はムリだった。

山本は、次に七戦隊重巡四隻（栗田健男司令官）を、夜間ミッドウェー砲撃破壊にさしむけた。

こんなとき、指揮官や参謀たちは、作戦計画を立てた参謀を含め、動転して頭に血がのぼってしまうものだ。草鹿参謀長は、「飛龍」を失ったあと、

「夜戦ができるかどうかとか、攻略部隊はどうなっているかなど、考える余裕がまったくなくなっていた」

と述懐するし、源田参謀も、

「その後の一航艦司令部の作戦指導や行動には、常識では解釈できないような不審な点があ

ろう。これは、こんな場合の戦場心理から出たものである」

といっている。

連合艦隊司令部では、参謀が思い思いの案を主張していた。ミッドウェー作戦の担当者である渡辺戦務参謀は、高速戦艦二隻をミッドウェーにのしあげさせ、浮き砲台にして、徹底的に島内を破壊すべきだ、と泣かんばかりにくりかえした。

「もうこれ以上は、将棋の指しすぎだ」

山本が静かにいうと、黒島先任参謀は、

「『赤城』が浮いております。あれをワシントンに持っていって展覧会をやったら、どんなことになりますか。といって陛下の御艦を陛下の魚雷で沈めるのは、私にはできません」

と声を絞る。

「陛下には私がお詫びする」

山本は、キッパリといいきった。それまで声高に、追撃だ、突撃だ、夜戦だ、浮き砲台だと、前へ進むこととカタキ討ちすることしか考えなかった参謀たちを、一人一人山本は説得していたが、この一言が、すべてを決したようにみえた。

「進め、進め」

と先頭に立って駈け出すのは誰にでもできよう。だが、引きどきを誤らず、その先頭に立つことは、よほど私心のないものでなければ、容易にはできない。山本の存在の重さ、であった。

山本は、そのほかにも、かれらしい壮烈な指揮をしている。

第一に、作戦中止、総退却を命じたのち、かれは戦艦部隊を率い、敵に向かって高速で突っこんでいった。各隊が集結する基準となる「大和」を、一番敵に近いところにいる南雲部隊に近づけて、かれらにも合同しやすいようにした。同時に、敵機が襲いかかってきた場合、戦艦部隊がその矢おもてに立つ決意を固めていた。

第二は、ミッドウェー砲撃に向かった七戦隊が、闇の海を三〇ノットの高速で突進中、山本から砲撃中止の命令が出、ホッとして引き返すうち、「三隈」の横腹に「最上」の艦首を突っこんだ。ミッドウェーの約一〇〇浬。至近距離だ。翌（六日）朝、ミッドウェーからの航空攻撃を受けること間違いなかった

栗田司令官は、「最上」の護衛を「三隈」に命じ、「熊野」と「鈴谷」（七戦隊一小隊）を率い、二小隊を置いてきぼりにして現場から避退した。

六日、案の定、朝から敵機の攻撃を受けたが、敵機の技量が下手だったので、「三隈」「最上」（必死の修理が成功して、少しずつ速力が出せるようになっていた）は損害なかった。

七日には、心配していた敵空母部隊の艦載機が襲ってきた。「三隈」は全速力が出せるので、これまた「最上」を置いてきぼりにして高速避退をはじめた。そこへ空母機の第二波が来て、高速で逃げる「三隈」に攻撃を集中、爆弾五発命中、大爆発を起こして沈んだ。「最上」にも三発命中したが、みな急所を外れていた。

これを知った山本は、身を挺して救い出そうと決心した。ようやく敵の攻撃圏外に出たばかりの近藤第二艦隊長官に、重巡部隊を率いて救援に向かわせ、自分もそれをバックアップして南に向かった。

幸いだった。米空母部隊は、そこまでで攻撃を打ち切った。危うく山本は、ミイラとりがミイラにならずにすんだのである。

それにしても、栗田司令官の率いる七戦隊一小隊は、山本長官が本隊への合同を命じても合同せず、五日の夜以来、六日、七日と艦位も知らせず、ひたすら西へ西へと走りつづけた。結局、八日朝、姿を現わすまで二日半の間、雲がくれしたわけだが、連合艦隊司令部では、それにだれも気づかなかった。みなノボセあがっていた。

「ミッドウェー作戦を計画し、強力に推進してきた首席参謀として、この失敗はどうしてもあきらめきれなかった」

という黒島は、「大和」に洋上で移乗してくる草鹿参謀長以下三人の南雲部隊首脳を、艦橋から、血走った目を吊り上げ、睨みつけていた。

「南雲部隊のやりかたで、どうにも不可解だったのは、敵の機動部隊にたいして搭載機の半数は即時出せるよう待機させておけと、あれほどハッキリいっておいたのに、敵発見後二時間近くも攻撃隊が発進できなかったのはなぜか、だ」

下手なことをかれらが言ったら、事実、艦橋で、

「ブッタ斬ってやる」

気持であった。そこへ山本がツカツカと近寄ってきて、

「怒ってはいかん」

ハラワタに染みる声で、強くいった。

やがて、長官公室に下りてきた山本に、草鹿参謀長は首を垂れた。

「大失策を演じ、おめおめ生きて帰れる身ではありませんが、ただ復讐の一念に駆られて生還しました。……どうか、かたき討ちできるよう、取り計らってください」

山本は、簡単に、

「承知した」

と答え、その席では、もっぱら慰める側にまわったという。

その約四ヵ月後、ガダルカナル攻防戦最中に、人事問題で山本は、

「どんなことでも、麾下《きか》の失敗の責任は、長官にある。下手なところがあったら、もう一度使え。そうすれば、かならず立派にしとげるだろう。奮戦ののち艦が沈没するとき、艦長は艦と運命をともにすべきだ、生還するなどもってのほかだ、と考えるとすれば、前途遼遠なこの戦争を戦いぬくことはできない。飛行機は落下傘降下をしてできるだけ帰ってこいといっているのに、艦船では帰ってくるなというのはおかしい。無理を押し通さなければ勝算のないこの戦争で、殉職せよというのだったら、長官の命令は手控えなければならなくなる。自分は日露戦争のときの山本権兵衛海軍大臣のハラ、東郷平八郎司令長官の苦心を想い、なんとかそれに近づきたいと努力している」

と、人を介して嶋田海軍大臣にことづけているが、山本の痛恨が言葉のはしににじんでいる。「赤城」艦長青木大佐は、艦橋の羅針儀に身体を縛り、静かな微笑をふくんで部下が退艦するのを見送っていたが、なかなか艦が沈まず、飛行長の強い進言もあって、結局生還した。しかし、予備役にされてしまった。

あとの話になるが、ガダルカナル攻防戦の第三次ソロモン海戦で沈んだ「比叡」艦長西田大佐の場合も、直属司令官の命令で艦を離れ、結局生還せざるを得なかったが、すぐに予備役にされ、即日召集、輸送船団指揮官という懲罰的配置につけられた。

激戦のあと艦が沈むとき、艦長がまっ先に逃げだすなどは、むろんもってのほかだが、最善の手段で乗員の安全な避難を計ったあと、最後に艦長が艦を離れることは、山本は、当然のことと考えていた。しかし、人事権をもつ者は嶋田海軍大臣であった。

もう一つ、二つ、つけ加えておきたい。

第一が、日本の艦艇が異常なまでに敵機の空襲をおそれるようになったこと。ことにミッドウェー以後、ミッドウェーをくりかえさないように、ということが有力な免罪符とも考えられるようになったが、これには、理由があったこと。

日本海軍の高角砲や機銃が、「真ニ寒心ニ堪エザルモノアリ」と南雲部隊司令部がミッドウェーの戦訓として書き出しているように、アタらないのである。

「攻撃ハ最良ノ防御ナリ」

で、主砲、副砲など、敵艦攻撃用の砲にはものすごいエネルギーを使って改良開発をつづけてきたが、対空砲火は防御的なものだからと、軽視してきた。

ミッドウェー海戦では、南雲部隊の高角砲弾で目標近くに飛んでいったものは、戦訓によるとほとんどなく、多くは目標の後下一〇〇〇ないし二〇〇〇メートルで炸裂した。機銃は有効射程約二五〇〇メートル。高角砲にくらべると命中率はいくらかよかったが、それでも大部分は敵機の後方、それを追撃する味方戦闘機の前方を通過した。なかには、敵機にあたらず、追いすがる味方零戦に命中したものが何例かあった。

ひどいのは駆逐艦で、大部分の駆逐艦は、一二センチ主砲では砲身が上を向かなくて飛行機が撃てず、方位距離を測ることも、対空射撃指揮もできなかった。

対空砲火に自信がないから、敵機が襲ってきたら、艦の方で大角度転舵をしたり、速力を急激に増減したりして回避しなければならない。回避すれば砲の基盤が急に回ったり傾いたりして、射撃がよけいむずかしくなり、一層命中しなくなる。そういう悪循環に陥ちて、艦長はもうひたすら回避するほかなかった（対空射撃用レーダーは、とうとう最後まで装備されなかった）。

また、それだから、空母中心の輪型陣といっても、米海軍のような形にはならなかった。米海軍では、一隻ごとの空母を中心にした半径一五〇〇メートルあまりの円周の上に、戦艦、巡洋艦、駆逐艦あわせて約九隻を等間隔においた。空母に突入する艦爆は横合いから狙われ、雷撃機は約一五〇〇メートル、ちょうど艦のいるあたりでスピードを殺して低空に舞い下り、直進して魚雷を投下するからそこを狙われ、撃ち墜とされた。

さらにかれらは、この輪型陣対空防衛システムを、レーダーと無線電話（艦対艦、艦対飛行機、飛行機対飛行機）と多数の警戒艦（この場合は空母三隻とすれば二七隻）で維持していた。真珠湾の敗北で日本海軍に啓発され、南雲機動部隊をコピーして作ったタスク・フォースではあったが、かれらのテクノロジーとプラグマティズムは、ここでもう開祖を追いぬいていた。かれらの海軍は、このあと戦艦部隊も重巡部隊もなく、高速空母機動部隊と攻略部隊支援部隊の二つだけのグループに再編制されようとしていたのである。

南雲部隊では、レーダーをもたず、飛行機用無線電話はまったく使えず、警戒艦は空母四隻につき戦艦二、巡洋艦二、駆逐艦一二の計一六隻だけで、警戒艦が少ないから空母を一隻ずつに分けることができなかった。しかたがないから、四隻を五キロの距離で正方形に配置し、その外側中距離に警戒艦をバラまく形でおいた。レーダーがないのだから、敵機を見つけるのは、望遠鏡で見る対空見張員の役目になる。警戒艦が高角砲や機銃で空母を襲う敵機を撃墜するのはムリだった。空母を襲う敵機は、空母が自分で防ぐより方法がなかったのである。

さてその空母だが――。

日本海軍の空母には、ダメージ・コントロール（被害局限）の考えが、十分に根づいていなかった。明治のアタマのままである。

火災にだけは、炭酸ガス消火装置などを備えていた。しかしミッドウェー海戦の結果、被害を受けると壁や床に破孔ができて、炭酸ガスを放出しても効果の少ないことがわかった。そこで、泡沫消火装置を採用して、ようやく成果をあげた。特殊石鹸溶液を使った泡沫消火装置は珍しいものではないが、ただ、戦争で被害を受けるとあちこちに破孔ができ、そのため密閉されているところでないと効果が少ない炭酸ガス放出装置では役に立たない——そう考えなかった想像力の足りなさが問題だった。

想像力不足といえば、日本の空母には、破壊された飛行甲板を応急修理する用意は何もなかった。穴をあけられたら、位置によってはそのまま発着艦不能になった。

この点、米空母はタフだった。消火装置のととのっていること、とうてい日本の比ではなかった。たとえば、対空戦闘用意の号令がかかると、補給用のガソリンパイプからガソリンを抜き、不燃性ガスを代わりに送りこんだが、発想すら日本にはないものだった。

ミッドウェーで沈没したヨークタウンについていうと、このヨークタウン、エンタープライズ、ワスプには甲板防御はなかった。ヨークタウンは、サンゴ海海戦で修理に三ヵ月を要する被害を受け、応急手当てのまま真珠湾に帰り、三日間で修理をしてミッドウェーに出かけた。ミッドウェーのときの南雲部隊よりももっと苛酷な使われかたをしたわけだが、ミッドウェーでは、「飛龍」の第一次攻撃（艦爆攻撃）をうけて飛行甲板に爆弾三発が命中した。

第一次攻撃生還者の「飛行甲板に爆弾命中、火災を起こしている」という報告で、敵空母一隻撃沈または大破と理解して出発した第二次攻撃隊（雷撃）は、第一次攻撃から一時間二〇分後敵空母に到着した。その空母は、火災も起こしていないし、飛行甲板もまッ平らで、爆撃の跡もなく、飛行作業をしていた。そこで飛行機隊指揮官は、別の空母と判断して攻撃、魚雷二本を命中させ、傾斜、停止させた。ところが、この空母は、どちらもヨークタウンであった。一時間二〇分の間に火災を消し、飛行甲板の破孔を塞ぎ、速力も二〇ノット出るまでに回復していたのだ。

そんなに自己回復力があろうとは思いもよらないから、山口司令官が敵空母二隻を撃沈または大破したと判断するのは当然であった。そこで、発見した敵空母三隻のうちあと一隻が健在と考え、一隻からの攻撃ならば手持ちの零戦（一三機）で防げると判断、被弾機の修理を急がせ、薄暮攻撃にすべてを賭けた。実は、健在空母二隻――二倍の兵力であったこともあり、「飛龍」が逆にやられた。

正規空母四隻を一挙に失い、一ヵ月前のサンゴ海海戦と合わせて約四〇〇機の空母機を喪失し、かつ生き残った正規空母「翔鶴」「瑞鶴」は、あと二ヵ月しないと使えない――まさに降って湧いた悲運の底に、山本は投げだされた。

山本は、戦う手を失った――敵のもっとも痛いところを、つぎつぎに叩き、まだ戦力の充実しない敵を強引に誘い出して出血を強要、戦意喪失にまで追いこもうとする悲願が、ここで崩れた。

それから約二週間たった六月二十六日、宇垣は日記に書いた。

「長官思いにふけられ憂鬱の風あり。人おのおの時に触れ事に臨みて感傷あり。いまだ直接相語りて胸中を聴くの域に達せずと認め、遠慮し置くなり」

どうも山本が考えつめているのを見て、宇垣はセンチメンタルな受けとりかたをしたらしい。

しかし山本が、この時点で後向きに感傷にふけっていたとは考えにくい。かれがもっとも警戒していた、敵に立ち直る余裕を与えるおそれが、現実に出てきたのである。

「敵に立ち直る余裕を与えてはならない」

山本の思想は、前記、第一段作戦総合研究会の最後に行なった所信表明にいいつくされていた。いうのはやさしいが、実行するにはむずかしい、非常な危険を伴った構想である。真珠湾空襲を、何回もくりかえすのとおなじだから、敵は当然備えを固めようし、真珠湾空襲とおなじ方法を進めたら、これも当然裏をかかれよう。つまり、作戦を重ねるたびに新機軸を考え、裏をかこうとする敵のさらに裏をかかねば成功しないのは当然である。

しかし実際は、山本作戦の危険度——一回失敗したらそれですべてが終わる断崖の端での死闘であることには、だれも注意しなかった。そして、情況判断を誤り、敵艦隊は出てこないときめこみ、無雑作な作戦指導をして、取り返しのつかぬ失敗をしてしまった。

そんなことよりも、いまは航空兵力の増強が喫緊事だった。日米のどちらが先に立て直しを終わって先手をとるか、事態はもっともホットなツバ競り合いになっていた。

その航空増強だが、国内では、奇怪なジレンマに陥ちていた。

「あまりにミッドウェー海戦の損害が重大であったので、やむをえずあのように発表したが、いまから考えると秘匿が極端にすぎて、適当ではなかった」

そのとき、大本営発表に待ったをかけ、損害は大きかったが作戦は大勝利だった、との印象を与えるように指導した、福留作戦部長の戦後の回想である。

大本営発表（六月十日）では、アリューシャン作戦とミッドウェー作戦とを混ぜ合わせて着色した。

「戦果、米空母二隻撃沈、米機一五〇機撃墜。被害、空母一隻喪失、一隻大破、未帰還機三四機、など」

また、おなじような考えから、作戦を終わって間もなく開くのが例になっている作戦戦訓研究会（第一段作戦戦訓研究会のことについては前に述べた）も、ミッドウェー作戦については開かなかった。

担当の黒島先任参謀は、戦後、いった。

「本来ならば、関係者を集めて研究会をやるべきだったが、これを行なわなかったのは、突っつけば穴だらけであるし、みな十分反省していることでもあり、その非を十分認めているので、いまさら突っついて屍に鞭打つ必要がないと考えたからだった、と記憶する」

日本海軍の合理性、科学性はどこへいったかを嘆かせる話だ。それだけではなかった。戦訓調査を、担当者（淵田中佐）をきめて発足させたものの、そのリポートの印刷はガリ版で六部だけとし、配布先を極限して、ガリ版の原紙は焼き捨てさせた。真相をかくすことに必死であった。

真珠湾の大敗が、米海軍を根こそぎ近代化した。ミッドウェーの大敗は、遅すぎはしたものの日本海軍を近代化させる強力なモメントになっただろうに、海軍の指導部は、真相を海軍内部にもひたかくしにした。かくしたために、海軍が脱皮する最大の機会を逸した。

リポートの印刷部数六部と述べたが、海軍のなかのごくごく一部の者は真相を知り、戦訓をかみしめて、兵術思想を改めなければならないことを認識した。だが、それがごく一部の指導部に限られていたため、こんどは指導部と戦術指揮官、戦闘指揮官との間にシックリいかぬ部分、いわば不信感が生まれた。このような不信感は、昭和二十年四月の沖縄特攻作戦までつづくのである。

ともかく、即刻、航空戦備の大拡張を図らねばならなかった。空母の急速建造も決定された。しかし、ミッドウェー海戦の大本営発表が、前記のようにあまりにも楽観的なもの、勝利をうたったものに作文されていたため、民間航空機会社が、大拡張に必要な新規の設備投資をしぶりはじめた。

「こんなにどんどん勝ちつづけるのだったら、この戦争も、じきに終わるだろう。いま大がかりな設備投資をすると、償却を終わらないうちに終戦になる。戦争が終わったら、こんな設備は役に立たんものになる」

という理由だ。

零戦の月産は九〇機が最高で、増産はなかなか進まなかった。

はじめて日本は、兵器や軍需品をつくりながら、そのつくった兵器や軍需品を使って戦いつづける、総力戦の戦争形態を経験していた。

六月二十七日、柱島泊地にいる「大和」を、嶋田海相が訪ねてきた。挨拶に出た宇垣に、嶋田が愛想よくいった。

「いろいろ苦心、ご苦労です」

ミッドウェー敗北以来、坊主刈りにした宇垣は神妙だった。

「先般は、まずいことをやりまして、ご心配をかけ、相済みません」

「いやいや、なんでもない――」

ガダルカナル

その後の山本の作戦は、慎重だった。あと二ヵ月して、「翔鶴」「瑞鶴」が出てこないかぎり、積極作戦はとれなかった。軍令部が、九月にもFS作戦を再興しようというのが、むしろおぞましかった。

「東京にいては、わからんもんだな」

大きく溜息をつきたかった。

「ニューカレドニアは基地航空部隊でとれるが、フィジー、サモアにいくのはやめたい。基地航空部隊には距離が遠すぎる」

ともいった。

三和作戦参謀は、

「軍令部はヒヤカすだろうなあ。まるで消極的で、連合艦隊とも思えんじゃないかというだろうなあ」

と山本長官の決裁を軍令部に持ちこむ前に、

「困った、困った」

を連発していた。なによりも、飛行機が四〇〇機も失われたのに、生産が追いつかない。飛行機は基地飛行機よりも戦闘のチャンスが少ないから消耗も少ないだろう。また、これ以上空母がふえることもなかろう。したがって、生産数は少しでよかろう）

そう中央で考えて、生産を基地飛行機に振り向けていたときだったから、しかも、その生産も計画どおりに進んでいないときだったから、正直なところ、FS作戦などしていられなかった。

念のために六月の生産実績をあげると、零戦（基地飛行機と共通）七九機、九九式艦爆一八機、九七式艦攻三機。ウソではないかとあやしまれる数字だが、ほんとうであった。そして、この空母機四〇〇機（ほかに基地機四月以降七月までに約一〇〇機）の穴埋め作業が、遅々としてすすまないところへ、米軍のガダルカナル来攻が突発し、飛行機の消耗戦に巻きこまれた。どれほどそれが決定的な打撃を日本海軍に与えたか、いうのもこわいくらいであった。

ガダルカナルに飛行場を造りはじめたのは、七月十一日、FS作戦とニューカレドニア作戦（米豪遮断作戦）が正式に「一時取りやめ」られる前、六月中旬のことだった。ミッドウェー作戦失敗の結果、FS作戦を基地飛行機で肩代わりして実施しようと考えた。その前進基地として、ガダルカナルは打ってつけだった。そして、ガダルカナルは、FS作戦を一時中止したのちも、南東方面の防衛のため、欠くことができないと考えた。

モレスビー作戦で占領したツラギに飛行艇隊（横浜空）をおいたが、水上機や飛行艇には攻撃力が少ない。陸上機をおきたいが、適当な飛行場候補地はないか、と探していた横浜空司令が、ツラギの目と鼻の先にあるガダルカナル島にそれをみつけたのである。

連合艦隊司令部は、次の作戦に入る関係で、八月上旬にはガダルカナル飛行場を完成するよう希望し、ラバウルから五六〇浬もあって遠すぎるから、途中、ブーゲンビルのキエタを中間基地にしたいと、調査を要望した。このときラバウルにいた基地航空部隊は、十一航空艦隊の二十五航戦であった。陸攻一一機、零戦六機、陸偵一機くらいの小部隊。かれらは、キエタは地形からみて中攻の基地には使えぬ、と要望を断わった。それより、目はもうニューカレドニア、フィジー、サモアに向いていて、脚下を見る気を薄くしていた。前へ、前へ——だ。

陸路モレスビーに迫ろうと、陸軍部隊（第十七軍）がラバウルからニューギニア東部に移動し、それを妨害する敵機は、大型機を含めて執拗をきわめ、被害も日を追ってふえていた。

B‐17とB‐26は、南東方面にきている零戦では、性能不足で撃墜できなかった。

一方、北のアリューシャンでも奇妙なことが起こっていた。キスカ港外で、駆潜艇二隻が、米潜水艦に雷撃され、二隻ともほとんど一瞬に沈んでしまった。艇の吃水は二メートル半そこそこの浅さしかなく、魚雷など命中するはずはなかった（そのくらいの浅い水面下は、波が影響して魚雷は水面上に跳ねあがることが多く、エンジンをこわして動けなくなりやすい）。敵は磁気爆発尖を使っているに相違なかった。だが、日本海軍には、これをどう防ぐか、そのときには何も対策がなかった。

空母のダメージ・コントロール、飛行機と艦の無線電話、磁気魚雷対策、B‐17とB‐26（のちにB‐24、B‐29が加わる）撃墜策、レーダー――テクノロジー・ギャップが、しだいに拡がっていった。

米軍がガダルカナルに来攻したのは、そんなときだった。

八月七日朝、「大和」は呉に回航しようと、準備を整えていた。その早朝五時すぎ、敵ツラギに大挙来襲の電報が入った。急遽、呉回航をとりやめた連合艦隊司令部は、あわただしい空気に包まれた。

「空母一、戦艦一、巡洋艦三、駆逐艦一五、輸送船四〇隻余。ツラギとガダルカナルに同時に来攻したらしい」

「大兵力だ。一コ師団はもってきている」

「ガダルカナル？ どこだ、それは」

間の抜けた大声をあげた参謀が、事実、いたそうだ。ミッドウェー前からなんとなく不勉強で、強引ともいえるほど強気になっていた司令部の空気は、ミッドウェー後も改まっていなかった。

やはり、ハワイからマリアナにいたる西太平洋正面が表通りで、ラバウルのあるビスマーク諸島、ブカ島からツラギ、ガダルカナル島にいたるソロモン諸島、そしてニューギニア東部の一帯と、それらと豪州との間にあるサンゴ海のいわゆる南東方面は、裏通りだと信じこんでいる傾きさえあった。

しかしその参謀が海図を見て、

「おい。ラバウルから五六〇浬あるぞ」

と頓狂な声をあげたときには、いあわせたものは、ギョッとした。遠すぎる、とだれも感じた。

搭乗員は——そのころの話だが、離陸して一時間後から二時間後までの間にコンディションがピークに達する。それ以後は、疲労が兆し、集中力と瞬発力が下降線をたどる、といわれた。

ミッドウェー、サンゴ海以来、ベテラン搭乗員の死傷がふえ、若年搭乗員がその穴埋めに出てきていた。技量のレベルダウンがハッキリしてきたというのに、さらに距離の遠さによるロードがそれに加重したら、航空戦では敵に勝てなくなるおそれがある。

搭乗員には何一つ落度がないのに、ラバウルの二十五航戦司令部が判断を誤り、「キエタが中攻基地に適しないなら、零戦の基地をつくろう。そのほかに、おなじブーゲンビル島のどこかに中攻基地に適したところはないか探してみよう」と積極的、意欲的に問題に取り組まなかったため、そのツケをやがて搭乗員が、いや日本が払わされることになるのである。

日本海軍には、リスクを管理し、不測の事態が起こった場合の対応計画をいつも用意しておこうとする着想が薄かった。

中間基地をつくる必要があることは、かれらは、むろんよく知っている。飛行機乗りの常識である。ただ、飛行場を造成する設営隊の数が限られている上、たとえばニューカレドニアなどに進出したり、またたとえばガダルカナル飛行場を奪還したりすれば、中間基地など必要なくなる、と考えている。黒島参謀が「南雲部隊は世界最強だから」と考えたのに似ている。

だから、ガダルカナルの場合、陸軍が鎧袖一触で奪還すると揚言すると、すぐに中間基地の調査や工事をストップする。総攻撃が失敗すると、あわてて工事を再開、突貫作業でやらせる——というふうになる。

八月七日の米軍来攻は、作戦指導部としてはけっして不意を衝かれたのではなかった。日本海軍は、米海軍の暗号を解読することはできなかったが、日本人らしい発想と努力で、米海軍の無線の発受信統計と無線方位測定とを結びつけて、何が起ころうとしているかが相当の確度で判断できるようになっていた。通信情報とか通信諜報とかいうのがそれである。

その通信情報によって、七月二日と十四日、米西岸を出た輸送船団が、八月上旬には豪州東方海域に到着すると知らされた。なかでも、二日の船団は、三七隻の大がかりなものだという。

中央は、八月四日に警報を発した。

永野軍令部総長は、ちょうど上京した宇垣参謀長に、この敵の動きを警告した。

「この輸送は、豪州への増援だろう。だが、わが軍が豪州に進出できないとみて、ポートモレスビーに直接陸兵を揚陸する可能性がある」

海軍統帥部のトップは、モレスビーを南東方面のカナメと考えていた。もっとも、モレスビーからは、しきりに敵機がラバウルに来襲していた。

もう一つ重要なことは、昭和十七年三月七日に大本営連絡会議で決定した情勢判断である。それには、

「……米英は戦力向上の時機を見て枢軸（日独伊）に大規模攻勢をかけるだろう。このため、日本にたいしては、ソ連・シナと提携、大陸方面から直接中枢部を衝こうとする一方、豪州とインド洋方面から主力をもって戦略要点を奪回反撃してくる公算が大きい。そして、その大規模攻勢を企てうるようになる時機は、昭和十八年以降であろう」

とされていた。

「敵が大規模攻勢をかける力をもつようになるのは、昭和十八年以降である」
逆にいえば、
「敵は十八年以降にならねば、大規模攻勢をかける力をもてない」
「敵が十八年以前に攻勢をかけてきた場合、それは大規模なものではありえない」
ということになる。

前に情勢判断について述べた。たとえば「敵の大規模反攻は昭和十八年以降にしか起こるまい」という中央の判断は、あたかも数学の定理か公理のように、動かせないものとして意識される。ミッドウェーのときに、

「敵艦隊は出てこない。攻略をはじめるとあわてて真珠湾から駈けつけてくる」

という中央の判断が、日本軍のどの部分にも限りなく正しいものとして滲透し、索敵に出た「筑摩」水偵の搭乗員は、

「どうせ敵はいないが念のために索敵するんだ。まあ、無理せずにいこう」

と、ほんとうは雲の下を飛び、油断なく海面に目を凝らすはずが、雲の上を気楽に飛んだ。そのため、「利根」機が敵を発見するよりもっと早く発見したはずの敵艦隊を、見つけることができなかった。

そんな思いこみが、情勢判断の誤りが、またこんども害毒を流すのである。

山本は、前記のとおり「大和」の呉回航を延期して、対策を急ぎ、来攻した敵は約一コ師

団で、これは本格的反攻であると正しく判断した。

「根をおろす前に早くやっつけないと、モレスビーどころかラバウルが危なくなる」

「二艦隊、三艦隊をすぐに南東方面に出す。私もトラックに出る」

それまで、作戦についてはほとんど口を出さず、幕僚の起案に委せてきた山本に、このとき藤井参謀には、

「はげしく燃えたつ闘志」

が、まざまざと感じとられたという。

ツラギ、ガダルカナルへの米軍来攻は、山本にとって敵を撃つ、願ってもない好機になった。積極作戦をわが方からとらずとも、敵方から身をさらしてきた。本格的反攻であればあるほど、敵は空母部隊はもちろん、ありとあらゆる兵力を注ぎこんでくる。それを日本は、引き包んで討てばよい。「後の先」がとれるのだ。いま、味方の空母部隊は弱体化しているが、基地航空部隊がその欠を補えばよし。また戦場は、それができる地域である。

かれは、珍しく、自分で骨子を口授して、中央に意見具申電を打たせた。

「来るべき彼我の遭遇戦には、第一段作戦のとき同様、陸海軍とも十分の兵力を整え、気を揃えて立ち向かう必要があること。

陸軍兵力を最初から精鋭五コ師団程度、一挙に投入すること。

海軍は、全力を結集すること。

航空機材の補充に重点をおくこと」

ところが、陸軍はとりあえず一木支隊（一コ大隊基幹。約二四〇〇名）をガダルカナルに注ぎこむ、という。山本の構想とはあまりにも違いすぎる少なさである。

陸軍は、自信あり、と動かなかった。自信あり、と陸軍がいうものを、海軍がそれ以上、とやかく不満を述べるわけにいかない。とはいえ、どうしても不安だ。パラオにいる歩兵三十五旅団を派遣してくれるよう、重ねて要望した。が大本営陸軍部からは、

「一木支隊は精強である。確信がある」

と重ねて返事をよこしただけであった。

八月八日になると、来ている輸送船は三〇隻から四〇隻と確かめられた。軍令部は、大本営陸軍部と研究し、

「奪回は相当手ごわいだろうから、陸海軍とも必要な兵力を集めたのち攻勢に出ることにする。兵力の小出しはやらない」

ときめた。そして、次に送る兵力の検討をはじめた。

陸軍の担当は、ポートモレスビー陸路攻略であり、すでに南海支隊の先遣隊は、モレスビーに向かう山中に進出していた。つまり、十七軍は、すっかりニューギニアに足を突っこんでいて、その状況でガダルカナルに敵が来たのである。

さきほど述べたように、軍令部も連合艦隊も、不意を打たれた。ちゃんと事前に情報が入

っていたが、誤判断をして「モレスビーにいくんだろう」などといっていたから、虚をつかれた。

しかし、航空部隊の対応は迅かった。その朝までニューギニア攻撃の予定で準備していたものを、一気に南に向け直した。陸攻二七機、零戦一八機。陸攻は魚雷に積み替えている時間がなく、陸用爆弾をのせたまま。ほかに艦爆九機――これは航続距離が短いので片道攻撃。帰り、うまくいけばブカに、やむをえなければショートランドに不時着して、搭乗員だけ救おうという。そして零戦は、不時着するときはブカに行かせる。ともかくブカを不時着できる程度に急速整備す――という、足もとに火がついたような出撃を強行した。

攻撃目標は、敵空母。見つからないので、ツラギ沖にいって、艦船を攻撃した。

このようなパターンの全力空襲が七日、八日、九日とつづいた。そのたびに大戦果（計二一隻撃沈など）が報告されるが、米軍の実損とくらべてみると、報告が極端に誇大で、与えた損害はごく少なく、反対に日本機の損害は信じられないくらい大きかった。二日目の八月八日の場合など、陸攻二三機のうち自爆未帰還一八機、残る五機も被弾。一日目の艦爆九機のうち自爆未帰還六機、他の三機不時着。それらのほとんどが敵の防御砲火による損害だったから、おどろくほかなかった。そして戦果は、戦後の米軍の発表によると、沈没駆逐艦一隻、輸送船一隻にすぎなかったという。

どうして、こんなことになったのか。

疲れ、であった。

二時間半以上を飛びつづけ、疲労が出はじめた状態で、一瞬の判断力や瞬発力を何よりも必要とする航空戦の戦場に入っていく。

それにたいする米軍は、ブーゲンビルなどソロモンの島々に潜りこませた沿岸監視員（コースト・ウォッチャー）が、日本軍飛行機の南下を携帯無線機で急報してきたものを受けて、約四、五〇分も前に、飛行機も艦船も、対抗措置をとっていた。いわゆる「逸をもって労を待つ」にもなるわけで、前記の飛行機を操縦するときの特性からいって、米軍はきわめて勝ちやすく、日本軍はきわめて勝ちにくい状態にあった。

それにしても、米軍の対空砲火の威力は、目を瞠らせた。日本艦艇は、対空砲火として一二・七センチ高角砲と二五ミリ機銃を主力としていた。米軍は、高角砲は変わらないが、機銃は四〇ミリと二〇ミリを使っていた。この四〇ミリ機銃が曲者だった。四〇ミリ機銃は、日本では故障が多く、使いこなせなかったのである。

この八月八日の夜、新編寄せ集めの第八艦隊が、先任参謀神《かみ》重徳大佐の立案で、鉄底湾（アイアン・ボトム・サウンド――ツラギのあるフロリダ島、サボ島、ガダルカナル島で囲まれた狭い海面。日米合わせて五〇隻の艦船が沈んでいるのでこの名がある。鉄底湾でなく、鉄底浦の方が実感に近いが、しばらく通説にしたがっておく）に突撃し、連合軍の重巡四撃沈、重巡一、駆逐艦二大中破の大戦果をあげて、南東方面の海軍艦艇を、空母のほかほとんど一掃してしまった（第一次ソロモン海戦）。

ガダルカナル攻防戦の初期で、連合軍に重大な衝撃を与えて作戦の転換を強制した戦闘は、この第一次ソロモン海戦と、前記八月七日の空襲で、米空母機六二機と零戦一七機が戦い、米戦闘機一一機、爆撃機一機を撃墜した航空戦であった。

八月七日の航空戦では、あまり被害が大きかったので米空母部隊は不安になり、八日夕刻戦場を引き揚げていった。第一次ソロモン海戦では、海軍艦艇の支えを失い、船団は現場にいられなくなって、九日朝にはこれも引き揚げていった。日本軍にとって千載一遇のチャンスが到来したが、後述するように、また情勢判断を誤った。

敵空母部隊が引き揚げていったことをつきとめられなかったので、第八艦隊は、敵がまだ近くにいるものと判断した。輸送船団がまだ無疵でいるのはわかっていたが、陣形を立て直してこれを攻撃するには時間がかかり、引き揚げる途中で夜が明けてしまう。そうすると、ミッドウェーの二の舞いになることをおそれた。「鳥海」艦長早川大佐の強い意見具申があったが、それを採らず、第八艦隊司令長官三川軍一中将は、戦場引き揚げを決断した。

その帰途、重巡「加古」が雷撃を受け、沈没した。生存者ののちの話では、乗員はそのとき疲労の極に達していて、注意も散漫になっていたという。とすれば、第八艦隊各艦も、だいたい似たような状態であったわけだ。

八艦隊が輸送船団に手を触れずに引き揚げたと聞いて、山本は、非常な衝撃を受けたようだ。というのは、のち、八艦隊から第一次ソロモン海戦の功績明細書（だれがどんな配置でどんな働きをしたかを列記したもの。功績抜群な者には金鵄勲章を与えていただきたい、といったことを書いてある）が提出され、山本長官のところにその書類が届けられた。

一瞥した山本は、

「こんなものに勲章なんかやれるか」

と投げ捨てるようにいい、机の抽出しの底の方に突っこんだ。それに気づいた渡辺参謀は仰天し、言葉をつくして長官を諫めた。山本も、やがて憑き物が落ちたように顔色を収めたという。

渡辺参謀は、「疲れておられた」とはこの話についていわなかった。だが、開戦前から長官の椅子にマル三年も居座る、いや、居座らざるをえなくされていれば、疲れるのはあたりまえだ。

それまで、山本は、感情の激するときも「忍」の字を掲げて、心を抑え、修養を重ねてきた。ふつうならば、功績明細書事件など起こるはずもないことだが。

さて前に述べた、輸送船団が九日、一隻もいなくなったという新しい状況が出たのを、海軍が情勢判断を誤り、千載一遇の好機を逸したことについて。

来攻した米軍部隊が約一コ師団と判断したところまでは正しかった。その一コ師団が、輸送船にまた乗りこんで、逃げだしたと考えたから間違った。いまガダルカナルやツラギにいる二〇〇〇名あまりの敵兵は、逃げ遅れて途方にくれている連中だ——と。

「この敵は、まさに同方面に居座りのハラにて、思い切ったる兵力を使用せり……」

と、八月七日の来攻とともに正しい判断をした宇垣参謀長だが、それが十日になると、

「昨夜命により泊地に進入せる二潜水艦は敵の在泊艦を認めあらず、本朝の飛行偵察もそれを確認せり。さては敵のヤツ、昨夜の攻撃により到頭いたたまれず、昨日のうちに総退却をなせるか」

と一転した。基地航空部隊も八艦隊も強気になって、この際、一部隊でもいいから、早くガダルカナルに行って、飛行場を押さえてしまえ。そのあとすぐ残敵を掃蕩して、一日も早く飛行場を整備せよ、と急ぐのである。

その十二日、陸攻にラバウルの根拠地隊先任参謀が乗って、ガダルカナル偵察に出た。

「ガダルカナル島飛行場付近にいくらか敵がいるが、その動作は萎縮して元気なく、また海岸付近の舟艇は頻繁に動きまわっているが、敵主力はもう撤退したか、撤退中という感じである。残っている敵兵と舟艇は取り残されたものと認められる」

飛行場を造成していたルンガ河流域は、当時、ココヤシの植林地であったが、この先任参謀の機上からの詳細をきわめた偵察報告で、「やっぱりそうだったか」と、みなホッとした。その一方で、少しでも早く陸軍部隊を送って、飛行場をとりかえそう、と勇み立った。ガダルカナル陸岸近くまでいった潜水艦が、それと逆の意味をもつ情報を報告したが、もう誰も注意しなかった。

山本が、「大和」に大将旗を掲げてトラックに入港したのは、八月二十八日であった。この間三週間たっていた。

日本の常識でいえば、三週間くらい、どうということはないのだが（まだこのころは、米軍の土木施工能力の大きさと迅さ、つまり飛行場建設工事の機械作業による速さを日本軍は実感していなかった。ツルハシ、モッコによる人力作業のペースに自分たちの頭の中のタイマーを調整しているのは無理もなかった）、現実では、上陸初期の、米軍にとってもっとも危険な時期は過ぎ去っていた。

十七日、ガダルカナルに駆逐艦六隻に分乗して到着した一木支隊先遣隊約九〇〇名は、

「急いで行かないと敵が逃げてしまう」

と聞かされ、支隊長はすっかりのせられた。輸送船に乗ってあとを追ってくる別動隊（第二梯団約一五〇〇名）の到着を待つ余裕はないと判断し、約八〇〇名を率いて飛行場に急ぐうち、不意に現われた敵戦車部隊に包囲され、追いつめられて、二十一日、全滅した。

連合艦隊が不安がるのを、一木支隊は「精鋭である」「確信がある」とつっぱねてきた陸軍だったから、しばらくは全滅が信じられず、十七軍司令部は呆然としていた。

その前日、事態は急転直下した。一木支隊が全滅した前の日、敵戦闘機、急降下爆撃機約三〇機が、ガダルカナル飛行場に進出してきた。しかも、この小型機を載せてきたらしい敵空母部隊を、哨戒機が発見した。

折も折、一木支隊第二梯団（輸送船三。うち陸軍部隊の乗る二隻は鈍速で八ノットしか出ない）が、ガダルカナルにノロノロと急いでいた。

戦機は急激に熟してきた。山本は、南東方面部隊を支援する第二艦隊、第三艦隊に、ガダ

ルカナル北方海面への進撃を命じた。十七日に柱島泊地を出て、トラックに向かう三日目のことだった。

「ガダルカナル争奪戦を、はじめから日本の運命を決する重大事であると証言したのは、山本長官一人だけではなかったろうか」

高木惣吉少将は、いう。

山本の心底は、この短い手紙に明らかだった。

「あと百日の間に小生の余命は全部すりへらす覚悟に御座候　敬具

昭和十七年九月　椰子の葉かげより

山本五十六」

かれはここで、二艦隊、三艦隊を押し出せば、敵空母部隊を片づけることができる、と判断した。

第三艦隊は、ミッドウェー以後、「翔鶴」「瑞鶴」を中心に、「龍驤」を加えた航空決戦向けのものに改編してあった。つまり、ミッドウェーまで、機動部隊は艦隊決戦で敵戦艦などを撃沈するのが任務になっていたが、惨敗の戦訓をもりこんで、敵空母を発着艦不能にして制空権を奪うという考え方に転換した。そして小型空母一隻(第二次ソロモン海戦のときは「龍驤」)を加え、空母部隊の上空警戒に専念させる。

また、第三艦隊の作戦のマニュアルを変えた。空母三隻を本隊として駆逐艦八隻を警戒につける。残りの高速戦艦二、重巡四、軽巡一、駆逐艦三を前衛とする。敵空母部隊との戦闘が起こりそうな状況になったら、前衛を本隊から一〇〇浬ないし一五〇浬敵方に進出させ、それだけの距離を稼いで、追撃、あるいは夜戦のとき、すぐに敵を捉えることができるようにする。

兵術思想の大転換であった。

こういう大転換は、日本海軍ではよほど十分な時間をかけて根回しをしておかないと、（ことに新しい考えには）容易になじめなかった。山本がいくら「実績を示せば頑迷なる鉄砲屋でも航空が主兵であることがわかる」といっても、福留作戦部長は「それでも私の頭は転換できなかった」というのが実情だった。それ以外の人たちも、ほとんど福留式だったに違いないのに、三艦隊の転換は唐突すぎたし、不運でもあった。

海軍一般にたいしては、ミッドウェーの戦訓はおろか、敗けたことさえ隠していた。だから、三艦隊の大転換の必然性がのみこめないのは当然で、したがってかれらには危機感も少なかった。

その結果、二十四日の第二次ソロモン海戦は、まさにチグハグないくさになった。前衛は本隊の前方一〇〇浬に出るはずが、五浬くらいしか出ないし、密接に連絡しながら機動部隊を支援するはずの近藤前進部隊は、南雲部隊がどこにいったかわからず、飛行機を飛ばして味方を探しまわった。

機動部隊飛行機隊は、敵戦闘機の妨害を斥け、防御砲火を冒して空母一隻大破炎上、一隻誘爆大火災の戦果を報じたが、艦爆の約七割、零戦の六割を失った。

一方、一木支隊第二梯団の輸送船団は、ガダルカナル基地の米機につかまり、輸送船一隻と駆逐艦一隻が沈没。とうていこれでは船団輸送は無理だと、山本は駆逐艦による夜間輸送に転換を命じた。連合艦隊の幕僚には名づけ上手がいて、これを「鼠輸送」と称した。

山本は、連合艦隊の大部を南東方面に注ぎこみ、敵空母部隊の来襲を見て南雲部隊をぶっつければ、敵空母を撃滅、ないし少なくとも徹底的に叩きうるものと考えていた。しかし、海戦が終わってみると、敵撃滅にはほど遠いばかりか、味方機の損害が多すぎた。

（決戦駆逐艦を使ってでも陸軍を輸送し、陸上からの飛行場奪取を急がないと、これは命とりになる）

山本の洞察力の非凡さは、ガダルカナルへの米軍反攻を見て、連合艦隊決戦部隊を挙げてトラックに進出したことにもあらわれたが、陸軍部隊や糧食弾薬の輸送に決戦駆逐艦を使う決断も、また、その一つであった。そして、駆逐艦乗りたち、のちには潜水艦乗りも含めて、そのような運送任務に身を削り、命を捧げて黙々と六ヵ月もの間倦むところがなかったのも、山本五十六への将兵の傾倒が支えたからであった。

トラックで山本が「時と場所とを問わず」、出陣する艦船があればいつでも第二種軍装（白服）を着、「大和」の、遠くから見やすい上甲板に立ち、双眼鏡を首からかけ、敬礼を受け、右手に帽子を高く大きく振って、見送る状景はつづいた。

こんなとき、艦船は登舷礼式で、乗員は上甲板に、舷側に沿って整列する。艦長は長官の姿を認めると、堵列する兵たちにも長官の姿が肉眼で見えるようにと、危険のないかぎり、また長官にたいして礼を失しないかぎり、できるだけ「大和」に近よって通りすぎる。なるべく早く敬礼を終わらせて、乗員にバンザイを三唱させる。乗員は「待ってました」というように、すれ違う「大和」の長官の姿に向かって声をはりあげる。

高瀬五郎中佐（潜水艦出身）はいう。

「乗員の感激はひとしおである。油に汚れた作業服を着替える者もある。……このゆきとどいた長官の心やりが、どのくらい兵の胸にこたえたであろう。ふたたび乗員の声は、和して歓呼の万歳となった。手に帽子をとって振りながら、長官の見送りにこたえて泣いた。……長官のこうしたこまかい心遣いが、部下をして死を鴻毛の軽きにおかせた。国家に捧げた命は、この長官を通じて死を誓うところまで高まった。かくて統率は、細胞の末端にいたるまで滲透して、全軍の士気は長官のもとに集結し、凜として微動だにもしなかった」

「トラックも戦地です。みな（緑ッぽいカーキ色の）第三種軍装、ないし防暑服を着ているのに、白服を一人だけ着ておられると、いつ敵機に狙われないともかぎりません。なんとか、おやめ願いたい」

と諫めても、山本は、微笑を返しはしても白服はやめなかった。

ラバウルからショートランドへ、ショートランドからガダルカナルへ（猛訓練をつづけて自信をもつ夜戦、魚雷戦に使うのではなく）、陸軍部隊、食糧弾薬、医薬品の輸送に使わねばならぬ駆逐艦、潜水艦などの出撃を、性格として、どうしても山本は、黙って見ているわけにはいかなかった。

四人の連合艦隊長官のうち、「将兵とともに戦っている」という認識と覚悟を、山本ほど強く、心の奥底にまで滲みとおして持っていた人は、ほかにいなかったろう。将兵の痛みをわが痛みと感じとることができたのは、これは山本一人であったろう。

それはもう、連合艦隊という大きな家族の、白い服を着た父であり、オヤッさんであった。血を分けた親子であった。

かれはまた、よく病院船や海軍病院を見舞った。随行した渡辺参謀によると、軽症の患者はベッドの上に正座し、重症の者は仰臥して姿勢を正していたという。

「ご苦労さま。早くよくなってくれよ。また海上で会おうよ」

一人一人、やさしく声をかけていく。そして、病室を出るとき、かならず山本は帽子をとって、

「お大事に」

と挨拶した。

重傷者には、いちいち立ち停まって負傷の個所を訊ねた。ふと眼帯で目を蔽っている痛々しい傷兵の前に立ちどまり、顎のあたりにまだあどけなさの残る、だれの目にも少年航空兵とわかるその患者の肩に手をかけた。

「山本だよ、わかるか」

「長官……」

と唇をふるわせる。

「視神経をやられています」

病院長が説明するのに、

「全快の見込みは？」

と問いかけた。そして、口ごもる院長にかぶせて、

「軍陣医学の名誉にかけて治さにゃならぬ」

目が見えなくなったわが子を迎えて、途方に暮れる老いた親の嘆きの幻影を、まるで必死に振り払っているかのような、激しさと真剣さがこもっていた。

「帝国海軍は、けっして君を見捨てやしないよ。また海の上で会おうよ」

山本の靴音が遠ざかると、その少年航空兵は、ワッと声をあげてベッドの上に泣き伏したという。

ガダルカナル攻防戦は、日米両軍の制空権と制海権の争奪戦であったが、また同時に、補給輸送戦でもあった。もちろん、戦前には、想定もせず、訓練もしたことのない、まったくはじめてのものであった。

そんな戦いを四つに組んで戦っている日米両軍に、奇妙に似た地理的条件があった。攻防の目的であるガダルカナルは、日本軍の前進拠点であるラバウルからも、米軍の前進拠点であるエスピリツ・サント島からも、どちらも五六〇浬の距離だったことである。地図でみる

と、ガダルカナルを中心に、ほぼ一直線上にある日米の前進基地が、日本側はソロモンの島伝いで、米国側は広いサンゴ海を横切ってまっすぐ、という違いこそあっても、ガダルカナルを北西と南東から引っぱりあっているようにみえた。

ガダルカナルの戦場（関ヶ原古戦場の場合のように、戦うために使った地域という意味で）は、南北約一一キロ、東西約五〇キロの三日月型の狭いところだ。

戦場の東側にある飛行場に飛行機を置いたから、米軍の飛行機は、戦場のどこにでも五分かからずに行けるし、日本軍を執念深く攻撃することもできる。

ガダルカナル戦場の制空権は、四六時中、米軍の手中にあった。いや、ラバウルから約二時間半かけて五六〇浬を飛んできた、疲れた零戦が、その米軍の制空権を断ち切ってひと暴れするが、燃料を積めるだけ積んできても、ガダルカナル上空には一五分間しかいられなかった。一五分たてば、帰っていく。その上、ラバウル往復五時間から六時間かかるので、一日一回しか飛んでこない。天候不良のときは、全然来ない。

しかも、前に述べたように、ガダルカナルの米軍機は、日本機が頭上に来るおよそ五〇分前には警報が入るので、戦闘機は上がって待ち構え、爆撃機などの鈍重な飛行機は、南の空に空中退避する。そして、一五分たったら戻ってくればよい。

ブーゲンビル島のブイン基地が小型機（零戦と艦爆）用中間基地として完成したのは、十月半ばだった。これで、ガダルカナル上空に一時間半で行けるようになったが、遅すぎた。零戦は過ぎていた。そのとき、ガダルカナルの飛行場は、間もなく完成するものを含めると六ヵ所にふえ、もちろん飛行機も増勢されていた。

ガダルカナルに来た第一海兵師団長ヴァンデグリフト中将が、いっている。

「日本軍が実際のものと逆の順序で上陸していたら、ガダルカナルの米軍は追い落とされていたろう」

ミッドウェーの失敗は、海軍の自己過大評価と敵戦力過小評価が最大の原因だったが、ガダルカナルの陸戦の失敗も、こんどは陸軍の自己過大評価と敵戦力過小評価が原因であった。

そして、その上に、陸軍と海軍の調整ができなかった当時の統帥機構のせいで、前記の山本の具申（精鋭五コ師団をはじめに一挙に投入する）までは無理でも、せめてヴァンデグリフト中将のいう程度のことは当然実行しなければならなかったが、それができなかった。陸軍が「確信あり」といって兵力の小出しをしても、それを不安に思いながら、海軍はチェックできなかった。

ともかく、サッと上陸し、サッと飛行場を奪回しさえすれば、一件落着する、という考え方で、制海権、制空権を奪い、足場を固め、ガダルカナルの米兵を枯死させようなどとは考えなかった。それは、米軍がもっとも怖れたものだったが、そうするためには、さきほどから述べている中間基地を用意しなければならないし、さらに、その基地に展開する零戦を、大量に準備しなければならなかった。

零戦の月産九〇機そこそこでは、とてもそれは駄目であった。

九月十二、十三日の川口支隊の総攻撃が失敗して、陸軍は、はじめてコトの重大さに気づいた。米軍来攻以来一ヵ月半になろうとしていた。第二師団を出すという。

山本は、自身で采配をとった。それまでだれも考えたことのない作戦だから、切所の作戦指導には、いちいち山本のリーダーシップが必要であった。

かれは、連合艦隊の、割くことのできる最大限の兵力をすぐって、第二師団の「集中輸送」を推進し、将兵一万七五〇〇名、火砲一七六六門、食糧二万五〇〇〇名の二〇日分、〇・八会戦分の弾薬を運び、十月二十日ころに飛行場攻撃ができるよう日程をたてた。同時に、中間基地ブイン（ブーゲンビル）の造成を急ぎ、これを使ってガダルカナルの航空撃滅戦を強行する——という構想を描いた。

第二師団と糧食弾薬を積んだ高速船団五隻の突入を期するため、事前に航空撃滅戦をくりかえす一方で、三戦隊（高速戦艦「金剛」「榛名」）、八艦隊、五戦隊による飛行場の夜間艦砲射撃を断行することにした。

ことにこの東京湾くらいの実質面積しかない鉄底湾で、一直線上を往復して主砲砲弾を各艦それぞれ四百数十発も背の高い椰子林越しに飛行場にたいして射撃しようとするのは、まったく危険な話だった。なにしろ一直線の射撃コースの上を、一定速力で、四〇分間も往ったり来たりするのだから、米海軍の下手な連中でも、魚雷を命中させるのはラクなものだ。

第三戦隊は猛反対をした。司令官は、ミッドウェーで衝突事故を起こした、前の七戦隊司令官栗田健男少将で、「金剛」艦長は小柳冨次大佐だった。小柳大佐は、のちに少将になり、レイテ沖海戦のとき、二艦隊長官である栗田中将を参謀長として補佐する人だ。

この猛反対を聞いた山本は、

「三戦隊が行かんというなら、オレが『大和』『陸奥』を直率してとびこむ」

と憤慨し、幕僚室で一人で調べものをしていた渡辺戦務参謀（砲術参謀を兼務）に、

「おい、戦務。二人でいこう。ホサ（砲術参謀の略語）がついていればいい」

とたたきつけるようにいった。

その話を聞いてビックリした三戦隊は、

「長官がそんな決意をしておられるとは知りませんでした。それでは、われわれが行きます」

と十月十一日にトラックを出ていった。

このとき、このあと約一ヵ月後の十一戦隊の艦砲射撃のとき、あるいは両方でもいいが、「大和」「陸奥」がほんとうに出ていったら、もっとよかったのではないか。米海軍は十月には新戦艦ワシントンを、三戦隊の射撃成功後はサウスダコタを南東方面に出してきた。インディアナ（十七年四月就役）も南太平洋に向かわせた。艦齢二六年から二九年の旧い「金剛」クラス二隻では、とても太刀打ちできる相手ではなかった。

真珠湾作戦のように、マレー沖海戦のように、三戦隊の艦砲射撃のように、常識を超えた、思いきった新作戦を断行すると、予想外な大成功をする。一にも二にも、敵の意表をつき、

まるで備えてない不意を打つことができるからだ。

　不意を打ったときの戦果は、信じられないくらい大きい。三戦隊も飛行場を一面の火の海にし、主飛行場使用不能、航空燃料ほとんど全部消失、小型機九〇機のうち四二機を作戦可能の状態で残しただけで、あとは壊滅してしまった――ニミッツによると、実際に飛べるのは数機にすぎなかったという。

　ガダルカナルの陸軍部隊は、躍り上がって喜んだ。第十七軍司令部は「野砲一〇〇〇門に匹敵す」だの「欣喜雀躍す」だのと、最大限の言葉を連ねて感謝してきた。

　しかし、この成功の真因は、三戦隊の砲撃の二日前に、はじめの日程になかった六戦隊（重巡「青葉」「古鷹」「衣笠」）が、零式弾のテスト射撃をしようと割りこんできたからだった。それが、鉄底湾の入口で待ち伏せていた米艦隊（重巡二、軽巡二、駆逐艦五）と格闘戦になり、「古鷹」沈没、駆逐艦「吹雪」沈没、「青葉」大破、「衣笠」小破とさんざんやられて避退した。このとき、米軍は、重巡一大破、一小破、駆逐艦一沈没、一大破の損害を受け、勝ちはしたものの、損傷のためにいたたまれず、これも引き揚げた。

　つまり、三戦隊砲撃成功も、高速船団六隻の突入成功も、高速船団の突入に合わせた八艦隊主力（重巡「鳥海」「衣笠」）の砲撃成功も、みな沈んだ「古鷹」や「吹雪」、大破した「青葉」のおかげだったのだ。

　どうしてこの簡単な因果関係が、司令部の担当者に読めなかったのだろう。

　十一月十二日の第三次ソロモン海戦では、待ち受けた敵艦隊と十一戦隊（高速戦艦「比叡」「霧島」）とがぶつかった。そして翌晩砲撃に行った重巡「鈴谷」「摩耶」は、ちょうど「金剛」「榛名」のときのように、邪魔するものは一隻もなく、悠々と九八九発を撃ちこんだ。

ただ、重巡は二〇センチ砲弾だから、戦艦の三六センチ砲弾の威力とは天地の差がある。急降下爆撃機一、戦闘機一七を破壊、戦闘機三二以上に損傷を与えたが、飛行場そのものを作戦不能にすることはできなかった。

飛行場をまた火の海にしたかったら、「鈴谷」「摩耶」には気の毒だが、日程を十一戦隊と入れ替えるよう計画し直せばよかったろう。それが戦争というものである。つまり、出てきた敵艦隊と取っ組みあい、これを戦場から引きずりおろす役目の者と、誰にも邪魔されず、艦砲射撃の最大効果を挙げて、飛行場と敵機に最大のダメージを与える役目の者とに分けるのである。

ミッドウェーのときも同じだったが、いったん計画をきめると、計画が独り歩きをはじめ、条件が変わろうが、もっとよい方法が見つかろうが、シャニムニ既定計画を推し進める傾向が強かった。情勢が急変する戦場で、何週間も前の条件で組み立てた計画で作戦すれば、勝てる戦が勝てなくなることさえあるのに。

十月の高速船団輸送は、こうした山本の陣頭指揮で海軍の総力を傾けた結果、みごとに成功した。ガダルカナル北西部の海岸で、まっ暗な中、死に物狂いの荷揚げ作業をつづけ、朝までに大部分の荷揚げを終わった。

荷揚げを終わり、海岸にうず高く積み上げた食糧、弾薬、医薬品、重兵器は、しかし、二日おいた十七日の朝、ガダルカナル飛行場から飛んできた敵機と、沖合いに出てきた敵駆逐艦に攻撃されて、ほとんど焼け失せた。

なんともいいようのない悲痛事だった。

陸軍には、荷揚げした梱包を港に積み上げたままにしておく習慣があるらしい。ガダルカナルのほかでも、サイパン、那覇でおなじ失敗をくりかえし、血の出る思いで運びつけたものを、一瞬のうちに灰にしてしまった。ガダルカナルでは、

「積んだものを運んでこないじゃないか。すぐに運んでくれ」

と威丈高な文句をつけてきた。不審に思って調べてみると、輸送船の船艙には何も残っていなかった。荷揚げしたのを、すぐに分散しないから、敵にやられて燃えてしまったことがわかった。

ガックリするのは運んだ側の海軍だが、使う側の陸軍とて同じである。第二師団の総攻撃が失敗した原因の一つには、この炎上事件もあったに違いない。

これまでに鼠輸送では、記録に残っているだけでも二万一四五〇名の陸軍将兵と、これに付随する糧食、弾薬などの大部分を運んだ。決戦駆逐艦六二隻が、延べ三五四隻にのぼり、ショートランドからガダルカナルまでを往復した（一隻平均五・七回）。そして、主として敵機との交戦で、五隻沈没、一二五隻損傷の被害を出した。

駆逐艦の幹部は、兵たちと違って交代ができないので、血尿を出すまでに疲労したが、それでも頑張りつづけた。ふだんでは考えられない努力と献身の集積だった。

終わりごろ輸送に駆り出された決戦潜水艦と合わせて、ほんとうに、よくやった、と脱帽せざるを得ない。

だが、送りこんだ陸兵の数がふえるにつれ、補給輸送の必要量が、駆逐艦による輸送能力の限界を越えてくるのは、やむをえなかった。

一木支隊を送りこめば、それで終わりだ、というから、決戦駆逐艦を使って急いで部隊を送りこんだら、全滅した。川口旅団を送れば大丈夫だというから、鼠輸送に全力投球した上、妨害に出てきた敵艦隊と第二次ソロモン海戦を戦った。そうしたら、川口支隊の総攻撃は失敗して、つぎに第二師団でいく、こんどは自信がある、という。

その第二師団を送った高速船団の輸送が成功して、ガダルカナルの日本軍は約二万二〇〇〇名にふくらんだ。このころが、ガダルカナルをめぐり、日本軍戦力が、米軍をまさに圧倒しようとするピークに達した時期であった。

米軍のいう「十月危機」である。

「ガダルカナル周辺の制海権を米軍の手中に確保するのは、むずかしいのではないか。米陸上部隊への補給は、大きな犠牲を覚悟しないかぎり不可能だ。事態は絶望的とまではいえないが、たしかに危機に瀕している」

ニミッツ長官が嘆いたのは、このころだった。

山本の猛撃に、すっかり米軍が自信を失いかけた様子が、手にとるようだ。真珠湾のときはともかくとして、この戦争で、

「勝てないのではないか」

と米軍首脳が血を凍らせたのは、おそらくミッドウェー直前と、ガダルカナルのこの時期だけではなかったろうか。

むろん、その米軍の窮況を、日本軍側がそのとき読んでいたわけではなかった。

「長官も先般来少しく過敏に細事を質問せられ、また言明せらる。あまり御心配をかけざるよう、参謀に注意せり」

『戦藻録』（十月七日付）に、宇垣は書く。

山本は、この戦争のピーク——もっとも重大な局面に来ていることを感じとって、神経を昂らせていたに違いない。スタッフに委せて、しだいにそのスタッフの力量に疑問をもちはじめたトップが、それ以上に局面の重大性を感じたときは地獄である。いったい山本は、何を怒っていたのだろう。

『戦藻録』をよく読んでみると、どうも「十月攻勢」（船団輸送、航空攻撃、飛行場砲撃）と第二師団総攻撃が成功しなかった場合にとるべき方策を、あらかじめ十分に研究し、計画を

しておくはずなのを、幕僚がなおざりにしていたことについてのようだ。

この種の問題（危険管理と不測事態対応計画）への対応と失敗は、これまでに二度、三度とくりかえされてきた。計画は成功することを前提として書きならべてあっても、不測の事態が発生したときの対策、リスクをどう回避、無害化すべきかについては、触れていなかった。それを山本が衝いたのだ。

「今次の作戦は、連合艦隊の大部をもってし、しかも陸軍の本腰によるもの、多少の曲折あらんも、かならず成功を遂げざれば申し訳なし。これがために、作戦計画に不成功の場合を記述せざりしなり」（同前）

と宇垣は弁解ともとれる記事をつづけている。そして、「計画を参謀に命ず」とあるから、なんとか対応計画はできたのだろうが、この宇垣の「成功しなければ申し訳ないから、不成功の場合を書かなかった」という論理は、いかにもかれらしい。

このころ（十月二日付）山本は堀悌吉あて手紙を書いた。あけすけに心を割って話のできる友だ。

「こちらは、なかなか手がかかって、簡単にはいかない。米国があれだけの犠牲を払って腰を据えたものを、ちょっとやそっとで明け渡すはずがないとは前から予想したので、こちらもよほどの準備と覚悟がいると思って意見も出したが、みな土たん場までは希望的楽観家だから、しあわせ者揃いのわけだ。当面の戦局を片付けるためには、開戦以来の犠牲に劣らぬ損害を覚悟しているから、自分としてはやりぬくことは確かだが、中央では少し青くなるだろう。今のところは、みなおれがおれがのなぐさみのようなものだから、気つけになろう。あるいはベタベタとなるかもしれない」

日本軍と戦争との関係を根元から揺すぶるほどのキツい言葉を使っているが、中央にたいする山本の歯噛みが、聞こえてくるようである。

「あれほど戦争をするなといったのに」

という嘆きは、そのまま早期講和の提言となって、前に述べた桑原虎雄中将に伝えられたが、いまとなっては、中央が早く国内体制をこの戦争を戦うのに適したものに改変して、もっとも重要な飛行機の画期的な増産と、搭乗員の大量採用、大量訓練に全力をあげてもらう以外にない。ところが、それも進んでいないのである。

飛行機の問題のほかに、敵潜対策、船腹問題、燃料問題もあった。

対潜方策と船腹問題と燃料問題は、飛行機問題とともに、この戦争になってはじめて出てきたもので、どれもうまく処理できていなかった。

たとえば、ガダルカナル攻防戦がはじまって、連合艦隊は、一日平均一万トンの燃料を消費していた。予想外の高い消費量だが、それにもかかわらず、内地の貯油量は六〇万トンしかなかった。

占領地のボルネオやスマトラでは、油井から原油が溢れていた。開戦時の貯油量約五〇〇万トン（重油と原油合計）から六〇万トンにまで減ってしまったのは、いうまでもなくタンカーが不足して、内地に原油を持ち帰ることができないからだ。

米潜水艦が対日潜水艦戦に積極的に乗り出したのは、昭和十七年八月、ちょうどガダルカナルに米軍が反攻してきたころであった。

はじめは、まるで効果が上がらなかった。魚雷は性能が悪く、技量も下手だった。しかし、飛行機の場合もそうだったように、しだいに戦場の場数をふみ、日本を教材にして腕を磨き、兵器の性能を向上させていった。神経の図太さもあろうが、たいした余裕だった。

たまりかねて、海防艦（対潜水艦作戦用）三三〇隻の建造要求をしたのは、昭和十八年四月であった。思いきった数だが、スタートが遅すぎた。飛行機搭乗員の大量採用も十八年に入ってからだが、はじめて遭遇する問題には、どうしてこんなにまで手の打ちかたが遅れるのであろう。

第二師団の総攻撃が失敗した直後（十月二十六、二十七日）、第二次ソロモン海戦（八月二十四日）とおなじような性格の航空決戦（南太平洋海戦）が戦われ、日本海軍の機動部隊が、はじめて日本海軍らしからぬ見事に粘っこい決戦をしてのけた。第三次攻撃隊まで繰り出して、米空母二隻を追いつめ、航空攻撃で損傷させたエンタープライズはとり逃がしたが、大破炎上させたホーネットを、追いすがった駆逐艦二隻（巻雲、秋雲）が魚雷で撃沈するという、戦争中最初で最後の離れ業までした。

このとき、味方は、飛行機の四割ちかくを失った。とくに、艦攻隊、艦爆隊など、指揮官機の自爆未帰還が多かった。その結果だろう、敵空母が何隻いたか、何隻撃沈し、何隻撃破したか、どうしてもつきとめられず、結局、戦果として、撃沈空母三隻（はじめ四隻撃沈としたものを、のち三隻に訂正）、戦艦、大巡、駆逐艦各一隻、大中破巡洋艦二隻、駆逐艦三隻、撃墜七九機以上と報告した。

この過大報告を真に受けた十七軍（参謀長）は、

「あとひと押しだ」

と誤判断した。

この誤判断が、十一月の第三次ソロモン海戦につながったが、その前、十月二十八日にトラックに引き揚げた南雲機動部隊（第三艦隊）の幹部が、揃って「大和」を訪れ、山本長官に戦況を報告したときの話がある。「翔鶴」（旗艦）艦長有馬正文大佐（のち少将）が、級友の高木惣吉少将に語ったものだ。

「敵陣が崩れて追撃にうつると、艦橋の司令部（南雲部隊司令部。つまり南雲長官、草鹿参謀長たち）には、もうこれで十分だという空気がでた。おれは、たびたび失敗の経験もあり、徹底した追撃の必要を痛感して、戦果もこのぶんでは非常に疑問だから、ぜひ、もっと追撃をつづけるよう進言したが、聞いてくれなかった。戦闘が終って基地に帰り、旗艦で山本長官に戦闘経過の報告がおこなわれた。報告がすんで、みんなが長官室を出て、おれが最後に部屋を出ようとすると、『おい、ちょっと』と山本長官に呼びとめられた。そして、『もうすこし追撃はできなかったのか』と訊ねられた。おれはクセとして直属上官をかばいたくなる衝動に駆られるが、このときも無意識に、『ハイ。あれがせい一杯のところでした』といってしまった。すると黒島（先任参謀）がそばから『あんたのところは、北にばかり走りたがっていたから、追撃の考えは出なかったんでしょう』とやじった。おれは、なおさらムカムカして、何をぬかすか、という気になり、そんなものではなかったと強弁したが、しかし、四月に山本長官が戦死されたのを思うと、なぜあのとき、日本海軍にも一人や二人は、長官の気に入る意見の人間がいることをハッキリ知らせてあげなかったかと、かえすがえすも残念だ」

この話を『自伝的日本海軍始末記』にのせた高木は、さらにこうつけ加える。

「有馬少将は海兵以来の親友、年は私より二つ若く、専攻もちがったが、修練は兄貴分と思っていた。他人の批判や海軍の気魄が足らぬなどとは、口が裂けてもいう人でなかったのに、この日の言葉は、まちがいなくかれの遺言と深く心に刻んだ次第である」

有馬少将は、のちフィリピン攻防戦で、一式陸攻にのり、敵艦に突入、いわば特攻の先頭に立った人である。ここの話では、山本長官が、海上航空決戦で、どれほど敵空母を一隻もあまさず全滅させることを願っていたかが痛いほどわかると同時に、それを実現することは、かならずしも不可能ではなかったこと、徹底的に追撃することはできたが、南雲司令部の「空気」では、とてもそれはできなかったことがわかる。

そういえば、真珠湾攻撃のあと、のちにミッドウェーで艦と運命をともにした二航戦司令官山口多聞少将が、級友宇垣参謀長の「機動艦隊は誰が握っているのか」という質問に、「(南雲)長官は一言もいわぬ。(草鹿)参謀長、(大石)先任参謀など、どちらがどちらか知らぬが、オックウ屋揃いだ」

と答えていた。

山本長官がミッドウェー後、草鹿のカタキ討ちをさせて下さいという懇請を容れて、南雲・草鹿のコンビを新編第三艦隊に残した。山本のこの措置が、前記の、

「どんなことでも部下の失敗は長官が責めを負うべきものだ。下手なところがあったら、もう一度使え。かならず立派にしとげるだろう」

という考えから出ていることは理解できるが、それと、適材を適所におくことによって成功の機会を最大限度に拡げ、同時に失敗の可能性を最小限度に食いとめる、という考えとは、ずいぶん開きがあることを認めざるを得ない。

「戦いは人なり」と教えた先人の言葉を、もっと深く顧みる必要があったようだ。

「陸軍三度の失敗にて、海軍は懐疑の念あり。これをして高揚せしめ、大いにやろうと各部の意気込みを一致せしむるには、相当の準備工作を必要とするところなり」

宇垣は、十一月七日付の『戦藻録』に書いた。

「まだやるんですか。——命令とあれば、行きますが」

駆逐艦長たち共通の意見だった。

だが、飛行場奪還を企図する以上、次の輸送作戦の決行日は迫っていた。月のない夜でなければならないから、最適の日は決まる。十一月十三日だ。それをはずすと、一ヵ月先に延ばさねばならない。延ばせば延ばすほど敵の備えが固くなり、勝ちにくくなる。

十一月十二日、その夜、高速戦艦「比叡」「霧島」を飛行場砲撃に挺身させようという日、山本は、中央に出張する参謀に手紙を托した。読みやすくしてみると、

「ガ島（ガダルカナルをこう略した）作戦が予期のように進捗せず、遺憾である。

艦隊はこれまで万難を排して陸軍に協力し、ほとんど全要望に応じてきたものと信ずる。この間、部下の堅忍不抜、勇戦奮闘には敬意を表するほかない。

陸軍はつぎつぎに増強されているが、おおむね一フェーズ（段階）遅れている。その上、毎回の攻撃なども、部下の掌握、火器の使用など、どうかと思われる点があるが、批判は

やめよう。

参謀総長からの伝言に、

『陸軍は二コ師団や三コ師団潰しても、かならずガ島の敵を殲滅して攻略する決心につき御諒承を得たい』

とあった。この大方針は、参謀総長御在職中はけっして変更されないものと確信、心強く安心した。

ただし、二、三コ師団も潰すようでは、成功はおぼつかないと感じられる。また、ほんとうにその決意ならば、つぎつぎと後詰めの御用意があるはずと考えられる。

ガ島は、衛生上、特殊の工夫対策が必要である。普通の陸兵を、なんの用意も、設備も、薬品もなく、頭数だけふやしても、病人がふえ、食糧を消費するだけで、戦闘力は日に日に低下し、なすところもなく士気が衰滅するのは無理もないと思われる。この点に革新的工夫改善をしなければ、陸軍首脳部も、海軍首脳部も、ますます困難に陥るだけだ（今日でも、毎日消費する弾薬糧食を輸送するのに駆逐艦四隻が必要である）。

ガ島攻略成功のカギは、今後力ずくで敵をジリ押しに押しさげ、敵が次の飛行場を作る前に敵飛行場を制圧し、わが有力な多数の艦船で海上から敵を撃ちまくり、敵が崩壊するのに乗じて陸軍が猛攻を加え、これを殲滅するほか方法がない（今では、この力ずくで押しさげるのに、ひと工夫もふた激戦もしなければならない）。この間、わが海軍は、相当多数の敵大型機の攻撃にさらされるだろう。ガ島攻略の最後の場面では、数隻の戦艦、巡洋艦などを犠牲にする覚悟を固めなければならない。

右のようなことは、数段階の作戦が必要で、なかなか容易ではないが、ただ『要《かなめ》』というものがなく、漫然、バラバラに増援し、また増援する、などということでは、敵も同様以上の増援をするはずだから、それでは私には成算はない。

今回、両参謀が持参する案は、この最後の段階に到達するまでに必要とする作戦諸資料である。充分御考慮願いたい」


結局これは、山本の添え書きといったものだが、文中、山本の構想する戦法は、のちにサイパン、レイテ、沖縄などで米軍がとった戦法によく似ている。そこで、もし「大和」「陸奥」が、空前絶後の四六センチの巨弾（陸奥は四〇センチだが）を数百発も飛行場だけでなく、敵陣のドまんなかに撃ちこんでいたら、一式陸攻、零戦などと同様、おそらくまたまた世界を驚倒させることになっていたろう。もしかすると、それで勝負がついていたかもしれなかった。

南太平洋海戦「大勝利」で、「いまひと押し」と判断したガダルカナルの第十七軍司令部は、新たに三十八師団、五十一師団、独立混成二十一旅団を注ぎこみ、再挙を図ろうとした。輸送船ならば五〇隻、海軍艦艇ならば駆逐艦八〇〇隻と「日進」クラスの水上機母艦二〇隻が必要である、という大計画だ。

「ガ島四度目の準備作戦だ。（日露戦争の）旅順と同じだ。ズサンな計画がどんな結果を招くかを示すいい例だ」（三和作戦参謀手記）

など、海軍サイドでは疑問をもつものが多かったが、といって、陸軍の要望に応えないわけにはいかなかった。困ったのは、第二師団の輸送のとき、「金剛」「榛名」が飛行場砲撃をし、それが図に当たって、飛行場を火の海にした、それをもう一度、二度とやってくれと要望されることだった。高速船団の突入もむろんのこと。

「柳の下に泥鰌が二匹いるはずはない」

と、こんどは砲撃に行く番の十一戦隊司令官阿部弘毅中将（それまで南雲第三艦隊の前衛の指揮官で、第二次ソロモン海戦のときも、南太平洋海戦のときも、督促されたが定位置にまで進出しなかった）が行きたがらぬのも無理はなかった。なぜ前回の砲撃が成功したかといえば、敵の不意を打ったことと、出てきた敵艦隊を六戦隊が舞台から引きずりおろしてくれたためであった。

二番目の理由は、当時、誰も気づかなかったのかもしれないが、第一の理由はよくわかっていた。しかし、そんなことを陸軍に説明しても、わかってはくれなかった。

「海軍は陸軍をオトリにして敵機動部隊を攻撃し、戦果を挙げている。敵機動部隊攻撃などするくらいなら、なぜ陸軍部隊の支援をもっと真面目にせんのか」

そういって怒る陸軍と、成功を危ぶむ艦隊の作戦部隊との間に挟まって、山本は、またしても苦悩しなければならなかった。精神的にも肉体的にも疲労が重なった。いや、程度の差こそあれ、搭乗員も、艦船乗員も、司令部員も、みな疲労困憊していた。赤道を中心に、北緯七度のトラックと、南緯九度のガダルカナルである。イライラが昂じて喧嘩をする。作戦指揮を誤る。おかしなことばかり起こる。

そんな雰囲気のなかに、着任以来三年の上を経過した山本が、独り必勝の策を模索していた。

「ガ島四度目の準備作戦」のため、作戦部隊が出払い、トラック環礁がガランとした十一月十一日、この一年、連合艦隊軍医長として司令部に勤務していた今田軍医少将が、呉にある、下士官兵やその家族たちのための海仁会病院長になる予定で、「大和」を退艦した。

山本長官に挨拶をしたあとの雑談で、

「呉でまた、いつお目にかかれますでしょうか」

と聞いた今田に、どんなつもりだったのか、

「来年五月になる」

ハッキリ山本が答えた。あとから考えると、山本の遺骨が「武蔵」に安置されて内地に帰着した日が、十八年五月二十二日であった。不気味なほど正確に、おのれの運命を予言したことになる。

十一月十二日から十三日にかけての第三次ソロモン海戦。正味東京湾くらいの広さの鉄底

湾で、日本の高速戦艦二隻、軽巡一隻、駆逐艦一一隻と米国の重巡二隻、軽巡一隻、駆逐艦八隻が、深夜の午後十一時四十分すぎに衝突した。「比叡」が第一弾を射って九分後には戦闘のヤマをすぎ、三五分後には終わった。ニミッツ提督のいう「その混乱の激しさは海戦史上に例を見ない」大乱戦が、暗黒のなかで戦われた。呆然となるほどの乱戦であった。

その前におかしなことが一つあった。この十二日の朝、宇垣参謀長は敵集団がガダルカナルに入ったという報告を受け、これに十一戦隊（飛行場砲撃に備えて主砲に全部三式弾を装塡している）を妨害させてはならないと判断した。すぐに十一戦隊を下げて、八艦隊の重巡三隻と四水戦の駆逐艦三隻をまず突入させ、この敵に当たらせようと考えた。また別に、近藤部隊の重巡三隻と高速戦艦二隻（金剛、榛名）、空母一隻（隼鷹）、軽巡一隻、駆逐艦五隻をガダルカナル付近まで突っこませ、状況を見て「比叡」「霧島」の飛行場砲撃をやらせる構想をまとめた。もしこれが実行されていたら、前記の理由で、少なくとも三戦隊の場合のような成功が得られたろう。ところが、黒島先任参謀はそれを聞いて、拒否してきた。

「なあに。敵は、いつものとおり、夜になったら逃げますよ。水雷戦隊（駆逐艦部隊）を前衛に出しておけば十分です。原案どおりにお願いします」

ミッドウェーの場合とおなじような黒島の判断だったが、宇垣もそれ以上いうのはどうかと、そのままにしたのが悪かった。阿部十一戦隊司令官もまったく不意を打たれたし、「比叡」「霧島」の主砲には、飛行場射撃用の「三式弾」（焼夷弾）を準備していて、敵艦船用の通常弾や徹甲弾は、弾庫から出せずじまい（撃つことができないまま）に終わった。

そして、「比叡」が舵が動かなくなり、罐や機械はなんともなくて、三〇ノットの全速を出しても平気なのに、機械をかけるとグルグル回りをするだけという、どうにもならぬところに追いつめられた翌朝――ガダルカナルの敵機の空襲を受けはじめた。

とうてい持ちこたえられないと判断した阿部司令官は、「処分したい」と山本にくりかえし了解を求めた。連合艦隊からは、山本の名で「処分スルナ」と命じ、さらに二回目の「処分スルナ」が山本の決裁を得て発信されようとした。

そのとき、ひょっこり山本が参謀長室に入ってきた。

「さっき（電報に）サインはしたが、考えてみると、相手は宣伝の国アメリカだ。明日（『比叡』の）写真を撮られ、宣伝に利用されるのも心苦しい。参謀長は、どう思うか」

なるほど、と宇垣も思った。参謀長は、できるだけ長官の意図にそうようにするのが仕事、とも考えていた。そこで電文を「処分セヨ」に改め、発信を命じた。

と、電文を見た黒島先任参謀がとびこんできた。

「処分スルナのままでお願いします」

という。理由は、ガダルカナルに向かっている輸送船団への敵機の攻撃を、「比叡」が浮いていれば吸収できる利がある。浮いている以上、まったく動けないものでもあるまい。宣伝のためには、今日、もう写真を撮っているはずだ。いずれにせよ、「比叡」を喪うのはもう既定の事実だ。助けようとしても無駄である、というのである。

このような論旨の立てかたは、精神家の宇垣はもっとも好まぬところだが、ともかく山本、宇垣、黒島の三人が話しあい、山本はいま宇垣に示した意見を翻し、黒島の主張を採った。

宇垣は憤激した。『戦藻録』にいう。

「おかしな雲行きだが、どちらにしても大事ではない。大局は同じだ。ただそこに気分の問題がある。恥の上塗りにならないようにする心掛けが必要だ。中将である（阿部）司令官の意中を汲んで、その（「比叡」処分の）責任を、（連合艦隊長官が処分命令を出すことにより）連合艦隊長官の立場から引き受けてやる情をみせてやりたい。比叡を敵手に渡し、機密を暴露させることへの配慮も必要だ。（黒島先任参謀のいうことは）先の見えない主張で、理窟に偏り、こういう機微の点を解し得ていない。なんとかして助けようという一念は、誰も同じでなければならない」

そしてさらに、「比叡」「霧島」の飛行場砲撃について、天皇から、日露戦争の戦例を引いて軍令部総長に御注意があったことを記し、

「……今度の損失は同じ手を使ったからではなく、（前に述べたように）所在の敵兵力を軽視し、十分な先駆兵力を準備せず、（飛行場砲撃という）別個の目的をもつ十一戦隊を、視界不良のうちに不用意に敵と出会わせた結果であろう。

上　陛下の御注意に応え奉らず、御軫念を相かけ申すこと、今日の戦艦の価値がどうだ

こうだという問題でなく、まことに恐懼申しわけない次第である」

とつづけている。宇垣は、またもや黒島にたいする不信感を強めたようであった。

十一月、というから、このころの話である。

作戦参謀三和義勇大佐（航空出身）が、夜、だれもいない「大和」の作戦室で、黒島先任参謀と議論していた。三和は、黒島の四年後輩にあたる。三和日記によると、それは議論を通り越して、口論に近かったかもしれぬという。三和のように温厚な、忠誠心にあふれた、かつ大学校甲種学生を恩賜で卒業した俊秀が、「口論に近かったかもしれぬ」というのだから、下世話には「喧嘩」というべきであったろう。

そこへ、不意に、

「なんだ、なにを喧嘩しているんだ」

といいながら山本長官が入ってきて、腰をおろした。

「いや別に。喧嘩はしておりませんが」

あわててとりつくろったが、山本長官はそのときこういったと三和日記にある。

「黒島君が作戦に打ちこんでいるのは、誰もよく知っている。黒島君は人の考え及ばぬところ、気がつかぬところに着眼して、深刻に研究する。ときには、奇想天外なところもある。しかも、それを直言して憚らぬ美点がある。こういう人がなければ、天下の大事は、なしとげられぬ。だからぼくは、だれが何といおうと、黒島を離さぬのだ。そりゃあ黒島君だって人間だ。全智全能の神様ではない。欠点もあることは、よく知っている。黒島君だって自分で知っているだろう。そこを三和君が補佐すればいい。艦長をやらねば用兵者として前途がない、などという人もあるが、いまどき、そんなバカげたことがあるものか。よしあったとしても、そんなことはどうでもよい。むろん君たちも、立身出世のことは考えていまい。各幕僚はその職において、この戦争に心身ともにすりつぶしてしまえば、それでよい。もちろん、君たちばかりではない。ぼくもそうだ。

秋山真之提督という人は、中佐、大佐のときはなるほど偉い人だった。しかし秋山提督のほんとうに偉いところは、あの日露戦争の一年半で、心身ともにすりつぶされたところにある。そして、東郷元帥を補佐して、偉業をたてられたのだ。軍人はこれが本分だ。お互いに、この大戦争に心身をすりつぶすことができるのは、光栄のいたりだ。わかったか――」

そのとき黒島は、机につっぷしていたそうだ。おそらく男泣きに泣いていたのだろう――と三和はいう。だが、中沢佑中将（黒島の一年先輩）の戦後の評は、こうだ。

「私が山本さんのために惜しむのは、山本さんが幕僚のあるもののみを過度に信頼したことです。その幕僚の人材思慮を私はよく知っているんですが、あんな人間を山本さんが、ほかの幕僚をさしおいて尊重したというのは、まったくいただけません」

その幕僚の名を中沢はあげていないので、ここでもワザとそのままにしておくが、それよりも、くりかえすようだが、問題は、トップクラスの将星の人物評価力が見劣りすることである。

それから五ヵ月後の昭和十八年四月なかば、戦死の直前だが、ラバウルで、山本は小沢治三郎（南太平洋海戦後、南雲中将と交替した第三艦隊長官）、草鹿任一（南東方面艦隊長官）と、頽勢立て直しの方途を検討した。長い時間、三人で話しあったが、なかなか妙案が出なかった。その終わりごろ、山本は、意を決したように小沢にいった。

「いくさのやりかたを変えてみたい。さしあたり黒島を代えたいが、君は（海軍）大学校教官を二度も経験している。ひとつ、今の戦局に対処する適任者を推挙してもらいたい」

小沢は、躊躇せず、宮崎俊男大佐を推した。山本は意外そうだった。

「宮崎というのは、とかくの噂のある男ではないか」

「それは百も承知です。しかし、今の戦局に対処するには、常道ではだめです。よろしく奇法をもってすべし、です。宮崎なら、何か名案を考え出す男と睨んでいます」

山本は、しばらく考えていた。そして、

「それでは、そういうことにしよう」

と立ち上がった。

小沢はいう。

「そこで山本長官に別れ、ラバウルからトラックに帰ってくると、長官戦死の電報が入った」

つまり、まぼろしの人事異動、になったわけである。

「とかくの噂のある男ではないのか」

「それは百も承知です……」

という応対について、つけ加えておく。

宮崎大佐は、日本海軍という高度の管理社会では、ラジカリスト——いわゆるハミ出し俊才であった。米国通として知られた人だが、大学校に入って一ヵ月もたつと、「感ずるところあり」といって故意にサボ学生をきめこみ、教官たちから睨まれた。図上演習で赤軍（米軍）指揮官になると、アメリカ式発想の戦法を駆使して青軍（日本軍）艦隊をコテンパンにやっつけ、教官たちの不興を買った。しかし、そのたびに小沢は上機嫌で、宮崎のとる戦法を見つめていた。

この発言によると、「とかくの噂のある男」は、完全主義者の山本の好まぬものであったようだ。識見器量の有無よりも、統制からハミ出すとか、形式にもとるとかいうことを問題にし、真面目で、正統派で、従順温厚で、頭のいいことが、まず重要であったようだ。海軍兵学校のクラスヘッドや、海軍大学校を首席で卒業したものを最優秀人物として一も二もなく信用したり、重用したりした、この形式主義に、海軍の限界があった。そして山本の限界もそこにあったようだ。

三十八師団基幹部隊を輸送する一一隻の船団輸送が失敗し、第三次ソロモン海戦では出てきた米艦隊のほとんど全部（新戦艦一隻を除く）を撃沈破しながら、味方の損害があまりにも多く（高速戦艦「比叡」「霧島」、重巡「衣笠」、駆逐艦「夕立」「暁」「綾波」、輸送船一一隻沈没）、もうこれ以上この種の作戦はつづけられないところにきてしまった。

その翌十六日、こんどはニューギニア東岸のブナに、連合軍が来攻した。ガダルカナルに夢中で、注意していなかったが、気づいてみると、ブナ付近には、三ヵ所に飛行場ができていた。青天の霹靂であった。ブナからラバウルまでは三四〇浬。五六〇浬あるガダルカナルよりもずっと近い。ずっと危険だ。

連合艦隊司令部では、足もとから鳥が飛び立つようなあわただしさで、戦略転換のための作戦研究をはじめた。ガダルカナルから手を引こうと考えた最初である。

折も折、南東方面陸軍部隊をたばねる第八方面軍が新設され、新任の方面軍司令官今村均中将が、ラバウル着任の途中、トラックに山本長官を訪ねてきた。これから陸軍は、組織を整えてガダルカナル奪回に本腰を入れようというわけだ

今村軍司令官は、東京を発つとき、天皇に、「誓ってガダルカナルを奪回いたします」と約束申しあげてきたという。これでは、「陸軍は一フェーズ遅れている」どころの話ではない。ブナの突発的緊急事態を話すと、

「いまガダルカナルとブナを同時にやることは、二正面作戦になるので、軍としては望ましくない。ブナには大兵力を一挙に投入しなければ奪回できないが、その輸送と補給に成算が

なければ、やっても成功の算はない」

ブナ北方のラエ、サラモアを堅持すれば、なアに防げるサ、と軍司令官は楽観的だ。

山本は渋い顔をした。

「目的を達するメドがあれば、よい。十分に調査研究をして、つぎつぎと無駄な手数と犠牲を払う、ということにならぬよう」

まさかやめろというわけにもいかないので、持ってまわったいい方で釘を刺した。

ブナは、こうして放棄せざるを得なくなった。放棄すれば、ブナからの敵の空襲を、ラバウルに頻繁に受ける覚悟をする必要があった。

十一月末から十二月半ばにかけての宇垣の『戦藻録』は、このころの作戦のゆきづまりを打開しようと苦悩する参謀長と、そんな状況に焦慮する長官の人間像を、巧まずして見せている。

山本は、イライラして、神経過敏になり、前はほとんど委せきりで何もいわなかったのが、なんだかだと、宇垣が「些細な」と思うようなことにまで口を出した。

米軍の増強は順調で、毎日輸送船二隻前後が、駆逐艦や巡洋艦に護衛されてガダルカナルの米軍側揚陸地点に入り、荷揚げをして出ていった。

日本軍の方は、ドラム罐輸送を強行するかたわら、潜水艦までも輸送に使いはじめた。ドラム罐輸送の第一日、待ち伏せた敵大部隊——圧倒的に強力な部隊に奇襲され、全滅必至の危機に陥ちたが、駆逐艦「高波」が渾身の勇気をふるって奮戦するわずかなチャンスを掴み、状況を逆転、敵重巡四隻撃沈破の大戦果をあげ、ニミッツ提督のドギモを抜いた。そこまではよかったが、ドラム罐輸送は失敗、十七軍からは即座に、「輸送を強行されたい」と厳しくいってきた。

ガダルカナルの状況は、予想以上に悪化していた。大本営陸軍部作戦課長服部卓四郎大佐が、米軍来攻以来はじめてガダルカナルに入って実況を視察し、中央の判断や措置の甘さと、そんな甘さではとても目的を達しられないことを痛感して帰った。遅すぎたのである。制空権を確保しないかぎり、この戦場では、正攻法はとれないのだ。

鼠輸送（駆逐艦）、マル通（潜水艦）による懸命の努力も、上陸した日本軍の食糧と医薬品の必要を充たすにはいたらなかった。

十一月二十日ころの調査では、島に上陸した総人員が約二万七〇〇〇名で、現在員は約一万九七〇〇名。うち戦闘に堪えるもの約一万名、ただし戦列部隊は約七八〇〇名。第二師団の大部分は戦意を喪い、その一部がようやく現戦線を維持している状況。定量の半分しか食べるものが手に入らないところに、ガダルカナル特有の酷烈な自然現象（日光、雨、気温、草木の異様な繁茂、地形、とくに二師団が迂回路に使った山すその鋭い起伏、マラリアをはじめとする風土病）が襲いかかり、たちまち将兵から生きる力を奪ってしまった。

中央の作戦企画者自身で現場を見ることが遅すぎた。むろん、現場にも指揮官たちは、たくさんいた。これは海軍でも似ているが、真実を上級司令部や中央に報告すると、

「あれは弱虫だ。泣き言ばかりいう」

と評価される。黙って無二無三に突撃して戦死すると、

「立派だ。見上げた男だ。勇猛果敢、まことに武人のカガミだ」

と、ときには感状まで出す――そんな雰囲気があった。

実際の現場の状況を中央にわからせ、しかるべき対策をとってもらうためには、だから、軍令部とか参謀本部から、有力で、課長クラス以上の古参のエキスパートに来て見てもらうしかなかった。

遅すぎた。なにもかも遅すぎた。

宇垣は、山本長官が些細なことに口出しすると不満を述べた三日後の『戦藻録』に、

「戦局善処で頭一杯なり。こんなことにてなるものかと、みずから叱咤す」

と悲痛な声をあげている。そしてさらに三日後の記事。

「かれ（米軍）は戦艦もいらず、巡洋艦も駆逐艦も犠牲とすることを恐れず、圧倒的航空兵力をもってわが屈服を策しつつあるものと感ぜらる」

十二月十二日、天皇が伊勢神宮に参拝された。日清、日露戦争のときでさえ、天皇みずから伊勢神宮に参拝され、御告文を奏されて戦勝を祈願されたことはなかった。未曾有のこと

であった。

その新聞電報を、夜、参謀室で山本のお相手で将棋を指していた藤井参謀が読み上げ、なにげなくつけ加えた。

「いまごろ、時ならぬ伊勢御親拝とは、どうしたのでしょうか。巡戦二隻（高速戦艦「比叡」「霧島」）までも喪失する戦局を御軫念になったのでしょうか」

キラリと山本の眼が光った。山本の身体からほとばしる凄まじい気魄のようなものを感じて、藤井は、しまった、ととびあがりそうになった。忠義一途の山本長官の心を抉るようなことを、口にしたのだ。

将棋はすぐやめになった。山本は黙って立ち上がり、黙って部屋を出ていった。

山本は、このときの所感を、何通かの手紙にしたためている。

「……天皇陛下の伊勢神宮御親拝を拝承するにいたりては、誠に恐懼おく所を知らず、この一事に対し奉りても、第一線指揮官として頭髪なお未だことごとく白からざるの不忠をみずから深く恥ずる次第に御座候」（十八年一月、目黒氏宛）

「……開戦一周年と相成り、米国は追々その真価を発揮し来れるやの感これあり候ところ、わが国内はこの一カ年に果していくばくの戦時態勢整頓に進展を見たるや、艦船兵器燃料等にいくばくの増産を示したりとするか。切々願うところ、前線忠勇無双の将士をして空拳に泣かしむるの惨、とこしえになからしめんことにて候……」（十七年十二月、郷党反町

栄一氏宛）

「艦隊も八月（米軍ガダルカナル反攻）以来泥田の足がまだ抜けないが、あとしばらくで外科手術（註・撤退）ができて、命だけはとりとめたしと思っている。さてそれから先が問題だが、この先は、油にしろ、もっと真剣に考えねばなるまい。艦隊もそれに応ずるような作戦にしなければ、ジリ貧どころか下痢貧になってしまうだろう。出先の兵隊に食わせる魚や野菜まで内地から運ぶようでは、いつになっても船は足らぬから、断然自給自足の方針で進ませるつもりだが、なかなか皆がその気にならぬ。昨今やっとガヤガヤ言いはじめたが。

　開戦以来一万五千人も亡くしたので、

　ひととせをかえりみすれば亡き友の
　　数えがたくもなりにける哉

というのを武井（大助・主計中将。歌人）大人に見てもらったら、これだけは褒められたが憫笑の至りという次第……」（十八年一月、級友堀悌吉中将宛）

　宇垣が「八方ふさがり」の戦況を嘆いてからガダルカナル撤退にいたるまでの間に書かれた山本の手紙は、名宛によっていいかたは違っても、一貫して日本国内の戦時体制を早く整備することを訴えている。

　遠くから訴えても、どうしようもないことを知りつくしながら、黙っているのは奮戦しつつ死んでいく部下たちにあいすまぬ。どうあっても訴えつづけなければならぬ、と文字の裏で悲痛な決意を固めているようにみえる。

山本は、たしかに疲れていた。

昭和十七年八月、米軍のガダルカナル来攻のころから十八年にかけ、山本は、手足がしびれるとか、脚がむくむとかいったことを、幕僚たちには気どられないようにしながら、気のおけない友人には漏らしていた。

支那方面艦隊長官から横須賀鎮守府長官になって（十七年十一月）内地に帰ってきた古賀峯一大将は、どこからかこの話を聞いて、それは大変だと、嶋田海相に何度か談じこんだ。しかし、成功しなかった。

「……平時ならば（早く代わらないと）あとがつかえるといわるべきに、如何なることにてかとんと左様の噂も聞かず、遂に艦隊第一の古物という次第に候。依って古歌の真似をすれば、

荒潮の高鳴る海に四年経つ
京《みやこ》の風俗《てぶり》忘らえにけり

というところにて候　呵《か》々」（十七年十二月末、原田熊雄氏宛）

ふだん頑健で、鍛えぬいた身体に満々の自信をもっていた者が、はじめて、健康に不安を

覚えたのである。山本にとって、どれほど大きなショックだったたか。

十二月上旬から中旬にかけて、ガダルカナルは一刻も猶予ならぬ情勢になった。敵水上艦艇、魚雷艇などが出現しはじめて、秀抜な鼠輸送の着想も前のようには通用しなくなり、といって食糧補給を止めることはできないので、無理は承知で潜水艦輸送を強行、はじめのうちはうまくいったが、魚雷艇にやられるようになって、それも駄目になった。

「ガ島所在二万五千の救出こそ今日の急務と化せり。速やかなる中央指示の変更を待つ艦隊として、万策尽くというべし」(十二月十日、『戦藻録』)

というところまで来てしまった。

悪いときに悪いことが重なるもので、そこに、ラバウルにいる陸軍最高司令部(第八方面軍司令部)と海軍最高司令部(南東方面艦隊司令部)とが駆逐艦輸送をめぐって真正面から対立し、「放任せば衝突のおそれなき能わず」(『戦藻録』)という状況になった。

とうとう来るものがきた、という感じだった。

十二月末までに、米軍のガダルカナル来攻を迎え撃つため南東方面に進出してきた決戦駆逐艦は、三九隻にのぼったが、おなじときまでにその駆逐艦のうち一一隻が沈没、延べ二五隻が大破、同一二隻が小破。沈んだものとトラックでは修理ができないほどの損傷を受けて内地に帰ったものと合わせると、なんと三七隻というから、海軍の司令部が青くなるのも無理はなかった。

このままでは、米海軍が中部太平洋を西進してくるとき、連合艦隊は「総合戦力を一〇〇パーセント発揮するのに必要な、均衡のとれた部隊ではなくなる」おそるべき事態になることが予想された。

三人の海軍参謀たちは、思いつめた表情をつらね、方面軍司令部に十二月八日午後出向いて、申し入れた。

「今日かぎりガダルカナルへの駆逐艦輸送をやめ、潜水艦輸送に代える。ただしブナにたいしては、前回輸送に失敗した部隊は駆逐艦で送り、そのあとは海上トラック輸送とする」

方面軍司令部は、とびあがった。もともと陸軍の目からみると、海軍は補給輸送には不熱心で、敵艦隊撃滅にばかり熱心だという不満がある。陸軍部隊をガダルカナルに運びこみながら、補給が滞り、ガ島が餓島になっている。

「今日ノ経緯複雑ナルコノ大作戦ヲ中断シ、数万ノ軍ヲ捨テテ顧ミザルガゴトキ」（八方面軍参謀長より宇垣参謀長に宛てた抗議電）ことを敢てするとは何事か、と連合艦隊に激しい不信感をぶつけてきた。

十二月中旬、険悪な陸海対立のつづくラバウルで、方面軍の主催するガダルカナル奪回作戦の兵棋演習があった。連合艦隊司令部からは渡辺戦務参謀が出席した。一月末に予定されていた次の大規模奪回作戦のためのものだったが、その結果、「ガダルカナルはもはや奪回不可能」であることが立証された。

第一に、演習では日本軍はガダルカナルの敵機を撃滅できなかった。第二に、一五隻ずつ三次にわたる輸送船団をガダルカナルに送ったが、到着するまでに全部沈没した。最高にうまくいって半数が目的地に到着した場合でも、翌朝までには全部炎上するか沈没した。

兵棋演習の判決は、こうだった。

「ガダルカナル奪回不可能。撤退やむなし」

十二月十六日、ラバウルからトラックに帰ってきた渡辺参謀からの報告を聞いて、山本が目をむいた。

「誰が撤退すべしといったのか」

とっさに返事できずにいる渡辺へ、

「今村君の口から聞きたい。今村君がそういうのかどうか、確かめてきてくれ」

渡辺は、トンボ帰りで飛行艇にとびのり、ラバウルの方面軍司令部に駆けこんだ。

加藤方面軍参謀長は苦しそうに答えた。

「そりゃ、長官のおっしゃることはよくわかる。が、方面軍司令官の口からそれを聞こうとされるのは無理だ。考えてみてくれ。十一月半ば、誓ってガダルカナルを奪回いたします、とお上《かみ》に申し上げて出てきた。ところが、こちらに来てみると、実態は遙かに悪化している。十分ハラを割ってお話しした。ところが、こちらに来てみると、実態は遙かに悪化している。兵棋演習の結果も、そのように出た。だからといって、着任以来敵と一戦も交えずに、奪回不能、撤退しますとは、方面軍司令官閣下がいえることだろうか。私は、君を閣下には会わさんよ。それが武士の情だろう。君も、このまま会わんで帰るのが、武士の情ではないか」

その報告を聞いた山本は、低い声で渡辺にいった。

「正しいことをいう、ということは、ウソをつかない、ということよりむずかしいものだよ。よし、この山本が悪者になって、陛下に申しあげよう」

あわてた渡辺は、時日の猶予を乞い、軍令部に急いでかけあい、この件では軍令部が主導的に動いてくれるよう頼みこんだ。

昭和十七年の大晦日、御前会議でガダルカナル撤収が御裁可になるまでの中央の毎日は、まさに苦悩の連続といってよかった。

前にも述べたように、伝統も、思想も、組織も、行動様式も違う陸軍と海軍が、指揮統制する上部機構を持たず、米英を相手に、太平洋で協同作戦をしようというのだから、うまくいったとすれば奇蹟だったのかもしれない。

昭和十八年一月四日、大本営は、今村第八方面軍司令官と山本連合艦隊司令長官にガダルカナル撤退の大命を伝え、作戦に関する陸海軍中央協定を指示した。撤退（ケ号）作戦の開始である。

だが、この作戦が、大命が出されただけでスムーズに運ぶものでないことは、述べてきたところから容易に推察できる。敵にたいする措置は、それ以上に重大である。

山本は、神経質になっていた。

「中央では、ガダルカナルの将兵の三分の一を撤退させることができるなどといっているが、その判断は甘すぎる。駆逐艦も一〇隻程度は失うだろう」

にもかかわらず、かれは、決戦駆逐艦二二隻を集中使用することを決断した。使うことのできる駆逐艦を事実上全部集めた、といってよかった。駆逐艦の損失をこれ以上ふやしたくない一心から、機帆船、海上トラックなどを輸送に使おうと腐心していた担当幕僚からすれば、キヨミズの舞台からとびおりる以上の英断にみえた。

山本は、声を絞った。

「連合艦隊長官としては、陸軍にたいする責任がある。……海軍は駆逐艦一〇隻前後の損傷を覚悟しているが、陸軍にも相当の犠牲を覚悟してもらわなければならぬ」

ところが、ガダルカナルの十七軍司令部は、まるで違うことを考えていた。

「撤退は不可能である。いっそ全員を斬り死にさせることが軍を生かす道であり、皇軍の本義に徹するものだ」

だから、中央も現地最高司令部も、この上ない周到さと慎重さで、作戦命令の伝達と説明に当たらなければならなくなった。ふつうならば、長文の暗号電報を打ってすませるところを、中央から陸海軍作戦部長以下が現地に大命伝達に飛来、さらに十七軍司令部には、担当幕僚が説得に向かった。

二月一日、四日、七日と三次にわたった撤退は、奇蹟としかいいようがないほど順調に運び、予想を遙かに上回る成功を収めた。

山本の予想も食い違った。沈没した駆逐艦は「巻雲」一隻、それも機雷に触れて大破し、味方の手で処分したもので、ほか損傷を受け、引き返したのが三隻あるだけである。そして、引き揚げてきた将兵は、十七軍の記録によると一万六五二名（うち海軍八四八名）で、公刊戦史の計算にしたがうと、ガダルカナルでの戦死、戦病死、行方不明は合わせて二万八〇〇名。うち戦死者は、八方面軍参謀長の報告では五、六〇〇〇名とあるので、残りの約一万五〇〇〇名が戦病死したことになる。戦病死の原因は栄養失調症、熱帯性マラリア、下痢、脚気などで、補給不十分による体力の自然消耗だったという。

宇垣参謀長が『戦藻録』（十二月七日付）に書いているように、「ガ島の問題の発端は海軍側の不用心にあり」で、ふりかえれば、発端から悔恨ばかりが心を責めた。

当時は、暗号を解読されているとは思っていなかったが、サンゴ海海戦を最初として、それ以後、ミッドウェー、第二次ソロモン、南太平洋などなど、連合艦隊が何か作戦をしようとすると、きまって米艦隊が妨害にあらわれた。そして戦術的には日本が大きな戦果を収めても、戦略的には作戦目的を達成できなかったことが、たびたびあった。

不幸なことに、日本海軍は、目前に見える戦術的勝敗には度外れてこだわるのに、その向こうに拡がる戦略的な勝敗には、あまり気をとめない体質をもっていた。だから、敵機動部隊が迎撃してくると、「しめた」とこそ思え、「おかしいぞ。なぜ敵が出てきたのだろう」というふうには考えなかった。つまり、暗号をとられているのではないかと気づく状況にはなかったのである。

ところが、ガダルカナル撤退作戦では、第一次撤退（二月一日）に二〇隻、第二次（二月四日）に二〇隻、第三次に一六隻の駆逐艦を繰り出したのに、飛行機と魚雷艇が多少とも邪魔しにきただけで、米艦隊は来なかった。いや、日本軍の動きは偵知していて、対応はしたのだが、日本軍の意図がわからず、撤退を増援と考えた。だから、アメリカ軍の対応がぜんぶ逆にいった。

相手の意図まで立ち入って知るには、ミッドウェーやサンゴ海のときのように、暗号を解読するほかない。ガダルカナルでは、前に述べた理由で、かんじんなことは作戦部長や参謀たちが、現場に乗りこみ、口頭で伝達ないし説明をした。暗号電報は使わなかった。

ニミッツ提督が、戦後の著書で、

「……いつものように、日本軍は、増援よりも撤収の面で名人であることを示した……」

とコロンバンガラ島からの撤退のくだりで、にくまれ口を叩いている。

なるほど、撤退作戦にはまず危機感があり、関係者全員が一つの困難な目的に向かって一致協力する。みんなが工夫して、一人でも多く救い出そうとするからうまくいく、ということもある。しかし、退却を恥辱と考える現場の指揮官たちに、

「なんとか撤退を成功させて、次の戦いの準備をしなければいけない」

と意識転換させるには、一片の電報だけではいけなかった。そういう日本的事情が、はからずも撤退の場合は米海軍が解読している暗号を使わないことになって、米海軍はウラをかかれたわけである。

日本軍は撤退ばかりが名人なのではない。撤退のときは戦略暗号を使わなかった、というだけである。それにしても、暗号を解読されたことは、それだけで、日本軍の命運を縮めた、といってよかった。

ガダルカナル六ヵ月の死闘は終わった。

その間日本海軍は、米空母二隻撃沈を含め、戦艦、巡洋艦、駆逐艦、潜水艦合わせて五三隻（米軍資料）を撃沈破したが、自身は沈没したものだけで空母二、戦艦二、重巡三、軽巡二、駆逐艦一四、潜水艦九。損傷したものの延べ隻数にいたると、空母二、重巡六、軽巡五、駆逐艦六三、潜水艦一となった。飛行機については、適確な資料がないので推測になるが、空母機を含む艦艇搭載機約三二〇機以上、陸上基地機約六〇九機、計約九三〇機以上にのぼった。消耗率は年九五パーセント。

開戦当時は、日本軍の方が優勢だった。サンゴ海とミッドウェーで、優勢が崩れはしたが、ガダルカナルに米軍が来攻した当時は、まだ日米対等といってよかった。それが、半年後には、物の面でも人の面でも、日本軍はいわゆる縮小再生産に陥った。戦えば戦うほど苦しくなった。一言でいえば、太平洋戦争は、ガダルカナル争奪戦を終わったところで、もうすこし詳しくいえば第三次ソロモン海戦を終わったところで、勝敗がきまった。

山本は、いったい、どんな腹案をもって、このあと戦いつづけようとするのか。

米国の戦時艦船建造計画のうち、空母では三万三〇〇〇トン、速力三〇ノット以上、搭載機八〇機以上、格納庫甲板の装甲七・六センチ、飛行甲板、第四甲板の装甲三・八センチ、舷側エレベーターと発艦用カタパルトをもつ新鋭のエセックス級空母の第一艦エセックスが昭和十七年十二月、真珠湾軍港に姿を現わした。エセックス級空母は、十八年五月末までに四隻になるが、その半分の大きさの一万三〇〇〇トン級軽空母（インデペンデンス級）は、十八年一月から月一隻の割でどんどん竣工していった。これでも搭載機は四五機以上、速力三三ノット以上の性能をもっていた。

このほか米軍には、タンカー改造の護衛空母があった。日本の場合、空母にカタパルトを使うことを考えつかなかったのか、技術的にできなかったのかで、春日丸（大鷹）、八幡丸（雲鷹）、新田丸（冲鷹）の改造が昭和十七年十一月までに終わり、二万トンの勇姿を浮かべながら、速力が二一ノットしか出なかったため、空母というよりは飛行機運搬艦としてしか使われなかった。

十二月三十日、ラバウルの基地航空部隊（十一航艦）参謀長だった酒巻少将が、転任の途中、「大和」に立ち寄り、宇垣に語った。

「今日あらしめたのは、航空技量の低下である。天候不良（で引き返す）とか何とかいっても、結局、技量が低いからだ。現在の技量は、これまでの三分の一とみるべきだ。新しく到着した戦闘機隊の現状を見ると、搭乗員六〇名のうち、零戦に乗ったことのない者が四四名もいる。旧式の九六式艦戦の経験者ばかり多く、到着後すぐに訓練しなければならない状態である」

開戦一年後の所見にしては、異様である。いったい、その間に海軍の担当者たちは何をしていたのか。

もともと海軍は、少数精鋭主義で、努力の限りをつくして最精鋭の将兵を育て上げようとし、事実それに成功して、第一段作戦を予想以上の短期間に予想以上の成果をあげた。しかし、第二段作戦に入って、山本が訓示、警告したように、敵が備え、対抗し、逆に攻勢をとってくると、足をすくわれたり、不意を打たれたり、空母部隊に空襲されたりした。

「攻撃は最良の防御なり」

といって、すこし極端だが、攻撃ばかり考えていれば防御は考えなくていいんだ、と短絡したため、いま、そのために困っている。

昭和十八年一月というと、南方資源地帯の石油、ボーキサイト、銅、鉛、錫、マンガン、クローム、タングステンなど、スマトラのパレンバン油田が立ち直りが遅れていたのを除いて、すべて順調に、なかには戦前を超えるほどにまで生産がすすんでいた。

だが、内地では、これらの資源を運ぶ船腹（民需用、とくに物動用船腹）が乏しく、物資が窮迫していた。家庭用ガスは、五人家族で月二五立方メートルから二三立方メートルに減らされ、それを越えると供給を停止された。電力消費規制が強化され、レジャーや買い出しのための国鉄乗車券の発売を制限された。内部潤滑油欠乏のため、急行列車を走らせることができなくなっていたが、そんなことは、氷山の一角にすぎなかった。

軍令部で出師準備や国家総動員を担当していた栗原悦蔵第四課長は、このような実情を十分に考慮に入れて作戦指導をしてもらわねばたいへんなことになると憂慮し、永野軍令部総長に訴えた。

「現在の物資窮迫の実情を、だれか山本長官に伝えているのでしょうか」

「いや。だれも伝えていない」

おどろく課長に、永野総長が即決で命じた。

「それとは別に、トラックにいってくれ」

「それとは別に」といわれたことに、ちょっと引っかかったが、たぶん業務連絡という名目でいってこい、ということだろうと解釈し、トラックに飛んで、「大和」に宇垣参謀長と黒島先任参謀を訪ねた。

宇垣も黒島も、栗原のふだんの考えかたを知っているせいか、なにかと理窟をつけて、山本長官に会わせまいとした。

困った栗原課長は、長官に直接会えるかもしれないと上甲板に出た。すると折よく山本が上甲板を散歩していて、声をかけてくれた。そこで、一部始終を話すと、やがて副官が呼びにきた。長官が名指しで呼べば、宇垣も黒島も介入できない。こんなときの山本の裁きは、水際立っていた。

国内物資窮迫の実情を長官に報告した。

「だいたいは知っている。だがその話を、各艦隊長官にもしてくれ」

と幕僚に手配を命じた。

折よくトラックに各艦隊が集結していた。栗原課長は山本の指示により、各艦隊をまわり、話をして帰京した。

昭和十八年四月の「い」号作戦は、国内物資窮迫の上に考えられた「非常事態作戦」であった。

それにしても、宇垣、黒島は、どういうつもりだったのだろう。国内窮迫の実情を長官の耳に入れたくないということは、それと作戦指導とは別ものだ、と考えていたのであろうか。

「い」号作戦

昭和十八年二月下旬、山本は、海軍士官のあるべき姿を、本家の高野家を継ぐ若い高野享少尉に書き送った。

「……これから先は、いままでのような手軽な戦ではないことを充分に覚悟して、本当の激戦の科学的戦闘法の研究が必要です。口だけで、元気だとか、士気だとか、挺身だとか、先頭指揮だといっても、近代的火兵を相手に戦をするには、それ相応の準備と知識とが必要で、ただ突進してみたところで、けっして成功はしません。もちろん、真の勇気は、常に捨て身でいることで、これは軍服を着ている以上当然のことで、死ぬことをもったいらしく口にするなどは、まだ修養も何もできておらぬ証拠にすぎないから、そんなことをたびたび訓示する必要もなし、実戦では自分の動作一つで部下などは手足同様に動くのだから、それよりは、自分自身の本当の修養、訓練、自戒自省というようなことを、一生懸命に心がけるべきだと考えます……」

身内の若い後継者に訓《おし》える、という手紙の趣旨を考えても、ここで山本が使っている言葉には、異様な響きがあるように感じられる。

これまでの山本は、中央の戦争指導にたいして口癖のように不満を述べ、手遅れにならないうちに早く適切な処置をとることを求めてきたが、ここでは、手紙の宛先が少尉で、戦争段階、戦略段階のことをいってもしようがないせいもあろうが、明らかにガダルカナル攻防戦で、山本の名で行なわれた作戦指導のありかたを批判しているからである。

前に述べたとおり、山本は、昭和十七年十一月に、夜遅く口論していた黒島と三和作戦参謀に、「誰が何といおうと黒島を離さぬのだ」と、全幅信頼を「本人の前で」明言した。その二ヵ月後には、ガダルカナルから撤退しなければならなくなった。

高野少尉への手紙は、その山本の結論の少なくとも一つ、ないし二つを示したものといえるだろう。「元気だとか、士気だとか、挺身だとか、先頭指揮だとか」は、ガダルカナル戦で何度も繰り返されてきたが、失敗した。この後はそれ以上に、科学的戦闘法を打ち立てねばならぬ。これを作戦指導の新方向と規定したのであろう。

このころ、藤井政務参謀は、「長官の日常は、もはや澄みきった空のように、さわやかに静かである……」と手記に書きのこしている。

その手記を裏書きするように、二月、三月は毎日のように、昼休み、午後の休憩時間などを利用して、山本は幕僚といっしょに輪投げ競技に興じた。遠くの方からピンに輪を投げ、何本輪が入ったかを競う他愛のないものだが、山本は真剣そのもの。高野少尉に訓えた「科学的戦闘法」を自分でやってみせているような意気込みで、投げ方、姿勢を研究しつづけ、輪投げ特別大競技では、とうとう山本が横綱のタイトルをとってしまった。

このような天衣無縫ぶり、子供っぽさは、四人の連合艦隊長官とその参謀長たちのうち、山本を除くと、だれにもない属性だった。

この時期、戦局は小康状態を保っていた。

中央と現地指導部の間では、しきりに第三段作戦方針と作戦計画が練られていた。おそらく、新しい攻勢の準備を急いでいるに違いない米軍の跫音を感じながらの準備だった。

しかし、小康状態といっても、航空戦は、エスカレートする一方だった。ガダルカナルとニューギニアの敵機は、ガダルカナル撤退の時点ですでに約五〇〇機（うち半数は戦闘機）に達し、その後も月五〇機から一〇〇機の割でふえつづけていた。

これに対する味方機は、ラバウルの基地航空部隊が約一六〇機（うち戦闘機九〇機）と、ガダルカナル戦の終わりごろ進出してきた陸軍機（第六飛行師団）約八〇機で、それも連日の激戦で日に日に機数が減っていた。前記の国内物資窮迫の状況では、増産にも限度があると考えねばならなかった。

ソロモン、ニューギニアの制空権は、ラバウルなどの日本軍基地周辺のほかは連合軍の手に陥ちていた。かれらは、飛行機の傘に護られて、米水上艦艇が北上、中部ソロモンでは日本軍陣地に砲撃を加えるやら、ニューギニアでは陸上部隊が前進をはじめるやら、刻々緊迫の度を加えていた。

こんな状況をそのままにしておくと、連合艦隊は第三段作戦計画を遂行できなくなるばかりか、不敗の態勢づくりが南東方面から壊れてしまうおそれがあった。

山本は、真珠湾攻撃を考えたときと同じようにして、第三艦隊の飛行機で敵に大痛撃を与え、敵の進攻を、せめて味方の防衛態勢ができるまで遅らせる目的で、非常事態作戦をとろうと決心した。これは、中央から指示したのでもなければ、示唆したのでもない、山本独自の発案だった。

これは、重大な決断であった。連合艦隊の「主兵」を陸上に使い、もしそれが損害を受けた場合、連合艦隊はすくなくとも兵力の立て直しをする間、戦う手段を失うことになる。一《いっ》直《ちょく》海軍、一直海軍航空——予備員、交替要員などの人的ストックをおかず、軍艦が竣工するとその定員を充たす乗員を新たにふやす、といった、一直海軍というよりは愚直海軍という方が当たっていそうな人的軍備をしてきた、そのツケが一度に戦争で回ってきた。それにもかかわらず、この急場に使えるのは、第三艦隊しかいなかった。

山本は、慎重かつ極秘裡に、全精力を傾倒して案を練った。南雲中将と交替した新第三艦隊長官小沢治三郎中将とも、直接話しあい、了解をとった。とにかく、真珠湾の要領で大兵力を集中し、短期間に暴れ回って、サッと引き揚げる腹案である。

問題は、第三艦隊空母五隻のうち、そのころトラックにいたのは「瑞鶴」と「瑞鳳」だけで、損傷が大きかった「翔鶴」（以上一航戦）は整備が終わらず、七月にならねばトラックに出てこられないことだった。二航戦の「隼鷹」「飛鷹」は呉で整備中、三月二十七日にはトラックに出てくる予定である。とすれば、第三艦隊飛行機隊による作戦（「い」号作戦と名づけた）は、二航戦が帰ってきた早々、つまり四月はじめがメドになる。

山本が、二月、三月ころ、輪投げ競技をしたりして機嫌よく見えたのは、実は「い」号作戦断行のハラがきまって、あるいはどうすれば最小の被害で最大の戦果を収めることができるかの解答を得て、ほッとした姿ではなかったのか。

逆境に立ち、手もとも不如意になると、陸海軍部隊の間の感情的対立が、とかく起こりやすい。またそれが、すぐに相互不信へのめりこむ。

昭和十八年三月三日、あと八時間航程でニューギニアのラエに到着するというところまで来た、ラバウルからラエに向かう五十一師団の乗る輸送船八隻と護衛の駆逐艦八隻が、零戦二六機の護衛を受けていながら、連合軍陸軍機一〇〇機の超低空反跳爆撃を受け、輸送船全部と駆逐艦四隻が沈没、陸軍将兵七〇〇〇人のうち救助されたのは半数に満たないという大事件が突発した。高空で敵に備えていた零戦が逆を衝かれたのだ。

陸軍は、怒った。ガダルカナルを終わったあとは、海軍は飛行機と艦艇の全力をあげてニューギニアで戦う陸軍の作戦に協力すべきなのに、海軍はソロモンを依然として重視して、ニューギニアに目を向けないではないかと詰《なじ》った。

今村方面軍司令官も「大和」に乗り込んできて、連合艦隊のもっている潜水艦三〇隻のうち一六隻を、ニューギニアの補給輸送にあててくれと強談判だ。そして、海軍は飛行機が足りぬというが、三艦隊の飛行機があるじゃないか。あれをなぜ使わないのか。陸軍機は野戦協力のためのもので、海洋作戦に使うようにはなっていない。だから南方作戦では、海軍機が協力しろ、ともいった。

「ラエ輸送船団を全滅させたのは、連合軍の陸軍機だった。かれらは海軍機と少しも劣らぬ活躍をしている。ガダルカナルの終わりごろ、陸軍は一コ飛行師団をラバウルに持ってきたが、一回出撃して被害が多いと、すぐ引っこめてしまった。どういうわけか」

などといってもダメである。高速戦艦の飛行場砲撃が敵の不意を打って成功すると、また戦艦で飛行場砲撃をしてくれ、と要求する。柳の下に泥鰌は二匹いないというと、海軍は誠意がないと、声を大きくする。

「ラバウルでは、命は一〇日しかもたぬ」

と搭乗員たちが嘆くほど、基地航空部隊の戦死者は多かった。それを補充し、増強する飛行機も搭乗員も来なかった。みるみる戦力が落ちていった。

山本が書いた前出の手紙。

「……切々願うところ、前線忠勇無双の将士をして空拳に泣かしむるの惨、とこしえになからしめんことにて候」

と訴えたそのままのことが、ラバウルでもブインでも起こっていた。ともかく、前線部隊の士気鼓舞のため、山本長官みずからラバウルに進出していただきたい、と連合艦隊司令部は判断した。

四月一日、ラバウルに山本たちが出かける前々夜だったが、幕僚休憩室に顔を見せた山本が、ブリッジ（トランプの）をやろうといいだした。

開戦以来、一夜もそれをしなかったので、幕僚の腕自慢たちが、すぐに応じた。

山本のブリッジの腕前には定評があった。軍縮会議のときのつきあいなどでも、たとえば本場のイギリスのチャトフィールド代表とやって二〇ポンド勝った。山本は、なんとかもう一度かれとやって、二〇ポンドをブリッジで返さねばならぬと考えながら、機会がないままに戦争になってしまった。そんなふうで、海軍士官同士としては、ブリッジは、どこででも、だれとでも、艦のなかでも楽しめるインターナショナルなホビーといってよかった。

このときの山本のはしゃぎようといったらなかった。メンバーを替えて二回ゲームをして、二回とも山本組が勝った。鼻の前に両手をタテに揃え、指を開いてヒラヒラさせ、天狗の鼻をうごめかす様子をしてみせる。米内大将が山本を評して「茶目ですな」といった天衣無縫ぶりを大いに発揮して楽しんだ。

その翌日の夜、機関参謀といっしょに「大和」で留守番をすることになっていた藤井参謀が、一人、幕僚室で仕事をしていると、ヒョッコリ山本が入ってきた。

「おい。君とは当分お別れだ。一戦やろう」

将棋である。なにげなく藤井が、

「とうとう最前線に出られることになりましたなあ」

と感慨を述べた。すると山本は、藤井によると表情を改め、今日では有名になっている言葉を吐いた。

「そのことだよ。近頃内地では、陣頭指揮とかいうことが流行っているようだが、ほんとうをいうと、僕がラバウルに行くのは感心しないことだ。むしろ柱島（泊地）にいくのなら結構なのだが。考えてもみたまえ。味方の本陣がだんだん敵の第一線に引き寄せられていくという形勢は、大局上、かんばしいことではない。もちろん、攻撃のためとか、士気鼓舞のための行動とこれとは、まったく意味が違うが――」

藤井は聞いていて、ハラの中でウーッとうなったという。

つけ加えておく。「内地で陣頭指揮……」は、山本の皮肉で、当時、中央、たとえば軍令部の福留作戦部長たちは、艦隊長官が後方にいるのをひどく嫌がり、いつでも艦に乗って陣頭指揮すべきだ、と何かといえば大きな声をあげていた。そんな形式的なことを東京の役所の机の上からいうのは、山本には苦々しかった。

山本が、そんな話をいい残したのは、おそらく、

「僕は陣頭指揮とか何とかのためにラバウルに行くのではない。攻撃のためと、士気鼓舞のために行くのだ」

ということを、藤井に伝えておきたかったからであろう。

ラバウルの南東方面艦隊司令部庁舎に翻る大将旗は、全軍を奮い立たせた。頼りになる「艦隊のおニイさん」一九五機が、風を巻いてラバウル基地に着陸した。なんとなくギコチなかったラバウルの陸海軍司令部の間も、もとに戻った。「士気鼓舞のため」などというが、実は、敵は本能寺にあったのではないか、と思われたくらいだった。

「山本長官も少し疲労の御様子なり」

ラバウル到着の日の日記（『戦藻録』）に、宇垣は書いた。カーキ色の防暑服とか第三種軍装をみな着ているなかで、山本は、ここでも暑いなか、一人純白の二種軍装を着、軍帽をかぶり、攻撃隊が出発するとき、いつも飛行場に立ち、軍帽を振って見送った。

「長官は、白眼のところが濁っていて、ドロンとして見えた。ああ、疲れておられるな、と思った」

という人もあった。疲労を、持ち前のヤセ我慢で堪えていたようだ。

このころラバウルにいたのは、南東方面艦隊の部隊が約三万、陸軍（第八方面軍）部隊が約七万。そのうちの約八割が、悪性マラリアに罹っていた。折悪しく雨季の終わりで、高温多湿、ながく住みついた者ならともかく、外来者はまっさきにマラリアやデング熱にやられる。

米軍は、こんなときでも、たとえばガダルカナルでは、まずDDTを撒いて蚊を撲滅し、飛行機の陰あたりにハダカで昼寝している。日本軍は、蚊帳を吊り、風とおしを悪くし、それでも蚊に食われてマラリアにかかり、キニーネやアテブリンを呑んで胃腸をすっかりこわしてしばらくは立てなくなる。日米文明の差であろうか、それとも文化の差か。

五十歳そこそこの宇垣参謀長が、到着後一〇日もたたないうちにデング熱にやられ、病室に入った。無理つづきの、五十九歳の山本は、発病しないまでも、相当コタえていたことだけは間違いない。

この「い」号作戦で、一番はりきっていたのは、宇垣参謀長だった。これで満足な成果が得られなかったら、南東方面では勝算がなくなるだろうと判断して、「大きな決意」をもって作戦指導に当たる心組でいた。それと同時に、かれは前線基地をシラミ潰しに回って、激励してこようと幕僚に準備を命じた。かれには、どうも幹部連が、自分で前線に出向いて陣頭指揮をする気概を失っているとしか思えず、この機会に叱咤激励するつもりであった。

宇垣は、この叱咤激励旅行を、「い」号作戦中にも決行したいと考えたが、搭乗機の繰り合わせがつかず、延期のほかなくなっていた。

その翌日、四日、山本が宇垣に、

「僕もショートランドへは行きたいからね」

と意思表示したから、話が大きくなった。

そうするうちに、「い」号作戦が七日から開始され、三艦隊の飛行機に基地航空部隊二一四機を加えた四一九機が、真珠湾以来たえて見ることがなかった大兵力をあげて十四日までの八日間、作戦を繰り返した。ガダルカナルに一回、ニューギニア方面に四回、敵艦艇、輸送船、飛行機、航空基地を攻撃、このために米軍の北上反攻計画が一〇日間遅れた（米軍資料）ほどの大損害を与えた。

それだけに、三艦隊の損害も予想を超えて大きかった。最小の被害で最大の戦果を挙げることに確信をもってスタートした作戦だったが、作戦に出ていった機数の三割を失い、被弾機を加えると六割が使えなくなった。これでは、内地に返し、再建しなければならない。

前出のとおり、宇垣は十一日にデング熱で病室に入る（十四日退室）。その間に山本は、

「参謀長が行けなくても、僕だけでも行くよ」

と幕僚に釘を刺した。もう、否応はなかった。運命とは、こんなものか。

視察計画ができあがったのは、十三日ころだったようだ。十三日に決裁を終わり、その日午後六時ちかく、問題の暗号電報が、各関係先にあてて発信された。急にきまった話だったから、書類では間にあわず、暗号電報で行動予定を打たねばならなかった。

おくれてこの話を聞いた小沢たちは、危険だからと中止を進言した。しかし山本は、

「みんなが待っているだろうし、まあ、そんなに危険なこともあるまい」

と容れなかった。

ミッドウェー作戦の直前にも、おなじようなことがあった。危険だとして作戦中止の進言をした者があったが、山本は容れなかった。そのときの山本の言葉は、

「奇襲でいけば、むざむざやられることはあるまい」

であった。

小沢三艦隊長官が危険だと判断している状況を、「危険なことはない」と連合艦隊司令部が判断したのはなぜか――ミッドウェーのときと同じような、敵を観念的に過小評価する傾向があったのではないかと疑われる。

山本長官一行の南方前線視察計画が米軍に洩れたのは、十三日の電報といわれる。戦略常用暗号が、前に述べたように米軍に解読されていたけれども、そのころ日本軍は機密保持とか暗号保全とか、口では言いはするものの、実質的にはそんなことには、みな、すこぶるアッケラカンとしていた。その点、苦労人ではなく、まるで子供っぽかった。

ミッドウェーのあと、小沢中将が電報を追って、これはおかしい、暗号が洩れているのではないか、と疑いを抱き、軍令部作戦部に調査させた。しばらくして来た返事では、日本海軍の戦略常用暗号はとくに強度が強く、これを破ることはとうてい不可能である、とあった。

ここまで述べてきて思うのは、山本の「運」についてである。

日露戦争のときの連合艦隊長官東郷平八郎大将は、山本権兵衛海相が明治天皇に申しあげたように、たしかに「運のよい男」であった。実例を挙げれば、いくつでもある。しかし、山本五十六長官の場合、「運のよい男」とはいえない実例が、いくらもある。あまりにも多くありすぎる。

たとえば、日本は米国と戦ってはならぬと強く主張してきたその米国との戦争に、連合艦隊長官として部下を率い戦わねばならない立場に立たされたこと——キーポイントのスタッフにも部将にも恵まれなかったこと——上司にも恵まれなかったことなど、作戦のほかにもたくさん例があるが、この南方前線基地視察の場合にも、それがいえた。もし山本が、ミッドウェーのときに腹痛を起こしたように、回虫のために激しい腹痛を起こしたらどうなったか。一式陸攻か何かが急にトラブルを起こしたりして、出発が三〇分遅れたらどうだったか。もっと簡単に、天候が悪化して視界不良となったらどうか。P‐38はレーダーを積んでいなかったし、燃料も余裕がなかった。そのため山本長官機と出会うことができず、その日、事件は何も起こらなかっただろう。

P‐38にとって、日本のレーダーに捕まり、戦闘機に追跡されるのが一番怖かった。なぜなら、付近に運転を開始したばかりの日本軍の飛行機見張用レーダーがあったし、ブイン基地には零戦が二〇機いた。これに邪魔されたら、そこに長官機が来あわせたにしても、攻撃することなどできないからだ。

ともかく、P‐38にとって、この上なくリスクの大きい作戦であった。成功するのは、ただ一つの場合だけであった。山本長官機が、電報に書かれた予定時刻にラバウルを離陸し、バラレ基地に予定された時刻に着陸できるように飛んでくれることだった。

そして、山本長官機は、予定時刻に離陸し、予定の時刻と場所に姿をあらわしたのだ。

航空戦は攻撃戦闘機に、高度と数とタイミングの優位を占められたら、ことに性能の落ちる陸攻の場合、ふつうではとうてい攻撃される側に勝ち味はない。

山本の戦死が確実となって、トラックで留守をしていた藤井参謀と磯部機関参謀が、長官私室の整理にかかった。机の中は、きれいに整理されて、二、三通の封書のほか、ほとんど何もなかった。覚悟のほどが偲ばれた。

そのなかに、半折の唐紙に達筆で書かれた一枚の書があった。

「征戦以来幾万の　忠勇無双の将兵は
命をまとに奮戦し　護国の神となりましぬ
ああわれ何の面目か　ありて見《まみ》えむ大君に
はたまた征きし戦友の　父兄に告げむ言葉なし
身は鉄石にあらずとも　堅き心の一徹に
敵陣深く斬り込みて　日本男児の血を見せむ
いざ待てしばし若人ら　死出の名残りの一戦を
華々しくも戦いて　やがて後追うわれなるぞ
　昭和十七年九月述懐　山本五十六誌」

山本時代は終わった。まさに悲劇的な一人の偉人の最期であった。

このくらい視野の広い、バランスのとれた判断のできる人は、昭和海軍にはいなかった。

またこのくらい、その資質と英知と経験のために、当時海軍の主流をなしたいわゆる作戦家、戦術戦略の専門家たちの平均的兵術思想と、氷炭相容れない人もいなかった。またこのくらい、この戦争の姿を見透し、斬り死にすべき運命の下におかれた部下をいたわり、かれらとともに自分自身も斬り死にしようと覚悟した人も、四人の連合艦隊長官にはいなかった――この最後の項だけ、誤解を避けるために敷衍しておくと、戦争のとき、軍人で死を覚悟しないものはいないはずだが、山本のそれは、開戦劈頭「本職ト生死ヲ共ニセヨ」と訓した段階を越えて、いまはもはや、部下にわが生命を与えるところまでに達していた（郷里の寺僧の感懐）とみられるが、その境地にまで到った人は、他になかったと認められるという意味である。

このような、きわめて個性的な、特殊な人格が率い、指導してきた対米作戦の途中で、急にその指導者を喪ったから、残された日本海軍は地獄であった。これはニミッツ提督が戦後の著書で、山本の戦死にふれ、

「日本海軍にとって、……大きな敗北に匹敵するほどの痛手であった」

と述べたくらいのものではない。かれは、山本謀殺の後めたさ（最高指揮官を殺すだけのために新作戦を計画実行した戦例は、史上これがはじめてで、それまではアンフェアーと考えられていた）から、意識して過小評価したのかもしれないが、そんなものではなかった。

「日本海軍にとって、……太平洋戦争に敗北するほどの痛手であった」

といった方が正確であった。

念のために付け加えると、山本が戦死しなかった場合、日本が勝てたかというと、そんなことはない。それは、かれのいうとおりである。

この後につづく山本の作戦構想は、渡辺戦務参謀によると、「い」号作戦のあとできるだけ早くマリアナの線まで戦線を縮小することだったという。

米海軍の兵力建設と蓄積がすすまないうちに、戦線を縮小しておき、兵力の密度を濃くし、反撃力を強めておこう。それには、この機を逸してはいけない、と考えることができ、何よりもそれを果断に実行に移すことができたのは、山本一人ではなかったか。

一方、中央は、さすがにショックを受け、甲事件と名づけて厳秘に付するかたわら、誰がみてもわかる——といって事件が厳秘に付されているから、ごく一部の者にしか内容がわからない、したがって判断できない——暗号が解読されている疑いについて、調査をしたが結論を得なかった。そして、

「……之ヲ要スルニ敵尓後ノ放送等ヲ併セ考察セバ、偶然遭遇セリト判断セラルル事情濃厚ナリ」(南東方面艦隊司令部の提出した調査報告・四月二十二日付)

とするにとどまった。つまり、暗号は洩れていない、各部隊の暗号戦務は間違っていない、長官機は偶然にパッタリ敵と出逢ったようだ、というのである。

ミッドウェー失敗のあと、いつも必ず実施する作戦研究会を行なわなかったことが、しきりに思い起こされる。そのときの黒島先任参謀の中止の弁——。

「本来ならば関係者を集めて研究会をやるべきであったが、……突っつけば穴だらけであるし、皆が十分反省していることでもあり、その非を十分認めているので、いまさら突っついて屍に鞭うつ必要がないと考えたからだった……」

第二章　古賀峯一の作戦

新長官着任

新連合艦隊長官古賀峯一大将がトラック基地の旗艦「武蔵」に着任したのは、四月二十五日だった。

山本前長官の戦死が厳秘に付されていた。したがって新任の連合艦隊長官などあり得ない理窟で、宮中の親補式もなく、神社参拝も背広であった。そして、とりあえず副官と和田参謀を連れ、横浜からトラックに飛んだ。それから五月二十一日の山本戦死発表まで約一ヵ月間は、長官公室に安置した遺骨と同居し、なんとなく座り心地のよくない椅子に腰かけていた。この間の古賀は、気の毒というほかなかった。古賀は、白紙のままで、固有のスタッフをもたず、激動する戦局の中心に一ヵ月もいたことになる。

戦争のさなか、山本から古賀に最高指揮官が変わることは、ふつうでさえ重大な問題をもつが、なかでも山本のように、伝統的兵術思想とは異質の発想によって作戦指導をしてきた場合——ことに、緊迫した作戦指導のさなかに戦死した場合、なによりも重要なことは、山本時代の作戦指導方針の上手な引き継ぎ、ないし後始末であり、それによって、作戦部隊に無用の混乱やロスを惹き起こさないようにしなければならなかった。

それからほぼ二週間後（五月十日）、軍務局長予定者保科善四郎少将が、中央から打ち合わせに来たときには、古賀は、

「連合艦隊の実力にくらべて、あまりにも戦線が拡大しすぎている。この際、縮小整理して、不敗の態勢を整えねばならぬ」

と語り、さらに保科少将の個人的見解として述べた、

「マーシャルに出没する敵艦隊に打撃を与え、その機をとらえて終戦にもっていく案」

に全面的に賛成し、連合艦隊としての協力を約した。

その二日前の五月八日、内南洋方面の作戦と防備について、関係部隊の参謀を旗艦「武蔵」に集め、打ち合わせ会を開いた。席上、古賀は、最初の訓示をした。

「すでに日本海軍の兵力は、対米半量以下に低下した。その上、ラバウル陸上航空戦（「い」号作戦）の結果、決戦兵力の精鋭を多数失い、かりにわが軍の企図する迎撃作戦を行ない得たとしても、勝算は著しく低下し、三分の勝ち目もない。

ここにいたって、彼我兵力の懸隔は、いかんともすることができない。海軍の作戦に関するかぎり玉砕戦法を行ない、われ斃るるともなおかれに大損害を与え、時を稼ぐ以外に方策はない。結局、戦局打開の道は、他の正面の支作戦は顧みず、ひたすらマーシャル、ギルバ

ートの線を迎撃線とみて、艦隊決戦を企図することである。

勝算は著しく低下したが、まだ絶無になってはいない。戦略的にも地理的にもわれに有利なマーシャル線において早期に決戦することが、たとえそれが玉砕戦に終わるとしても、最大の戦果を期し得る唯一の戦法であると確信する」

言葉を換えると、

「連合艦隊の主作戦正面を、南東から東に転じ、マーシャル線で早期に敵主力を迎え撃ち、艦隊決戦を企図する。艦隊決戦を企図するためには、離島守備隊もあえて捨て石にする」

参会したマーシャル諸島守備隊（第六根拠地隊）先任参謀林中佐は、その夜、古賀長官招待の、玉砕前のお別れ夕食会に出席した。遠くマーシャルの空を思い、隊員の士気を高めながら急いで玉砕態勢を固めるには、どうすればいいかを考えつめた。

林中佐は、会議のはじめ、いつもの山本長官の姿が見えず、古賀大将がそこに座っているのに気づいた。視察の途中に立ち寄られたのだろうと、気にとめずにいたが、

「山本さんは四月十八日に戦死されて、古賀さんがその後任として着任されたと聞き、仰天した。いくさは、そこまで悪くなっていたのか。だれ一人身動きもせず、満座は水を打ったように静まり返った。みんな、覚悟をきめたように、唇を噛んでいた。山本さんが戦死されたのなら、私たちも戦死して当然だ、と思った」

かれはそこで、連合艦隊司令部の考えを確かめておきたいと思い、黒島先任参謀に質問した。

「敵の攻略部隊がマーシャル、ギルバートに来攻したとき、連合艦隊は支援に来てくれることができるのですか。もし、できるとすれば、現地では何日間持ちこたえればいいのですか」

「一般の状況で三日、最悪の場合で七日だ。連合艦隊はかならず支援に行くから、待っていてくれ。戦況はまさにわれに不利であり、まことにご苦労だが、この旨を現地部隊に伝えてくれ。最後まで奮闘を切望する」

そういって、黒島は涙を流しながら、

「今夜が君とのお別れになるだろう」

と酒をくみかわした。

二日後、マーシャル諸島の主基地クェゼリンに帰った林先任参謀から、一部始終を聞いた守備隊の将兵は、

「あらためて一種の戦慄と緊張に包まれた」

としながらも、当然のこととして、すこしも動じなかったという。いや、おそらく、新長官の訓示は聞いても聞かなくても同じだったろう。かれらは、

「山本長官が戦死された」

と聞いただけで、十分だった。

「山本長官につづけ」

「よし」

それは、飛行機乗りの場合、もっと現実的だった。
「もう、おれは落下傘を持っていかん。やられたら、突っこむ」
「いままでは、なんとか生きて帰ろうと思った。もう、ふっきれた。死ぬ」
たちまち、かれらは「特攻気構え」になった。
飛行機乗り、船乗りを問わず、山本は「ウチの長官」であり、「われらの心の灯」であったのだ。

古賀長官は、連合艦隊長官時代、いつも非常に沈痛な顔をしていた。戦争は、いっそう苦境に陥ち、陸軍の海軍不信はいっそう深刻になり、敵の攻撃力はいっそう強大になり、わがもっとも痛いところを窺ってきた。連合艦隊長官としての重大な職責を思うと、沈痛はおろか、頭も割れんばかりであったろう。

古賀はまず、山本時代の生き残り幕僚の補佐をうけ、小沢艦隊の約半数（一航戦＝「瑞鶴」「瑞鳳」）の立て直しと、「大和」以下の整備に着手し、それぞれ内地に帰した。

そのわずか四日後（五月十二日）――まだみな内地への途中というとき、米軍がアッツに来攻した。

不運であった。連合艦隊は南東方面半歳の死闘の傷が癒えていなかった。それ以前から内地で再建中であった小沢艦隊空母航空部隊のあとの半数は、再建が進んではいたが、一人前というには程遠かった。ここで使えばまた大損害を受け、その後三ヵ月は小沢艦隊はまったく作戦できなくなるであろう。

とりあえず古賀は、内地に向かって北進しつつある兵力をこれに振りむけた。そして、東京空襲をかけてくる心配のある米機動部隊には、再建中の小沢艦隊を当てた。アッツ、キスカの制空権は、圧倒的に米軍に押さえられていて、ガダルカナルの場合よりも情勢はずっと不利だった。

こんな状況で、連合艦隊を北方に押し出すことには、宇垣も黒島も反対した。だが古賀は、かれの信念を固く持して、ガンとして譲らなかった。

「連合艦隊長官は、戦術指揮官である。つねに作戦部隊の先頭に立って指揮すべきであり、後方にいるべきではない」

そういってかれは、五月十七日、「武蔵」の檣頭に大将旗を翻し、トラックに残っていた連合艦隊決戦兵力の先頭に立ち、内地に急航した。

古賀は、それまで黒島先任参謀たちの戦況説明を聞き、山本大将がトラックのような後方に座りこみ、たとえば南太平洋海戦などに「大和」「陸奥」を直率して参加、敵を殲滅しなかったことを、山本のために惜しんだ。宇垣、黒島らの補佐が悪かったのだ。そんなスタッフ――山本前長官を補佐して、戦況をここまで悪化させたスタッフの補佐を古賀自身が受けるのは、我慢ならぬことであった。かれらが連合艦隊の総出動を反対するなら、わざわざ総出動をして、それを古賀作戦にしたいとさえ思った。しかも、この機会に「武蔵」を東京湾に入泊させれば、かれの意中の参謀長・福留繁中将、そのほかのスタッフメンバーを揃えることができる。同時に、長官公室に安置してあり、朝晩の重圧となっている山本前長官たちの遺骨を遺族に引き渡し、さらに山本時代のスタッフを陸揚げして、司令部はもちろん、艦隊の気分を一新することができるのである。

新しい顔触れが揃うのは、少しズレこんで、六月から七月にかけてになったが、その顔触れは、先任参謀と航空甲参謀が小沢第三艦隊から移ってきたほか、参謀長、作戦、戦務、航空乙の各参謀が軍令部から転じ、それだけ軍令部と連合艦隊との融合と緊密化が図られていた。

新しい参謀長と先任参謀は、どちらも海軍大学校甲種学生を恩賜で出た超特級の俊秀であった。さて、その恩賜組の福留参謀長は、こういっている。

「……多年戦艦中心の艦隊訓練に没頭してきた私の頭は転換できず、南雲機動部隊が真珠湾攻撃に偉功を奏したのちもなお、機動部隊は補助作戦に任ずべきもので、決戦兵力は依然、大艦巨砲を中心とすべきものと考えていた……」（史観真珠湾攻撃）

開戦前からの作戦部長として、連合艦隊参謀長として、第二航空艦隊司令長官として、連合艦隊の作戦を指導するもっとも重要なポストを歴任し、その後書かれた手記だから、その間、ずっと転換できないままの頭で作戦指導をした、といっていることになる。

米軍の本格的反攻

勢いこんで東京湾に錨を投じた「武蔵」が、とくに元帥府に列せしめられた山本前長官の遺骨を遺族に渡し、「武蔵」への天皇の行幸をお迎えし、古賀とスタッフたちが軍令部との打ち合わせを重ねたりしているうちに、航空主兵時代にふさわしく、戦況が目立って早く変化した。六日後の十八日になると、大本営は、最初の方針をすっかり変えなければならなくなった。アッツの、事実上の放棄である。

アリューシャンの悪天候のカベは、予想外に厚かった。飛行機はその間に一回しか飛べず、強行補給を企てた駆逐艦部隊も、途中でそれ以上前に進めなくなった。内地の燃料貯蔵量は三〇万トンたらずにまで減って、機動部隊の出撃は不可能だった。何一つ外から救いの手を伸べられないまま、二十九日にはアッツ守備隊の山崎部隊長から訣別電が来た。玉砕である。

天皇も、軍令部総長と参謀総長を前に据えて、嘆かれた。

「陸海軍は、真にハラを打ち明けて協同作戦をやっているのか。一方が元気よく要求し、他方が成算もないのに無責任に引き受けるということはないか。話し合いのできたことは、かならず実行せよ。見通しのつけ方に無理があったようだ。こんどのような戦況の出現は、前から見通しがついていたはず。しかるに、十二日の敵上陸以来、一週間かかって対応策の小田原評定をやり、その結果とは……」

永野、杉山の両軍長老も、頭を垂れて一言もなかったという。

だが、陸軍は、この玉砕を、海軍が助けなかったから起こった惨事、と考えた。

参謀本部の真田作戦課長は、日記に、「海軍ニハ陸軍ヲ助ケル気持ナシ」と書き、さらに書き添えた。

「（参謀）総長及次長ヨリ。アッツ問題ニ関連シテ、海軍ガ協力シテクレナカッタカラトイウフウナコトハ一切言ウナ」

滑り出したばかりの古賀作戦は、まだ十分スピードがつかないうちに、米軍から手痛い体当たり攻撃を受け、さらに思いもしなかった日本陸軍から、不信と相剋という足払いをかけられたのである。

古賀は、保科少将にも語ったように、はじめから戦線縮小——アッツ、キスカからの撤退を考えていた。連合艦隊は兵力が少なくなっている。集中しても勝てなくなっているのだから、それをあちこち広く分散するのは、自殺行為にもひとしい。北方を戦線縮小し、ギルバート、マーシャル、トラック、サイパンを結ぶ中央ルートに全力を集中する。

ところが、それに手を着ける前に、米軍がアッツに来てしまった。残念ながら準備が整わず、惨事に終わった。それだからこそ、なおさらキスカの撤退を、是が非でも成功させねばならぬ、と考えた。

予想より早く、六月三十日に、連合軍の予想以上の大部隊が、ソロモン中部（ニュージョージア島沖）のレンドバ島と、ニューギニア東部（ブナとラエの中間）のナッソウに上陸してきた。草鹿南東方面艦隊長官は、情勢判断を誤り、敵の来攻を八月ころと考えていたから、当然ながら不意打ちをうけた。

南東戦線の崩壊を思わせるほど、事態は重大であった。むろん、草鹿長官からのはげしい救援要請がつづいた。が、古賀は、思いつめたように、唇を噛みしめて動かなかった。決戦駆逐艦六隻を北方部隊に増援し、七月七日の第一回キスカ突入中止後もそのまま我慢した。七月二十九日の第二回突入で奇蹟的成功を収めたのを見て、はじめて増援艦艇の原隊復帰を命じた。

いつも深刻な表情ばかりの古賀が、キスカ撤退成功の報告を受けたときは、はじめて心から嬉しそうに表情を崩したという。古賀はその一一ヵ月の短い任期中に、もう一度、「わが意を得たり」というような愉快さを顔一杯にこぼしたが、それはまたあとの話になる。

さて、レンドバとナッソウである。担当者は、ラバウルにいる南東方面艦隊（長官・草鹿任一海軍中将）と第八方面軍（方面軍司令官・今村均陸軍中将）だった。

ガダルカナル攻防戦の終わりごろ、駆逐艦輸送の打ち切り問題で、この陸海両司令部が大喧嘩をしたことは、前にも述べたが、いま思い起こしておく必要がある。

米軍の不意のレンドバ来攻は、山本長官のラバウル進出でようやく和解したかにみえたこの二つの司令部——陸海の現地最高司令部を、また対立抗争に巻きこむのだ。

その日の早朝、第八方面軍参謀が南東方面艦隊司令部を訪れ、レンドバ奪回を申し入れた。もとより、海軍に否やのあるはずはない。だが、レンドバ島に、どんな方法で逆上陸部隊を輸送するか、という段階にきたら、意見が対立して話が進まなくなった。

海軍はいま駆逐艦が足りず、艦隊決戦に勝算を見出すのに苦しんでいる状態で、その上、燃料が欠乏して困っている。そこで、海上トラック（大発＝大型発動艇）で送ったらどうか、というのを、陸軍は大反対で、駆逐艦で輸送せよ、と主張して譲らない。

六月三十日（来攻の日）、七月一日、二日と対立したまま、結論が出なかった。七月一日にはトップ会談で結着させるつもりで、草鹿長官が今村方面軍司令官を訪ねて話し合ったが、今村が草鹿に、

「そんなことで（レンドバが）奪れるかッ」

と大喝を浴びせる付録もつき、翌日、またトップ会談をしたが、不調に終わった。

その間に、敵はレンドバに重砲五門を揚げ、ムンダ基地の砲撃をはじめた。

七月三日朝（来攻四日目）、敵の砲声を聞きながら、こんどは今村司令官が草鹿長官を訪ね、協定ができた。

「ムンダ、コロンバンガラは確保する。レンドバは、状況許すかぎり、なるべく早く奪還する」

言葉はもっともらしいが、結局、レンドバは放棄する、ということだ。陸軍は、南東方面艦隊にはソロモンの制空、制海権などとれそうにないから、一歩退って、いま手中にあるも

のを確保する方が現実的だ、としたのだという。

アッツの処置で天皇から叱られたばかりなのに、また同じことを繰り返した。ところが、ここでは、そこから話がこじれたのである——たまたま四日目の朝、ムンダの陸軍守備隊長が元気者で、レンドバ強行上陸を電報で意見具申してきた。レンドバ放棄をきめたばかりの方面軍と艦隊は、狼狽して守備隊長を抑えにかかった。ところが、いち早くその電報を見た大本営陸海軍部が、とびついた。

「速カナル時機、万策ヲ尽クシテ、レンドバ奪回ニ努メラレタシ」

両次長の連名で打電してきた。方面軍作戦参謀の怒るまいことか。

「現地の実情を認識せず、原則論だけで中央は事を律しようとする。まったく、大局を誤るものだ」

そんな様子に悲憤慷慨していた現地作戦部隊——第八艦隊長官は、「もう見ちゃおれん」と、みずから先頭に立ち、艦隊を率いてレンドバ突入を企てた。あわてた草鹿長官から、

「無謀ナリ」

と中止を命ぜられた。すると、増援部隊（三水戦）指揮官秋山少将は、

「見ておれ。突入とはこうするもんだ」

と、七月五日（来攻六日目）、駆逐艦「新月」に将旗を掲げ、三水戦の全力である駆逐艦一〇隻を率い、陸兵二四〇〇名をのせ、コロンバンガラに向かい突進した。

意外だった。途中で巡洋艦三、駆逐艦四の敵水上部隊と出逢い、すさまじい乱戦（クラ湾

夜戦）になった。そして、敵巡洋艦一隻を撃沈したものの、旗艦「新月」沈没、「長月」座礁放棄、駆逐艦四隻損傷、秋山司令官も幕僚たちとともに戦死という大惨事に終わった（陸兵一九〇〇名は無事コロンバンガラに上陸）。

衝撃をうけた草鹿南東方面艦隊長官は、とるものもとりあえず、ラバウルからブインへ将旗を進めた。統率に混乱が起きていた。放任しておくと、南東方面の軍隊組織が崩壊しかねなかった。なにがなんでも最高指揮官が現場の第一線で指揮し、この危機を乗り越えねばならなかった。

草鹿は、顔色を変えていた。

開戦前から戦火を離れたところにいて、いまはじめて第一線に出てきた新鮮な古賀の目には、戦局をここまで悪化させ、さらにもっと悪化させるおそれのある矛盾が、いくつも禍々《まがまが》しく映っていた。

「この際は、開戦前に重大決意をされたように、国家として重大決意をしなければならないのではないか。アメリカの主反攻が開始されているのだから、連合艦隊は全力を南東方面に注ぎこむ決心である。海軍ばかりが全兵力をあげて戦い、他がこれについてこないのでは困る。全戦力を発揮するため、陸軍も国家も、この作戦に全力を傾注することが肝要である」

（七月十六日、大本営で）

折から、ソロモン防衛について、陸海軍中央協定ができ、軍令部作戦課の担当部員が説明に来た。一ヵ月後のことである。

中央協定の内容は、中部ソロモンでは極力持久し、九月下旬までに後方要点の防備を固め、九月下旬から十月上旬までの間に、現在位置から撤退して後方要点の新配備につく、というものだった。

これを見て、古賀は激怒し、担当部員に叩きつけた。

「中央は、兵力の出し方をどう考えているのか。出し遅れではないか。ラバウル、ニューギニアを失って、トラックに連合艦隊がおれるか。トラックに艦隊がおれない場合、太平洋作戦をどうするのか。やれる者があったら、代わってやってみろ。私は陛下の御信任を得ているので、死ぬまでは、やる。……ソロモンは確保しなきゃいかん。総長も（陸兵を出すと）明言されたが、陸兵を出さんではないか。陸軍の航空兵力を出せ。補給も、結局、航空兵力が不足しているから、うまくいかんのだ。陸軍の航空兵力を至急出せ。……ソロモンから撤退するというが、撤退セヨなどという命令は海軍にはないぞ。一大汚辱だ。今後、このような命令は、いっさい出さんでくれ。海軍の伝統には、撤退などということはない……」

そして、つけ加えた。

「陸海総長の間がうまくいかんときは、永野総長が単独で上奏されたらどうだ」

海軍が陸軍にまるめこまれている。中央はもっとシッカリしろ、とたたみかけた。黒島に代わった高田先任参謀は、「悲憤のきわみだ」と叫んだくらいだ。

八月十五日付で、古賀は、このあとの基本方針になる連合艦隊第三段作戦命令、同作戦要領、連合艦隊Z作戦要領、同基本編制、邀《よう》（迎）撃帯設定要領など、一連の連合艦隊命令を発した。

Z作戦とは、太平洋を西進してくる敵艦隊に対抗して、連合艦隊を決戦配備につけて決行する国運を賭した大作戦で、作戦要領でその手順と方法を詳しく定めていた。日本海軍が三〇年来研究と開発を重ねてきた艦隊決戦要領にもとづいていた。

このZ作戦要領については、またあとでふれることになる。

大本営陸軍部は、七月九日、レンドバに来攻した米軍を見て、対ソ戦のために温存してあった、北支の第十七師団を、南東方面に振り向けるよう措置したが、八月半ばになると、さらに一歩をすすめた。

「主敵は米国である。米国にたいする絶対国防圏を強化するためには、対ソ戦準備を犠牲にしても、全力を傾倒しなければならない」

といい出したのである。山本前長官が、繰り返し強調してきたことを、開戦後一年八ヵ月たって、ようやく認識したのだから、泣きたくなる。

陸軍は、この戦争を、主役となって戦おうと決意した。陸軍式人海戦術によって、中部太平洋諸島に陸軍部隊と海軍陸戦隊が続々と派遣された。そして、島々では、突貫工事で防備固めが進んだ。

ガダルカナルに米軍が来攻した当初（昭和十七年八月六日）、日本軍の作戦指導をすっかり誤らせた情勢判断（大本営陸海軍部の国際情勢判断）——

「敵の本格反攻は、十八年以降でないとはじまらない」

という「その」十八年半ばが過ぎていた。

本格反攻へのポテンシャルが、着々と東太平洋で蓄積されていた。昭和十八年八月までに竣工した米国の新鋭戦艦（四万二〇〇〇トン以上）八隻、新鋭正規空母（三万三〇〇〇トン、「翔鶴」級）五隻、新鋭軽空母（一万三〇〇〇トン、「飛龍」級）七隻。それに、開戦前からのエンタープライズ（二万トン）、サラトガは日本潜水艦に雷撃されて以来、修理が多く、結局この時点で、新鋭戦艦八隻、新鋭正規空母五隻とエンタープライズ、新鋭軽空母七隻が揃った。

つけ加えておくが、この「新鋭」といった戦艦と空母は、ノースカロライナとワシントンが十六年四月、五月に竣工して大西洋に出ていたほか、全部、真珠湾以後の竣工である。戦艦では、真珠湾で撃沈破された旧式戦艦八隻とそっくり入れ替わり、いわば脱皮した新式戦艦で、これに対抗できるのは、「大和」「武蔵」「長門」「陸奥」だけ。しかもこの四隻とも速力が遅く（「大和」二七ノット、「長門」二五ノット）、三〇ノット以上の高速で走る敵に捕捉される心配さえある。また、「扶桑」「山城」「伊勢」「日向」は、速力も約二五ノットで遅いし、主砲も三六センチで小さい。「金剛」型四隻は、主砲三六センチで小さいが、速力は三〇・五ノットでほぼ同じ。ただし、艦があまりにも旧く（大正二年ないし四年竣工）、上から落ちてくる爆弾や砲弾には比較的強いが、横からの砲弾ないし魚雷には弱い欠点がある。

いずれにせよ、十八年後半になって連合艦隊が戦う敵戦艦群八隻にたいし、日本は三隻（「陸奥」は十八年六月八日爆沈）ということになる。

一方、空母は、翔鶴型《エセックス》六隻、飛龍型《インデペンデンス》七隻の敵にたいし、日本は「翔鶴」型二隻、潜水母艦改装小型空母二隻、商船改造空母二隻（別に三隻あるが速力が遅く、飛行甲板カタパルトが日本になかったので、飛行機輸送船として使っただけ）に限られた。そして搭乗員は、日本が悪循環になって技量が落ちていたのに、米海軍では、訓練に半年かけた三直制の搭乗員が現われていた。たとえば、第一グループが艦に乗って戦い、第三グループは本国に帰って休暇、第二グループは基地で猛訓練中、という工合に、である。

その突貫工事的防備固めが進行していた昭和十八年九月一日、南鳥島が空襲された。つづいて十九日はギルバート諸島、十月六日と七日にウェークが空襲された。南鳥島が空母三隻、ギルバートが三隻、ウェークが六隻とエスカレートし、何よりも、前にくらべて飛行機の統制がとれ、技量もうまくなっていて、そのため受ける被害が段違いに大きくなった。その一つ一つが壊滅的といってよかった。

それでいながら、そのどの一つでも、敵機動部隊を捕らえることはできなかった。いつも不意を打たれた。レーダーで、敵機の来襲を五分前くらいに探知するが、不意を打たれての五分間のリードタイムでは、陸攻を含めて全機を離陸させ、有利な迎撃態勢をとらせることは不可能である。

一番有効なのは、敵の暗号を解読して敵の意図を直接的に摑むことだが、日本海軍には、このころになっても、まだ米海軍の暗号が解けていない。通信諜報は直接的な方法ではないから、微妙な状況では、人によって判断が違う欠点もあった。

この場合が、その例であった。連合艦隊司令部では問題にしていなかった事象から、十月十六日、軍令部は、「敵の有力な機動部隊が中部太平洋か本土に来襲する算が極めて大である」と判断し、くりかえし警報してきた。

トラックに貯えた燃料油が心許ないので、いま出撃するのは気がすすまなかったが、大本営は何か別の判断資料をもってそういっているのかもしれないと思い直し、古賀は、Z作戦計画による連合艦隊決戦部隊の出撃を命じた。

十七日、トラックを出た決戦部隊は、黙々と北東に進み、マーシャル諸島に近いエニウェトク島（日本ではブラウンといった）に入った（十九日）。マーシャル、ギルバートに近く進出して、敵との間合いを縮めるのである。

二十二日になると、大本営では判断を誤っていた、といい、敵機動部隊にたいする警戒を解いた。大本営はそれでもよかろうが、古賀としては、貴重な燃料を使って出てきたことでもあり、このままトラックに引き返すのも無念だった。そこで、一二日前に、敵機動部隊が二日にわたってとくに丹念に空襲していったウェークの南方海域に向かった。敵は、おそらくウェークを攻略するのではないか、と判断された。だとすれば、ミッドウェーとは逆に敵を奇襲することができる。戦局を一挙に転回できる。

二十三日、ウェークの南方に着いた古賀は、小沢機動部隊に、付近一帯を綿密に捜索させた。このとき小沢艦隊将兵は白服に身を固め、みな血の気を失うまでに緊張していた。敵は空母六（ウェーク空襲時）、味方は三。劣勢側は、一瞬の立ち遅れで敵に先手をとられたら、全滅必至だからだ。

しかし、敵情は得られなかった。まるで雲をつかむようだった。

軍令部作戦部長から転じてきた福留参謀長は、投げ捨てるようにいった。

「攻勢防御でいこうと考えていた。だが、太平洋のような広いところでは、敵がどこに来るかわからない。口ではそういっても、現実には攻勢防御はできなかった。われわれがやってきた作戦計画は、ムダだった……」

こうして、十月二十六日、無事トラックに帰ってみると、苦いツケがまわってきた。こんどの出動で、連合艦隊は五万トンの燃料を消費した。そのため、トラックの重油タンクがほとんどカラになった。内地から油をもってこなければならないが、内地もあと六ヵ月しかもたない。ともかく「武蔵」「大和」を先頭に決戦部隊がもう一度出動するのは、タンカーが順調に動いても、十一月半ばを過ぎないと不可能である、というのだ。

古賀の落胆は、深かった。

古賀の思想の根本には、統率があった。いいかえれば、マーシャル、ギルバートなど中部太平洋諸島の要点――絶海の孤島を守備する部下将兵を、絶対に見殺しにしない――血の繋がりを、しっかり保っておく、ということだった。

もし、敵が来攻したならば、連合艦隊はすぐに助けにいく。三日間――最悪でも一週間頑張っていてくれれば、われわれが駆けつけて敵を追っ払う。これは、五月八日、内南洋防備会議で古賀長官が挨拶を兼ねて述べたことで、その考えには「東の端の方から米軍が島を一つ一つ食いちぎってくるだろうが、そのときは大いに奮戦して、最後の一人まで働いてくれ」という形の玉砕戦法は、少しも含まれていなかった。

玉砕戦法でいくとはいったが、それは、敵が来たらすぐに連合艦隊も現場に駆けつけて、そこで艦隊決戦をし、玉砕を賭して徹底的に戦いぬく決心だった。古賀は、旗艦の艦橋に立ち、太平洋の防人《さきもり》となり、防波堤ともなって、死ぬ覚悟であった。

ブーゲンビル

だが、トラックに帰った翌日、凶報が入った。敵がモノ島（ブーゲンビル島南端沖合いにあるショートランド諸島のそば）に来攻した。ここを奪われたら、中部ソロモンが立ち枯れる。

さっそく、ラバウルの基地航空部隊から、福留参謀長に飛行機の増勢を要求してきた。それまでにも、現地海軍部隊、陸軍部隊はもちろん、中央の大本営陸軍部、それに海軍部までも加わって、第三艦隊の空母機（山本の「い」号作戦以来、苦心して再建した一航戦）を南東方面の戦場に出せと大合唱してきた。しかし、古賀は、Z作戦を第一に考えていた。いま一航戦を南東に出して大損害を出し、またぞろ再建しなければならなくなると、Z作戦ができなくなる。だから、神経質すぎるくらいに、空母機の南東投入を拒否しつづけてきた。

ところが、ここで福留参謀長が、豹変した。一番驚いたのは、三艦隊だ。寝耳に水だった。すぐラバウルに進出し、基地航空部隊に協力してニューギニア方面の航空作戦を強化、ラバウルを護れ、という。

「いや。損害を極力少なくするように指導するから心配するな。それでも、多少の損害は受けるかもしれないが、再建は、内地でなくトラックでさせる。再建しながらZ作戦に備えればよい」

よくこれまで楽観的でいられるもの、とおどろくほど福留は楽観的だった。命令にも、「過度の消耗をしないよう」と要望をつけた。しかし、かれらは「い」号作戦のとき山本長官が自分でラバウルに進出し、指揮をとったようにはしなかった。油がなくて動けないトラックの「武蔵」から動かなかった。

「秘蔵ッ子」一航戦飛行機隊一七三機が、小沢長官直率のもとにラバウルに進出したのは、十一月一日午後であった。

ところが、その朝（一日）米軍がブーゲンビル島西岸のまんなかあたりにあるタロキナに、大挙上陸してきた。タロキナからラバウルまでは、なんと二〇〇浬（三七〇キロ）しかない。小型機で一時間の近さである。

一航戦派遣のほか、もう一つ、長官の名でおこなった福留作戦があった。それは、米軍のタロキナ上陸に対抗するために、連合艦隊決戦部隊の可動全力をラバウルに進出させたことである。それを聞いて草鹿南東方面艦隊長官が心配し、

「もう少し作戦のなりゆきを見定めた上、もう少しあとで、もっと小さな兵力を回してほしい」

と古賀に意見具申したが、福留参謀長は反駁した。

「敵艦隊を撃滅するためには、バラバラに当たっていてはいけない。決戦の機会を得たら、全力をあげて戦を挑まなければならない」

ラバウルにいた現地指揮官たちは、ヘンな顔をした。

「制空権が敵に奪われようとしているときに、虎の子の水上部隊を、こんな前の方になぜ出してきたんだろう」

「戦略戦術の大家（福留参謀長）にしては、おかしいな」

現地の実情を詳知せずに作戦指導することがどれほど危険かは、ガダルカナルの苦い六ヵ月で教えられたはずだが、日本海軍は、ミッドウェー以来、いや、真珠湾以来、失敗した戦訓をとり入れ、成功にむかってさらに一歩を進めることが下手だった。

十一月五日午前六時、ラバウル湾を圧して入港した栗田中将の率いる第二艦隊重巡七隻、軽巡一隻、駆逐艦四隻は、午後二時にタロキナ逆上陸部隊支援のため出港の予定で準備をすすめていた。その午前九時、米空母二隻から発進した一〇〇機近い飛行機に不意を打たれた。「愛宕」以下重巡五隻被爆、ことに「高雄」は命中弾一一発を受け、水線に大破孔を生じた。そのほか大小艦艇に被害があり、死傷者は三〇〇名を越えた。

栗田部隊重巡は、二水戦（軽巡一、駆逐艦四）をラバウルに残し、満身創痍の体でトラックに引き揚げた。

そして二水戦は、その五日後（十一日）に、こんどは空母五隻で空襲をしかけてきた米機に狙われ、駆逐艦一隻沈没、一隻航行不能、軽巡一隻と駆逐艦二隻は損傷し、文字どおり壊滅的打撃を受けた。

見ていた草鹿長官は、たまりかね、残っていた第二艦隊全部の引き揚げを命じた。

もっと驚くべきことがある。

十一日に来襲した敵空母部隊を発見したラバウルでは、一航戦空母機六七機（艦爆二〇、艦攻一四、零戦三三）、基地航空部隊の新鋭彗星艦爆四が勇躍突撃していった。が、多数の至近弾を得たほか命中弾は一発も与えることができず、反対に、艦攻全機、艦爆一七機、彗星艦爆二機、零戦二機がそれぞれ還らなかった。

米空母部隊は、日本機の接近を三〇分以上前からレーダーで知り、戦闘機三六機を約七〇キロ前方に待機させていた。水上艦艇には、弾頭に小型レーダーをつけた近接信管（VT信管）がゆきわたり、たとえば日本機に狙われた正規空母バンカーヒルでは、一二・七センチ高角砲弾五三三発、四〇ミリ機銃弾約五〇〇〇発、二〇ミリ機銃弾約二万三〇〇〇発を射ち上げたという。これらの大型弾が、飛行機を直撃しなくても、近くまで来ればそこで炸裂し、機体を破壊ないし火災を起こさせた。この実情は、どうも日本側には「あ」号作戦が終わるまで呑みこめていなかったのである。

十日まででは、一航戦搭乗員の戦死者は三〇パーセントを切っていた。が、十一日の空母攻撃で、一気に五〇パーセントにハネ上がった。古賀長官は、あわてて十二日午後に作戦終結を命じたが、残った一航戦は、艦爆七、艦攻六、零戦三九、計五二機だけになった。七〇パーセントがやられてしまった。

福留参謀長の目算は、空でも海でも、大きく狂った。そんなに甘くなかったのである。一航戦は、即刻内地に帰して再建を急がねばならなくなった。そして、次に二航戦が再建を終わってトラックに到着する予定の十二月末まで、Z作戦は、やりたくてもできなくなった。

なんということであろう。三〇パーセントに減った一航戦がトラックに帰ってきた翌日から、ギルバート方面の緊張が高まり、米機動部隊が姿を現わして、二十一日、タラワに上陸を開始した。しかし、連合艦隊決戦部隊は、敵に一指も加えることができなくなっていた。

マキン、タラワは、十一月二十六日に陥ちた。米軍が「恐怖のタラワ」というように、タラワの守備隊員の死闘は、勇敢凄絶を極めた。おそらく、西の水平線をみつめては、連合艦隊はまだ救援に来てくれないのか、と思いつづけ、最後の一人になるまで戦って果てたのだろう。一航戦を出し、二艦隊を出しして大損害を受け、そのためZ作戦に大頓挫を来させたあの衝動的決断が悔まれた。

司令部の力関係は、長官、参謀長、先任参謀などの力量により、あるいは微妙な人間関係によって、司令部ごとに違い、いわゆる十人十色である。むろん、最終責任は司令長官、ないし司令官にあるが、問題はその色合いである。

たとえば、これまでに述べたうちもっとも色合いのハッキリしていたのは、真珠湾に行った南雲司令部と、山本司令部であった。

南雲司令部の場合は、南雲艦隊といわずに源田艦隊と陰口を叩いたように、源田航空参謀の進言に長官も参謀長もウンと頷いて、そのまま南雲長官の名で発令されるスタイル。山本司令部の場合は、山本長官の方針が長官の特別の信頼を受けている黒島先任参謀に直接に移され、宇垣参謀長は浮いていた。そして、古賀長官の場合は、連合艦隊長官に新任の内報をもって中沢人事局長が横須賀鎮守府に出向いたときかれが要望したように、古賀司令部で福留参謀長の占めるウェイトが非常に大きく、もっぱら参謀長が作戦指導に当たり、古賀は、ともすると蚊帳の外におかれたような格好になった。

「いくさは、どうなっているのかね」

将棋の腕前が古賀とチョボチョボで、長官に呼び出されて夜寝る前に一局対戦していた司令部の後任の参謀が、将棋の合い間に長官にそう聞かれて、びっくりしたという実話がある。その後、この参謀は、将棋に呼ばれるたびに長官に戦況の「御進講」をして、長官からたいそう感謝されたという。

いま、三つの例を述べたが、基本的な問題が一つあった。それは、長官が意思決定をするときに幕僚が補佐する、そのしかたである。

たとえば、ミッドウェー海戦の前段で「もう一度攻撃する必要あり」といって空母艦隊の近くまで帰りついてきた第一次攻撃隊と、敵空母を味方索敵機が発見した報告とが、ちょうどカチ合って、南雲部隊は正念場に立たされた。この場合の選択肢は二つあった。

——すぐ攻撃隊を出す選択。そうすると第一次攻撃隊は、海上に不時着させねばならぬ。

——第一次攻撃隊をまず収容する選択。そうすると、敵空母攻撃隊の発進が遅れる。

このとき、源田参謀は、考えたのち、

「在空のミッドウェー攻撃隊をまず収容し、しかる後、第二次攻撃隊（空母攻撃隊）を発進せしむるを可とす」

と進言した。南雲長官はうなずく。そして、

「収容終ラバ一旦北ニ向ヒ敵機動部隊ヲ捕捉撃滅セントス」

と命令が下された。

つまり、長官は「選択」によって意思決定するのでなく「イエス、ノー」をいうことによって決定するスタイルである。長官も参謀長もウンと頷くだけで事が決まる。「ノー」とは、ほとんどいわないから、「源田艦隊」という綽名も出ようというものだ。

これは、海軍の大きな欠点だった。

さて、このころ大本営は、古賀司令部に躍起の督促をしていた。

「十二月まではいい。以後、連合艦隊はトラックを出てパラオ以西に移れ」

トラックが、いつ奇襲を受けてもおかしくない状況になった、と判断した。くりかえすようだが、古賀は、かれがトラックにいることを、かれの統率の原点に据えていた。トラックに骨を埋める決意であった。かれは、南方諸島、マリアナ、西カロリン（パラオ、ヤップな

ど)、ニューギニア西部を結ぶ線を「死守決戦線」と名づけ、ここから絶対に動くまい、と覚悟した。

だが、動かないわけにいかなくなった。戦争三年目に入ると、米潜水艦に次々にタンカーを沈められ、内地でもトラックでも、燃料油のストックが危険なまでに減っていた。もっと産油地域に近いところに移らないと、行動はおろか、訓練もできかねた。連合艦隊司令部も、多量の油を食わないと機能できない超戦艦「武蔵」に乗っていていいかどうか、考え直さねばならなくなった。

陣頭指揮を信条とする古賀の苦悩は、見ていて気の毒なほどであったという。

折よく、中島情報参謀が、起死回生の妙案を進言した。絶対国防圏の要点に連合艦隊作戦司令所を置き、戦況に応じて、長官はもっとも適当な司令所に移動して作戦指導することにしてはどうか、という案である。

古賀長官は、大喜びした。道が開けた。

「死守決戦線を南北二つの迎撃線に分ける。敵が北部迎撃線にかかってきたときは、私はサイパンに位置して、全決戦を指揮する。敵が南部に来たときは、ダバオにあって全軍を指揮する」

古賀は、胸のつかえを一度に洗い流したような表情をした。武人が、死所を得たよろこび、であったろうか。

トラック空襲

昭和十九年一月七日と二月四日に、米偵察機がトラック上空に現われた。敵機動部隊の来攻が現実のものとなって、一月末と二月初めの二回に分け、連合艦隊はパラオとスマトラのリンガ泊地に疎開した。リンガはパレンバン油田の目と鼻の先で、再建を概成して南下してきた小沢艦隊の一航戦（「翔鶴」「瑞鶴」。そして四月中旬に「大鳳」が加わる）と合同、久しぶりに油を気にしないでいい猛訓練に明け暮れた。

一方、「武蔵」で内地に向かった古賀は、中央各部と精力的に打ち合わせをつづけて意思疎通をはかった。同時に、この危機をのり越えるキメ手としての第一航空艦隊の進出予定を、軍令部との間に決定した。

古賀は、一月末、再建を終わってトラックに出てきた空母航空部隊の二航戦を、南東方面に注ぎこんだ。空母も動けぬことだし、南東戦線の方が存分に働けるだろう、というようなことで、ラバウルに出した。そして、大損害を受けた。その直後、またまた敵がマーシャルに来攻した。どうすることもできないうちに、クェゼリン、ルオットなどの要地を奪われ、守備隊員は玉砕した。情勢判断をまた誤った。

古賀には、もう手持ちの航空部隊はなかった。あとは、第一航空艦隊を進出させるほかない。

第一航空艦隊は、当時、軍令部作戦課員だった源田実中佐が、昭和十七年末ころ着想したものだ。内南洋の島基地を不沈空母に見立て、基地を機動しながら、基地航空部隊が空母航空部隊と同じような海上航空戦をしようという。その案が採用され、十八年半ばから具体化させて、十九年二月には十三コ航空隊が編成されていた。

一航艦長官は、猛将と定評ある角田覚治中将。参謀長は、山本司令部にいたことのある三和義勇大佐、先任参謀は真珠湾で鳴らした淵田美津雄中佐という当代第一級の顔触れを揃えていた。飛行機数がまた多く、六十一航戦は七三二機、六十二航戦は九月に戦力が充実する予定で、そのとき両航空戦隊を合わせると一六二〇機にのぼるはずだった。

だが、実情は、搭乗員が不足し、訓練時間も少なく、機材も足りず、定数の半分しか飛行機がない航空隊も、なかにはあった。といっても、この機動基地航空隊が、海軍に一大威力を加えるものであることには間違いなかった。

だから、一航艦にとって何より大事なのは、搭乗員を訓練する時間を少しでも多く持つことだった。技量不十分なうちに戦場に出せば、ラバウルの悲劇をくりかえすだけになる。この一航艦が、日本の救世主になり得るか得ないかの境目が、そこにあった。そのため大本営では、これを異例の直轄部隊にし、技量が上がるまでは、誰が何といってきても戦場には出さぬ、と宣言した。

古賀は、一航艦の進出予定をきめてきたと、大いに喜んだ。が、果たして日本のため、ほんとうに喜ぶべきことであったかどうか。

ちょうどかれが、軍令部総長、海軍大臣に会って話しこんでいた二月十七日、トラック大空襲の急報が入った。

三月中、下旬ころには来るだろう、と判断していたから、またしても不意を打たれたが、何よりも、二日間の空襲で受けた被害が厖大だった。艦艇一〇隻沈没、一一隻損傷。そのほか、この船舶不足のときに、輸送船三一隻沈没。沈没輸送船の中には、二万トンタンカー一、一万トンタンカー二、一万トン級輸送船三が含まれていた。また、飛行機の損耗約二七〇機。施設はメチャメチャ。

一番大きなショックは、死守決戦線のカナメとしていたトラックが、完膚ないまでに破壊されたことだった。真珠湾の比ではなかった。その上、足りなくて困っているタンカーと輸送船、それも優秀船を含めて一九万トンが、一瞬にして消え去った。

古賀は、トラックの被害が大きいことが判明すると（二月十七日夕刻）、ラバウル方面の全飛行機にトラック移動を命じた。同時に、一航艦（六十一航戦）のマリアナ進出を下令、内南洋方面の航空部隊をすべて角田一航艦長官の指揮下に入れた。

「トラックが奪われたら中部太平洋は総崩れになり、もちろん南東も孤立する。ことここにいたっては、南東を持久することも無意味になった。トラックは、絶対に敵に渡してはならない」

古賀の信念であった。

それからわずか五日後、サイパン、テニアン、グアムに約二〇〇機が来襲した。こんどは、敵空母部隊を、うまく捕らえた。淵田参謀が、一航艦飛行機は内地から戦場に到着したばかりで攻撃準備もできていないし、カンジンの零戦隊がまだ到着していないから、パラオに退

避したがよいと進言したが、

「バカをいうな」

と一喝した角田長官は、一航艦に突撃を命じた。

戦果は、空母を含む大型艦五隻撃沈破と報ぜられた（米軍発表では艦艇の被害なし）が、被害が衝撃的だった。一航艦九三機のうち九〇機喪失。さらにサイパン、テニアンにいた三八機以上の基地飛行機が一二機しかいなくなった。

一航艦の九三機は、訓練がもっとも進み、技量ももっとも高い精鋭であった。それが、あっという間もなく全滅してしまった。

「敵を見たら必ず戦う」

というのは、なるほど勇ましいが、戦闘機をつけることができなければ、退避をすることも考えなければならぬ。

大本営の落胆は、大きかった。

そして、このあと最後まで、大多数の日本の航空部隊指揮官には、航空部隊戦力発揮の特質――搭乗員の実体、本質が摑めないままに終わったのである。

二月二十九日、東京からパラオに帰ってきた古賀は、急ピッチで進められている中部太平洋諸島への陸軍部隊の増強に、決戦部隊の艦艇を割いて支援協力につとめた。三月はじめから五月半ばにかけ、内地からマリアナに向かった「松」船団輸送は、敵潜水艦の蝟集する海面を通りながら、奇蹟的に少ない被害で目的を達した。

二〇日ばかり遡るが、連合艦隊がトラックから疎開しようとしていた前日、たまたま来艦した軍令部作戦課長山本親雄大佐に、古賀は述懐している。

「マーシャル方面の作戦不首尾で、遺憾である。一航戦（「ろ」号作戦）、二航戦を南東方面に注入したのは、誤りであった……」

パラオ

ギルバート、マーシャルは、すでに米軍西進の大根拠地となり、南東方面では、ガダルカナル、レンドバ、タロキナが重要な前進根拠地ないし基地として、北進のモーメンタムを蓄積していた。またニューギニア沖合いのアドミラルティ諸島が、三月末にはマッカーサー軍の手に陥ちた。これでかれらは、ニューギニア北岸伝いの蛙飛び作戦のためにも、パラオ、ヤップなど西カロリン諸島を直撃するためにも、格好な根拠地を手に入れたことになった。

ジリジリと包囲鉄環が締められつつあることを感じないわけにいかなかった。

古賀は、三月八日、エニウェトク（ブラウン）基地の奇襲作戦を命令した。陸攻二〇機がトラックから飛んで、夜間攻撃を加え、全機生還した。はじめ四〇機でいくつもりだったところ、直前偵察で大モノがいないことがわかり、機数を半分にした。士気きわめて旺盛だった。

そのころ、軍令部作戦課で、源田参謀の着想した「雄」作戦の研究が進んでいた。第一機動艦隊（小沢部隊）、第一航空艦隊（六十一航戦）、それに特殊奇襲部隊、攻略兵団、予備航空兵力一〇〇〇機以上を加えた大兵力で、六月上旬を期し、クェゼリン、メジュロなどの米基地を夜間攻撃する、という、いわば真珠湾攻撃成功の再現を狙った野心的作戦だった。

机の上での研究ならばともかく、実施する側としては、燃料の問題一つとっても、簡単に解決できるものではなかった。まもなく、軍令部から山本作戦課長と発案者の源田部員が説明に飛来した。

古賀の反応は、冷たかった。

(中央から新しい作戦計画をもってきたのは、口ではいわなくても、連合艦隊の作戦指導が消極的だと批判しているのと同じだ。作戦をどうするかは連合艦隊長官がお上の御信任を得て委ねられていることではないか)

そこでかれは、先任参謀(高田大佐から柳沢大佐に替っていた)に伝えさせた。

「消極的というのと、堅実というのとは違う。連合艦隊は堅実にやりたいと考えている」

三月も下旬になると、西太平洋は不吉なザワメキに揺らいできた。

二十八日朝、偵察機が、パラオから東七五〇浬のところを西に進んでいる米機動部隊を発見した。新しく編成された中部太平洋艦隊長官(サイパン)南雲中将は、即座にパラオ、メレヨン方面の厳重警戒を命じ、航空兵力の増援を手配した。

パラオにいた福留参謀長は、

「あわてるな。七五〇浬なら、空襲は三十日以後になる」

と、港内の第二艦隊(「武蔵」を加え、重巡五、駆逐艦七)、その他の艦艇一四隻(うち三隻は連合艦隊付属タンカー）、タンカー四隻、輸送船一二隻はそのままにした。身についたスピード感覚が戦艦中心時代のもので、スタートしてすぐに三〇ノットで走れるような空母中心時代には合わなくなっていたのか。

二十九日昼ころ、別の索敵機が、同じ機動部隊を意外に近いところで発見、翌三十日早朝の空襲は必至と判断された。

一大事である。二十九日午後二時、連合艦隊司令部はあわてて「武蔵」を下り、パラオの陸上に移った。そして、「武蔵」を二艦隊に編入して空襲退避を命じた。二艦隊は午後五時ころあわただしく出港していったが、パラオを出るとすぐ「武蔵」が敵潜水艦に雷撃されて損傷、修理のため内地に帰らねばならなくなった。つまり、古賀長官たちの乗る旗艦がなくなったのだ。

そんなドサクサのためか、それとも忘れたのか、二艦隊以外の艦艇や船舶の退避命令は出されず、パラオ根拠地隊が強引に退避出港させた輸送船五隻の船団以外、空襲で全部やられてしまった。

失ったもの、飛行機一四七機（残り実働九二機）、輸送船一八隻、連合艦隊付属タンカー三隻、艦艇六隻（うち工作艦「明石」、タンカー三隻）。つまり連合艦隊は、自分のところの大事なタンカー六隻をいっぺんになくしてしまった。

あまりの輸送船の被害の大きさに仰天して飛んできた伊藤整一軍令部次長は、こう報告した。

「連合艦隊ハ避難ニ関シテハ熱心ナラザルヨウ思ワル」

「熱心ナラズ」という評価は当たっていない。ちゃんと連合艦隊司令部は陸上に避難したし、二艦隊は空襲退避させた。ただ、福留参謀長たちの価値観が，総力戦時代に入った近代海戦のそれとマッチせず、工作艦やタンカーや輸送船の価値を、二義的なものとしてしか認識していなかったことが問題なのである。

一方、陸上に上がった古賀司令部は、はじめて米空母部隊の空襲を体験し、その潰滅的な迫力と凄まじさを満喫した。約六時間というもの、まったく無線の送信ができず、作戦指導もできなかった。福留も、やられてみて、はじめて飛行機の恐ろしい戦力を実感した。真珠湾で、米軍が目を覚ましたときから二年四ヵ月遅れていた。

空襲第一日（三月三十日）夜、福留は連合艦隊司令部のダバオ作戦司令所移転をきめ、飛行艇の手配をした。二日前の二十八日、大本営から、敵の大輸送船団がアドミラルティ（ニューギニア北岸沖）北方を西に向かっていると知らせてきていた。おそらく、パラオ攻略に来るものに違いない、とかれは判断した。

そして空襲二日目（三十一日）夕方、二式飛行艇二機がパラオに到着すると、

「あわてて移動することもないでしょう」

と幕僚が進言するのを斥け、急いで福留は司令部を飛行艇に分乗させた。その日の午後、テニアン、グアムからの索敵機が二群の敵機動部隊を発見していたので、グズグズしていると、明一日早朝からの空襲に巻きこまれると信じた。

大事故に結びつくときは、妙な誤判断、間違った思いこみが伏線になりやすい。なぜ福留参謀長がパラオが攻略されると判断したのか。迎えに来た飛行艇には給油もさせず、すぐに乗りこんで出発させたが、なぜそんなに急いだのか。そして、前記の大本営情報が、あとで調べてみると、誰も送信せず、また誰も受信していない「幻の電報」であり、事実とも違っていたが、なぜそれを信じたのか。——七ヵ月後、栗田艦隊がレイテ湾口近くで反転したのも、「幻の電報」がキッカケであった。おかしなことが起こるものである。

バラバラで進んだ二機の飛行艇は、途中、猛烈な台風に逢い、二機とも遭難した。古賀機は海面に激突したらしく、まったく行方不明。福留機は、ダバオの遙か北方、セブ沖に不時着水、大破炎上し、機体は沈没した。山本長官戦死のときと違って、こんどは連合艦隊司令部の移転（引越し）であり、特別の要務をもつ二、三の幕僚のほか全員が飛行艇に乗っていたから、実質的に古賀司令部は潰滅したことになった。

敵がマリアナ、カロリンの絶対国防圏に手をかけてこようとする寸前の連合艦隊司令部の潰滅であった。まさに、日本の国運を左右する最大の危機といってよかった。

運が悪い、とはこういうことをいうのであろうか。

司令部が潰滅したから、一から再建し直さねばならず、したがって再建に時間がかかった。古賀長官機の捜索に四月二十二日まで二二日間努力したが、ついに手がかりが発見できず、そこで全員殉職と認定したから、それだけ宙ブラリンの空白期間がふえ、それだけ対応策が立ち遅れた。こんな場合、連合艦隊の指揮権は「軍令承行令」によって次席指揮官に移るが、次席指揮官である高須四郎南西方面艦隊長官は、インドネシアのスラバヤに将旗を翻し、その位置が南西に偏っていたため、連合艦隊の重要時期での作戦指導が偏る、という不幸な結果になった。

もう一つ大問題があった。

不時着水した参謀長機で、福留参謀長と山本先任参謀たちが助かり、ゲリラに捕らえられた。幸い、一行は日本軍に引き渡され、無事に東京に帰ったが、そのとき中央では、福留参謀長たちが捕虜になったのかどうかを調べるのに熱中し、携帯していたはずの暗号書や機密書類がどう処置されたか、米軍の手に陥ちる懸念はなかったか、などについては、だれも問題にしなかった。福留参謀長もふれなかった。だから、この件が不問に付されることになると、機密書類がどうなったか、の問題まで不問に付された。機密書類がもし敵の手に渡った可能性があれば、さっそく暗号書を変え、作戦指導を考え直す必要があったのだが。

艦が沈没したとき、艦と運命をともにせず生還した艦長はクビ（予備役）にした、形式重視の嶋田海相好みの処置ではあった。が、実はこのとき、連合艦隊参謀長と先任参謀の持つ機密書類が米軍の手に押収されていた。戦後のことだが、山本先任参謀の所持品と思われる配布番号を付した最高機密のZ作戦関係書類が、米軍押収品の中に確認された。もちろん暗号書も奪われていただろう。なんのことはない、「あ」号作戦（マリアナ）、「捷」号作戦（フィリピン）など、すっかり米軍にこちらの手の内とハラの中をさらけ出し、日本軍はいくさともいえないいくさをしていたことになる。

もう一つは、古賀時代の次席指揮官、三月一日付で大将になった高須長官の指揮問題である。方面艦隊は、ふつうは担当地域の防備と治安維持にあたる、内地の鎮守府や要港部に似た部隊で、連合艦隊のように、打って出て敵と戦うことを任務とする外戦部隊とは性格も構造も大きく違う。だから、司令部の肌合いも違い幕僚の人数も少ない。

高須は、四月二日、全軍に宣した。

「本職連合艦隊ノ指揮ヲ執ル」

この宣言を聞いて、軍令部は、「軍令承行令」の規定で当然のこととは思いながら、頭をかかえた。

いま、連合艦隊は、米軍がマリアナ、カロリンの線にかかってくる機会を千載一遇の好機としてとらえ、全力を結集して敵を撃滅、戦局を一気に挽回しようと、壮大な「あ」号作戦構想を立てて戦備を急いでいる——このとき、もし高須が一航艦（角田部隊）と機動艦隊（小沢部隊）を西に移したり、作戦指導が西に偏ったりしたところへ米軍がきたら、戦わないうちに敗れてしまう。

軍令部も懸命であった。伊藤軍令部次長を特派して高須の説得にあたり、納得を得たかにみえた。だが、四月下旬になり、敵（マッカーサー軍）がニューギニア北岸の躍進を開始すると、高須はもうジッとしていられず、何もかも忘れたふうで、一航艦と機動艦隊航空部隊に西部ニューギニアの船団攻撃ないし攻撃準備を命じた。

混乱が起こった。小沢機動艦隊長官は、意見具申の形ながら命令を拒絶した。高須は躍起になった。それではと角田部隊にホランディアの敵部隊攻撃を命じた。命令だから仕方なく角田は五四機を南に向けたが、文句をつけた。

「何をいうか」と高須が怒って角田を叱りつけた。敵前のテンヤワンヤ劇である。狼狽した軍令部は、とうとう五月中旬までは飛行機を使わないよう高須に申し入れ、ようやく一件落着した——が、どっこい高須は、いったん握った飛行機隊を手離さなかった。かんじんのサイパンにいる南雲中部太平洋艦隊長官は、そのため指揮下の飛行機を全部高須に持っていかれて一機もなくなり、何もできなくなった。

戦争中、考えられないような事件であった。ともかく、この期間にニミッツ機動部隊が来なくて日本は助かったのである。

第三章　豊田副武の作戦

マリアナ

後味のよくなかった高須時代も、五月三日に終わった。この日、豊田副武大将が三代目の連合艦隊長官に公式に就任、大将旗を木更津沖にいた軽巡「大淀」に掲げた。二代目（佐賀県人）も三代目（大分県人）も、どちらも九州出身であった。

新編の豊田司令部が、発足を遅らせてまで研究を重ねた「あ」号作戦の発動される日が、近づいていた。

大本営と連合艦隊司令部は、連合軍の攻撃目標はフィリピンだ、と判断した。そうすると、地理的に見て、西カロリン（パラオ、ヤップなど）、西部ニューギニア、そして南部フィリピン（ミンダナオなど）がそのルートにあたる。なかでもパラオを中心とする西カロリン諸島には、早い時機に来攻する算が多い、と考えた。

マリアナ諸島（サイパン、グアムなど）がその判断に入っていないのは、実はタンカーが極度に減っていて、サイパンまで水上部隊が出ていくことができず、パラオまでなら出ていけるという状況があり、そのため、希望と現実がゴッチャになった。

いや、マリアナへの緊急輸送が、連合艦隊挙げての支援で、奇蹟ともいえる大成功を収めて終わり、喜んだ東条首相が、「もはやこれでサイパンは難攻不落」と太鼓判を捺した。敵はいつも堅陣は後回しにし、抜きやすいところから攻めてくるので、こんども、西カロリン攻略にメドがついてからマリアナには来るつもりであろう、と判断した。

五月に入ると、敵はマーシャル方面で攻略作戦の準備を急いでいる様子が、通信諜報に現われてきた。その様子を注意深く追跡していた軍令部情報部と連合艦隊の中島情報参謀は、敵はまっすぐマリアナに来ると判断し、進言した。が、だれも顧みなかった。セッパ詰まった状況では、マリアナに来たら困る、パラオに来てほしいと強く願えば願うほど、マリアナに来るという声は聞こえなくなり、パラオに来るという声ばかりが聞こえるようになるものらしかった。

折から、中央で息詰まるような折衝を重ねた結果、タンカー六万トンを新たに連合艦隊に回すことになった。これで小沢艦隊は、ギリギリのところでサイパンまでいけるようになった。

もともと「あ」号作戦の計画には、古賀前長官が守勢方針をとったのをやめ、積極的に海上決戦を求めて戦うべきだ、という軍令部の指示が織りこまれていた。

わが家の庭に押し入ってきた敵に、大小二振の刀を引き抜いた武士が戦いを挑み、一気に撃滅してしまおう、というのが構想であった。大太刀は角田部隊（一航艦）、小太刀は小沢部隊（機動艦隊）。角田部隊には、敵機動部隊を直接攻撃して敵空母三分の一を撃沈破することと、小沢部隊の目や耳となって協同攻撃することの、二つの面での活躍が期待されていた。

このとき（マリアナ沖海戦前）、日本の対米海軍艦艇兵力比率（ハワイ攻撃直前に対米六割九分であったもの）は、三割一分に低落していた。対米三分の一以下である。しかも、燃料油不足という重い足カセを嵌められていた。

飛行機隊の現実は、もっとひどかった。整備を終わるはずの五月末になっても、乾坤一擲の決戦ができる状態にはならなかった。敵機動部隊による二月半ばのトラック空襲、下旬のマリアナ空襲、三月下旬のパラオ空襲、四月末から五月はじめにかけてのトラック空襲、敵大型機によるトラック空襲、四月下旬のホランディア来攻とたたみかけられて、それぞれの基地にいた飛行機隊は、全滅か、全滅にちかい被害をくりかえし受けた。

基地機動航空部隊（一航艦）も、基地航空部隊（十四航艦）も、その事情は同じだった。急速訓練で、一応の腕前を持たせて戦場に出すと、すぐに空襲で戦死してしまった。「ソレ」と攻撃に飛び出すのは、どうしても腕のいい、自信をもった搭乗員たちになる。だからレベル以上のものが先にやられ、レベル以下だけが残る。あわてて訓練をし直す。その人たちがレベル以上にまで上手になったころ、また空襲があり、また戦死した。無惨であった。

この状況は、戦場の第一線でも、後方基地でもおなじだった。その上、搭乗員は、ことに技量未熟な若年者はなおさらのこと、技量管理と向上に細かい神経を働かせる必要があった。しばらく飛ぶ機会を与えずにおくと、ウデが落ちる。連日飛ばせると、見違えるほどウデが上がるのに。

一航艦を大本営直轄にして、誰が何といっても、搭乗員が一人前以上のウデになるまで戦場には出さぬ、としたアイデアはよかった。しかし、古賀長官の膝詰談判には、負けた。やはり過早に戦場に出してしまった。そして、「あ」号作戦を目前にして、集めることができた一航艦の作戦可能機は、一六〇〇機どころか、五三〇機たらずしかなかった。

このころの飛行機被害数字を見た軍令部は、戦闘のためでなく、着陸のときに壊れる数が多いのにおどろき、

「搭乗員の練度が、これほどまでに下がっているのか」

と嘆いたそうだ。昭和十九年五月になって軍令部が長嘆息していては、遅すぎるのである。なぜなら、練度の低い現実にあまり注意を払わないまま、巧妙きわまる作戦計画を立案する——そうすれば、いわゆる計画先行型——現実の技量との落差ができすぎ、結局、不成功に終わりやすいからだ。

くりかえすようだが、戦艦主兵時代から航空主兵時代に入って、戦闘をする単位がまったく変わった。以前は、艦が戦闘単位であったから、指導者は艦以上の管理、指揮を考えていればよかった。今は、水上部隊についてはそのとおりでも、航空部隊については、搭乗員一人一人について配慮しなければならなくなった。

真珠湾攻撃のときのように、搭乗員のほとんどが「超ベテラン」揃いならば、計画がたとえ搭乗員の技量を超えて困難な要求をしたものであっても、場数を踏んだ豊かな経験とすぐれた判断で、無理を乗り越えて「勝つ」ことができた。そのような離れ業が、どうして、ビギナー同然の若い搭乗員にできるだろうか。訓練途中の搭乗員――その訓練も、航空燃料不足、機材不足のため、十分でないものを、前線がカラになったからと引き出されてきた青年たちであった。

それにさらに拍車をかけたのが、新鋭機種の採用だった。真珠湾で働いた九九式艦上爆撃機に替わる彗星《すいせい》艦爆と九七式艦上攻撃機に替わる天山《てんざん》艦攻。それに、一式陸上攻撃機、例の「一式ライター」といわれた燃えやすい飛行機だが、これが銀河陸爆に替わった。どれも性能がよくなり、戦闘力が大きくなっていたが、それだけ構造が複雑になり、初期故障、不具合がつづき、慣れない整備員はむろん、搭乗員にも負担が重くなった。

「とにかく新しい飛行機に慣れるのが精一杯で、戦力向上にはあと二ヵ月――八月になればなんとかなる」

といっているとき、五月末、敵がビアクに、六月にサイパンに来てしまった。

この事情は、小沢部隊でも同じだった。四月下旬になってようやく着艦訓練をはじめた飛行機隊もあったくらいで、五月いっぱいは作戦は不可能、六月、七月にならねば無理であった。

といって、これは若い搭乗員のせいではなかった。この青年たちのためにいっておきたいのは、飛行機を駆って国の護りに挺身しようと健気にも決意しているのに、海軍から腕を磨く機会を少ししか与えられなかったことだ。ようやく一人で飛べるようになると、戦局の急迫とか、訓練用燃料不足とかいって、戦場に出された。

「なぜそれだったら、もっと早くから訓練をはじめてもらえなかったのか」

「なぜ航空燃料を十分に還送してもらえなかったのか」

簡単にいえば、指導部の誤判断、誤措置のツケを、若い搭乗員が払っていることにならないか。

それにもかかわらず、かれらは、揃って明るく、目が美しく、言葉もハキハキしていた。

「こんどのいくさは私たちでやります。生還は期しておりません。ご安心下さい」

「大和」の砲台長の、ある特務士官が、用事があって「隼鷹」に出かけ、帰りがけに飛行甲板や搭乗員室をのぞいたとき、そういわれた。

「激励にいったつもりだったが、逆に、若い連中に激励されてしまいましたよ。しかし、なァ――」

と絶句して、その特務士官は涙ぐんだ。この若い搭乗員たちは、やがて「あ」号作戦のアウトレーンジ戦法に挺身し、ほとんどが戦死してしまうのである。

小沢第一機動艦隊（空母九、飛行機四三九、戦艦五、重巡一一、軽巡二、駆逐艦三一）がタウイタウイに集結したのは、五月十六日だった。

リンガにいるよりも、はるかに戦場に出やすい。ここで、決戦態勢をとりながら、極力訓練をつづける。とくに、まだ不完全な発着艦訓練や総合訓練に力を入れ、仕上げをして乾坤一擲の決戦にのぞもう、と小沢司令部は目算した。

まず空母部隊が出動訓練をしたところ、一回出ただけで、三日とたたないうちに米潜水艦が集まって来た。そして泊地を出ると雷撃された。

あとで考えると、Z作戦要領などの機密書類を三月末に奪られていたから、小沢艦隊がタウィタウィに進出することも、基地航空部隊の飛行機が、どこの基地に何機くらいいるかも、米軍にちゃんとわかっていたわけだ。バカな話である。

それにしても、日本の潜水艦は、マキン、タラワ（ギルバート）で、タウィタウィの米潜水艦と同じ任務についた九隻のうち五隻、ルオット、クェゼリン（マーシャル）では二隻が二隻とも未帰還になっているというのに、タウィタウィでは日本は一隻の敵潜水艦も撃沈することができなかった。

空母は九隻もいたが、港外に出られない。艦載機は四三九機もいるが、このあたりは赤道無風帯で、しかも飛行機は新鋭機に変わり、重量が大きくなっている。広くない泊地の中では、発着艦ができなかった。タウィタウィまできて完全に封じこめられてしまったのである。いや、潜水艦狩りに泊地の外に出ていった新鋭駆逐艦が、四隻も逆に攻撃されて轟沈する始末でもあった。

電探《レーダー》、水測《ソナー》など対潜攻撃兵器の決定的な遅れが原因だった。小沢艦隊の先任参謀が二艦隊司令部にとんでゆき、申し入れた。

「敵潜が出ても、駆逐艦を出さないでくれ。駆逐艦がなくなってしまう」

信じられないような実話であった。

このタウィタウィに約一ヵ月いたことが、日本の運命を分けた。艦隊内部の打ち合わせ、研究会などの戦務には、便利で、効果もあがったろうが、練成途上の搭乗員には致命的だった。

小沢艦隊がタウィタウィを出てギマラス（フィリピン）に移ったのは、六月十三日。そして十五日には「あ」号作戦のためにギマラスを出撃したから、結局、練成途上の若年搭乗員は、腕がどんどん落ちていったまま、四〇〇浬もの長い道を、アウトレーンジ戦法にそって長時間飛びつづけ、待ち構えた敵戦闘機とVT信管に撃ち墜とされてしまったのである。

小沢中将は、海軍ではこの人の右に出る実戦指揮官はいないと評された、最高の戦術家であった。また、意思決定に幕僚の補佐を必要としない、きわめて稀な将官のうちの一人であった。しかし、作戦が終わったあと、かれは先任参謀にこういっている。

「訓練を（タウィタウィで）中断させたことが命取りになった。そして、部下にむずかしい戦法をやらせ、戦死させ、まことに申しわけのないことをした……」

小沢中将ですら、飛行機の本質を知らなかったのである。

ビアク

時間を二〇日ばかり前に戻す。

「あ」号作戦準備に忙殺されていた五月二十七日、皮肉にも日本海軍の海軍記念日にあたる日だったが、意表を衝いて、マッカーサー軍がビアクに来攻した。

ビアクは、絶対国防圏内に入ってはいなかった。が、重要な戦略的価値をもつ島なので、海軍は第一級の陸戦の権威者を配し、陸軍も一コ連隊を置いて守りを固めていた。そこへ、二十七日早朝から空襲、艦砲射撃をくりかえした敵が、午前七時、上陸を開始した。

このとき豊田司令部は、五月三日に正式発足して約三週間たったばかりで、みなハリキッていたし、声も大きかった。旗艦「大淀」に乗って柱島（広島湾）泊地に来ていたが、軍令部とは、直通電話で連絡した。

敵のビアク来攻を知って、幕僚からいろんな声があがった。ビアクには大飛行基地群が造られるのではないか、とか、ビアクに敵が来たのを幸い、小沢機動艦隊をすぐ攻撃に出せば、ニミッツ軍はこれを無視することはできないから、敵の攻撃を日本軍のもっとも希望する（タンカーが少ないため）西カロリン（ヤップ、パラオなど）に誘いだすことができる、とか。

その議論を聞いて、豊田長官も草鹿参謀長も、わりに簡単に新しい意見に乗った。

「そういえばそうだ」

といったふうに。

豊田は、戦後の回想で、自分を頑固者と規定しているが、かれもいうように、それは「生来お世辞や愛敬をいうことが嫌いで、思うことだけは腹蔵なくいってしまわなければ気がすまない。正しいと信じれば、あくまで遠慮会釈なくいってやる」という意味での頑固者――下世話にいうやかまし屋であった。「あ」号作戦は東方から押してくる敵に対して備えるのが基本であり、決戦主力を南や西に偏らせすぎると、「あ」号作戦計画そのものが崩れてしまうから、それはイカン、と「頑固」に反対したのではなかった。

豊田は、ニミッツ誘い出しの「希望」に賭けた。そして、五月二十七日夜、角田一航艦長官に、ヤップにいた第三攻撃集団九〇機を、ビアク方面に移動せよと命じた。軍令部には相談せず、独自の判断で決行したのである。

こうして、五月三十一日、藪から棒の「渾《こん》」作戦がはじまった。陸軍中央は反対した。その反対を押しきって、逆上陸作戦を強行した。

それまで東に向かっていた「あ」号作戦部隊の注意が、一気に、南のビアクに吸い寄せられた。

六月三日、豊田は、マリアナ方面にいた第二集団約一〇〇機に、ハルマヘラ方面への移動を命じた。これは、決定的だった。東の敵に備えていた三つの攻撃集団のうち二つまでを、南に移動させてしまった。残るのは、サイパン、テニアンにいる約八〇機と、ダバオ方面にいる約九〇機。ダバオ方面の飛行機は、地図で見るように南西に偏っているので、このあとサイパンに敵が来たとき立ち向かったのは、この、サイパン、テニアンにいた約八〇機だけであった。

しかし、豊田にしてみれば、そう決断した十分な理由があった。三代目長官になったあと、軍令部で戦局の説明をうけたが、そのとき担当者は、

「サイパンは難攻不落です。各戦略要地のなかで、サイパンが一番堅固です」

と強調した。事実、五月十九日に東条参謀総長は、中沢作戦部長にいいきった。

「ご安心ください。サイパンの防衛は、これで安泰です。……（敵が来攻しても）一週間や一〇日は問題ではない。何ヵ月でも大丈夫。けっして占領されることはない」

それを聞いて、草鹿は考えた。

「敵がサイパンに来たときは、陸軍がそこをシッカリ確保している間に、こちらはゆっくり準備を整えて作戦すればいいわけだ」

つまり、そのくらい大きな誤判断を、陸軍も海軍もしていたのである。

ちなみに、サイパンは、あとの話になるが、約二〇日間で陥ちた。

さて、「渾」作戦は三次にわたったが、逆上陸部隊をのせてビアクに近寄ると、有力な敵艦隊に待ち伏せられ、失敗した（暗号解読をして待ち構えていたから、どうしようもなかった）。

そこで豊田は、「大和」「武蔵」を出す決心をした。「大和」「武蔵」が撃ちまくれば、いやおうなく敵は救援に出てくるだろう、と考えた。

「大和」「武蔵」がはじめて主作戦でないところに出ていくわけだが、山本時代の参謀長だった宇垣纒中将（一戦隊司令官）に率いられ、ハルマヘラの南端の泊地に勢揃いしたのが六

月十二日朝。米軍は高速空母機動部隊を先頭に、その前日からサイパンに攻めかかっていたのである。

このとき、一航艦の二つの攻撃集団だけでなく、「大和」「武蔵」までもビアクに注ぎこもうとしていた豊田司令部にたいして、それでも手ぬるい、小沢部隊も突っこませろと、軍令部が後方から躍起になっていたことは、記録しておく必要がある。

サイパン

六月十一日夜、サイパンの南雲長官から、撃墜した敵機の搭乗員の持っていた資料にもとづく情報を知らせてきた。それによると、いまマリアナに来ている米機動部隊は、空母一五(正規空母七、軽空母八)、艦載機九〇二機で、その半数が戦闘機だという。

「スワ」

というべきところだが、大本営は驚かなかった。それは、一つには六月五日と九日、トラックから、豪胆で技量抜群な青年将校が、単機、米機動部隊の根拠地(メジュロ環礁)を偵察、五日には泊地を埋めていた大部隊が九日には一隻もいなくなっているのを発見報告した。また、ラバウルから飛んだ苦心の廃品再生による零戦が、アドミラルティ諸島泊地に、輸送船九〇を含む大部隊がいるのを発見報告したからである。

この戦争はじまって以来の完璧な積極偵察情報だったが、大本営は、その二つの情報から、これらはビアク来援兵力だ、と判断した。

「敵には、いまマリアナを攻略する余力はない。マリアナ空襲は、二日もすれば終わる。重要なのはビアクであって、サイパンではない」

この判断は、連合艦隊司令部もはじめはそれと同じだった。しかし、前にも述べたとおり「敵はまっすぐマリアナに来る」と判断している中島情報参謀の主張が、しだいに長井作戦参謀あたりにも理解され、同調されてきた。が、生憎なことに、柱島の浮標と軍令部を結ぶ電話線は、一本しかなかった。

連合艦隊としては、南や西に偏らせてビアクに向けてしまった一航艦の主力を、一刻も早く「あ」号作戦計画本来の配備に戻さなければならなかった。マリアナの空は、がらあきなのだ。作戦参謀は電話にしがみついた。

大本営は、ウンといわなかった。

「マリアナに小沢艦隊を出せば、(油の関係で)三日しか作戦できない。もしそこに敵の主力が出てこなければ、一度戻って出直さねばならない。それには一五日かかる。一五日も遅れたら、戦は終わってしまう。小沢艦隊をいつ、どこに出すか、この判断を誤ったら国運を危うくする。慎重の上にも慎重にやらねばならぬ……」

十三日。敵は艦砲射撃と、機雷を取り除くための掃海をはじめた。南雲中将からは、敵は十四日か十五日に上陸してくるとの判断を、緊急信で打ってきた。それでも大本営は、敵は攻略しにきたのではない、といいつづけた。作戦指導だから、連合艦隊司令部も、勝手なことをするわけにはいかない。

しかし「頑固者」豊田はとうとう我慢しきれなくなった。大本営そっちのけで、十三日夕方、立てつづけに号令した。

「あ号作戦決戦用意」

「渾作戦一時中止。大和、武蔵、二水戦……ハ原隊ニ復帰セヨ」

小沢治三郎中将が、南雲中将の後をうけて第三艦隊長官になったのは、昭和十七年十一月であった。それ以来一年半、空母機動部隊の指揮官とはいいながら、かれは一度も海上航空決戦の指揮をとったことがなかった。「い」号作戦、「ろ」号作戦などといい、空母機を基地航空戦に使われ、消耗し、再建することのくりかえしだった。これを賽の河原の石積みにたとえた口の悪い者もいたが、事実、そのとおりだった。

だから、当然のことながら、小沢のこの作戦にかけた意気込みは凄まじかった。

五月十九日、かれはタウィタウィで各級指揮官を集め、三つの作戦方針を宣した。

「損害を顧みない。大局上必要な場合、一部を犠牲にする。通信連絡が思わしくない場合、指揮官の独断専行を要する」

小沢は、「大和」「武蔵」、重巡部隊もあえて犠牲にする決心をしていた。そして、

「ミッドウェーの戦訓をとり入れ、索敵を綿密に行なう。わが飛行機の航続力が敵よりも大きいことを活用し、アウトレーンジによる先制攻撃を加える。敵のレーダーで過早に発見されるのを防ぐため、飛行機隊は、敵空母群の約五〇浬手前までは低空を飛び、そこから高度

を上げ、敵空母に急降下攻撃を行なう。有力な前衛（「大和」「武蔵」、重巡部隊）を主隊の前方一〇〇浬に配備し、飛行機隊の攻撃に策応して敵に肉迫、『大和』『武蔵』の砲戦力と優勢な魚雷戦力を発揮し、敵を撃滅する」

完璧な計画であった。練りに練った計画で、小沢は自信に溢れていた。戦闘に出るときはふつう降ろしていく軍楽隊を、かれは旗艦「大鳳」にのせていった。自信の深さがうかがわれた。

十八日夕刻、索敵機がめざす敵空母部隊を発見したが、小沢は攻撃をしなかった。夜間攻撃は搭乗員には無理だったし、またそれでは、小沢の構想が成り立たなかった。

かれは、航空攻撃は中止したが、前衛には、主隊の前方一〇〇浬の位置につかせた。海上航空決戦で、前衛を主隊の前方一〇〇浬の位置におき、飛行機隊が突撃に成功したらすぐ前衛も突撃して敵空母を砲戦、魚雷戦で撃滅しよう、という考えは、日本海軍独特のものだった。

「オザワはハンマーをふりあげたような隊形をとって攻めかかってきた」

と米史家が目を丸くした。

十九日未明から、小沢は綿密な索敵を開始した。やがて、期待どおりに、続々と敵発見電が入ってきた。索敵機には優秀な搭乗員を選りすぐって当てた成果が現われた、と胸を張る思いだったが、ほんとうは一ヵ所に集まっていた空母部隊を三ヵ所に分かれているように誤報していた。一つが正しい位置で、あとの二つが測りかたを間違えたため違う位置のようにみえたのだが、当時、それは小沢にはわからなかった。

小沢は、敵との距離三八〇浬で発艦を命じた。見事なほど、計画のとおりだった。一航戦（彗星、天山、零戦）一二八機、三航戦（零戦に二五〇キロ爆弾をもたせた爆戦、零戦）六四機が、最初に報告された（正しい）敵空母の位置に向かった。出発が遅れた二航戦（天山、爆戦、零戦）六九機は、発艦してまもなく、二番目に報告された位置（実は間違いだったもの）に途中で方向を変えることを命じられた。

一番影響が気遣われていた天候は、半晴、雲量八で、下層雲が三〇〇メートルの低さにあり、低いところを飛ぼうとしている搭乗員には苦しかった。発艦したものの、指揮官機に合同できない者、合同はできたが途中で見失うもの、などいろいろで、なんとなく数個の集団に分かれ、三々五々飛んでいる状態になった。

もう少し搭乗員一人一人に近寄ってみると、爆戦隊は緩降下爆撃の訓練ばかりで、敵機との空戦訓練はしていなかった。艦攻隊は雷爆撃訓練だけで時間がなくなり、洋上を飛ぶ航法訓練には手が回らなかった。だから、もし指揮官機がやられたら、あと、どちらに向かってどう飛んでいいかわからなかった。そして艦爆隊は、彗星艦爆がなかなか揃わず、訓練開始が遅れ、急降下爆撃の方法までは教えたが、命中率を高めるにはどうしたらいいかまでは教えるヒマがなかった。そして、タウィタウィ一ヵ月のブランクである。搭乗員には、まったく気の毒であった。

このすぐあとに、「大鳳」と「翔鶴」が米潜水艦の雷撃をうける。艦載機を無事に飛ばせることに精一杯で、潜水艦のことなど忘れていた。対潜警戒機は、艦隊がギマラスを出撃し、これから戦場に向かおうとする晴れの門出に、「大鳳」から出していた対潜警戒機が着艦に失敗、炎上。艦隊のみんなが見ている前で、飛行甲板にならべていた飛行機数機をメチャメチャにした。それにこりて、「もう対潜機は出すな」ということになっていたからどうしようもない。タウィタウィで「もう駆逐艦を潜水艦狩りに出すな」といったのとおなじであった。

若い搭乗員たちの不運は、まだつづいた。味方空母を出て敵空母にいたる約三時間行程のうち、味方に近いところは天候不良で、指揮官機や僚機を見失うほど視界が悪かったのに、敵空母の近くにいくと、雲一つない快晴になった。

レーダーで探知されるのを避けるため、海面を這うように、神経をすりつぶす低空飛行をつづけ、ようやく敵の約五〇浬から二〇浬手前に到着して、そこから高度をとりはじめようというところに、レーダーと無線電話でコントロールされた敵戦闘機の大群が待ち構えていた。「ろ」号作戦で、ラバウルから攻撃してきた小沢艦隊の飛行機を潰滅させた、あの海上要塞システムである。しかもこのサイパンの海で、五艦隊長官スプルーアンス大将が上空に上げていた戦闘機は、かれの手持ち全部――四五〇機を数えた。

味方機は、敵空母付近で、グアム上空で、つぎつぎと撃ち墜とされた。

その間に、敵空母は三ヵ所にいるのではなく一ヵ所に集まっていると、正しい敵情を報告してきた味方偵察機が二機いた。一機は、角田部隊から出た二式艦上偵察機、もう一機は敵情に疑問を感じた栗田前衛指揮官が、敵情を再確認するために出した水偵。角田部隊の艦偵は、敵空母は一ヵ所に三群がかたまっているといい、栗田部隊の水偵は、遅れて報告された二番目、三番目の位置には敵はいないといった。

戦後、米軍資料とつきあわせると、この二機の敵情報告が正しく、二番目、三番目に報告してきた小沢艦隊索敵機の敵情は間違っていた。だが、小沢は、この二つの報告を、

「そんなもの、捨てておけ」

と取り合わなかった。

小沢艦隊索敵機の能力に絶対的な自信をもっていたのと、角田部隊が計画に定められた小沢艦隊にたいする戦略的、戦術的協力をいっこうにしないのに業を煮やしていた（角田部隊の現状と、志はあっても協力が思うに委せない事情が、奇妙なほど小沢艦隊にはわかっていなかった）せいだったろう。

二航戦第一次攻撃隊は二番目に報告された敵の位置に、一、二航戦第二次攻撃隊は三番目に報告された敵の位置に（それぞれ敵のいないところに）向かったから、敵を発見できず、当然ながら混乱を起こすことになった。アウトレーンジ戦法とおなじように、これもまた若年搭乗員の足を引っぱったのである。

しかし、小沢の作戦指揮は、完璧にすすんでいた。十九日早朝、敵機に発見されることなく敵から三八〇浬に位置し、そこから飛行機隊を発進させ、すこしばかりバックして間合い

を四〇〇浬にとったときは、軍令部も、豊田司令部も、「これで勝った」と、祝杯を挙げる準備さえしたほどであった。

小沢の不運は、「大鳳」の爆沈だった。「大鳳」と運命をともにするというのを、大前先任参謀が、引きずらんばかりにして駆逐艦「若月」に移し、重巡「羽黒」に移った。すぐにでも情報を集め、情勢判断を下し、処置しなければならないが、駆逐艦ではもちろん、「羽黒」でも通信能力が足りず、現状を摑むことができなかった。

二十日、小沢は艦艇に燃料補給をさせ、その間に「羽黒」から空母「瑞鶴」に移った。その補給と移動の最中に、味方機が、意外なほど近くまで追いすがってきた敵機動部隊を発見した。この発見電報で小沢がすぐに行動を起こしていたら、敵機はとうてい日本艦艇をとらえることができなかったろうと思われるほどのキワドさ（行動半径の一番外れのところ）で、午後五時半ころ、敵機二一六機が来襲した。空母「飛鷹」が沈み、「瑞鶴」「隼鷹」「千代田」「榛名」「摩耶」が損傷し、タンカー二隻が沈んだ。

小沢はそれでもなお闘志を失わなかった。雷撃機隊を放って敵を追わせ、栗田部隊に夜戦を命じた。かれは、負けたとは毛頭思っていなかった。

やがて、雷撃隊は敵を発見できず、空しく帰ってきた。このころになると、ようやく小沢艦隊の現兵力が判明した。合計六一機。なんと、機動艦隊艦載機の八六パーセントを失っていた。

衝撃に言葉を失った小沢だったが、

「夜戦ノ見込ミナケレバ速ヤカニ北西方ニ避退セヨ」

と栗田に命じた。

この状況を、柱島の「大淀」で追っていた草鹿参謀長は、豊田長官の決裁を受け、長官の名で発信した。

「機動部隊ハ当面ノ戦局ニ応ジ、機宜敵ヨリ離脱、指揮官所定ニヨリ行動セヨ」

真珠湾以来の実戦体験から、敗将に避退のキッカケを与えようとする「親心」からの電報だったと草鹿は説明したが、小沢はそうは思わなかった。のち、大前参謀に洩らしている。

「もし自分が連合艦隊長官として現場に来ていたとすれば、二十日夜、全部隊を率いて徹底的に夜戦をやったであろう」

痛烈な皮肉であった。

サイパンは、予想もしなかった早さで陥ちた。

サイパンの悲劇を決定的なものにしたのは、二万五〇〇〇人の非戦闘員である同胞が、生活ごと戦闘に巻きこまれ、銃砲弾や爆弾を浴び、軍隊といっしょに追いつめられ、殺され、みずから生命を絶ったことであった。

サイパンが日本にとって重要なことは、ビアクの比ではなかった。B‐29が、ここから直接本土を空襲してくる（B‐29の性能は、あらましではあるが、当時、日本にわかっていた）。日本の戦争努力そのものが脅かされる。

当然のことながら、急遽、サイパン奪回計画が軍令部で立案され、六月二十一日には概案ができた。中城湾《なかぐすく》（沖縄）に戻ってきた小沢艦隊を、奪回作戦に参加させるため内地に呼び戻した。

小沢艦隊が敵撃滅に失敗したことを知った海軍部内は、それこそ蜂の巣をつついたようになった。「海軍士官」と名のつく者は、サイパンが本土を防衛するためにどれほど重要か、身にしみて知っていた。危機感が、一時に胸の中にふくらんで、息苦しくなり、じっとしていられないように感じた。

例によって、「大鳳」「翔鶴」の沈没は、厳秘に付され、少数の幹部のほか、部内一般には知らされなかった。

当然、中堅以下は積極、強硬論を唱え、トップは実情を知っていて煮えきらず、その煮えきらない態度を見て、中堅以下は積極、強硬論をさらにエスカレートさせた。

なかでも、もっとも強硬な主張をくりかえしたのは、教育局第一課長神《かみ》重徳大佐だった。鹿児島出身の逸材で、砲術屋。海軍大学校を恩賜で卒え、すぐにドイツに駐在。開戦時、軍令部作戦部首席部員。ガダルカナル初期、第八艦隊先任参謀として第一次ソロモン海戦を企画、成功させた。頭の回転の早い、直観肌。おなじ恩賜で大学校を出た飛行機の源田実中佐の四年先輩。色合いは違うが、どちらも海軍の頭脳的機関車であることには変わりなかった。

神大佐は、永野軍令部総長、嶋田海相、さらに岡田啓介大将に、海軍は全艦艇を挙げてサイパンを奪回すべきだと直訴。中沢作戦部長には、

「私を戦艦『山城』の艦長にして下さい。サイパンに擲りこんでノシ上げ、砲台がわりになって戦います」

と熱心に説いた。

しかし、さすがに豊田は、幕僚を軍令部に出頭させ、擲りこみを封じた。

「兵力がない。制海権も制空権も敵に握られている。そこへ兵力を入れるといっても、入れようがないではないか。第一、飛行機にしてからが、後詰めを持たず、手一杯のいくさをしてきた。それがやられてしまった今では、もう手も足も出ない……」

軍令部がいくら勇壮な計画をたてても、強硬論者がいくら声を張り上げても、実情を知れば知るほど、この奪回は不可能であった。少しあとの話になるが、「大和」の沖縄特攻を合わせ考えてみれば、結果は見えていた。あとはそのとき、どう冷静に最善の策をとるかであった。

天皇もお心を痛められ、なんども奪回について注意をされたが、道はなかった。

サイパン失陥すぐあと、参謀本部作戦課長服部卓四郎大佐が、軍令部の山本作戦課長に訴えた。

「サイパンの戦闘で、わが陸軍の装備の悪いことが、ほんとうによくわかった。しかし、今から改善にとりかかっても、もう間に合わない……」

回天、桜花

サイパンを失い、海軍内部に危機感が沸騰する中で、つぎつぎに登場してきたのは、特攻兵器だった。

「こんなことをしていたら、日本は、間違いなくやられてしまう」

それまで、上司の指揮に黙々として服し、死地にとびこんでいった若い軍人たちが、めいめいの目の届くかぎりに目を馳せ、想像力を働かせて、一人の力で敵にもっとも大きな打撃を与える方法を考えていた。

メーカーやエンジニアが考えたのではなく、ユーザーでありオペレーターである者が考えたところに、特徴があり、本質があった。自分で考え出したものに自分で乗ってゆき、身体ごと体当たりをして敵をやっつけようとするのである。

米軍の大攻勢が、ソロモン、ニューギニア、太平洋の三方面ではじまった昭和十八年秋、特殊潜航艇の訓練を受けていた黒木博司中尉、仁科関夫少尉は、これでは兵力の整備に時間がかかりすぎる、もっと早く整備できる強力な兵器はないかと研究して、「人間魚雷」を考案した。そして自分で軍務局に出頭し、兵器に採用してもらいたいと請願した。

その考案を見た永野軍令部総長は、

「それはいかんな」

と一言のもとに斥けた。

黒木中尉はひるまなかった。昭和十九年二月、再度の請願をした。たまたまトラックが空襲されて潰滅し、中央が大ショックを受けたときだったので、軍務局一課の担当者・吉松田守局員は、課長と相談し、ひそかに工廠に試作を命じた。むろん、最後の段階にきたら、搭乗者は脱出できるようにするのを条件として。

この脱出装置が難物だった。なかなかうまくいかない。

「うまく脱出できたとしても、どうせ射殺されるか、捕虜になるかじゃないですか。脱出装置など要りません」

黒木、仁科の主張で、脱出装置はつけないことにした。そして七月、三基の試作艇が完成。実験、研究の成績はよかったが、この、脱出装置なしの、いったんとび出したらまず帰ってこられないものを兵器に採用すべきかどうか、甲論乙駁で決まらなかった。

そこに、また大ショックがきた。「あ」号作戦に参加した潜水艦三二隻中二〇隻（約六〇パーセント）が未帰還となるばかりか、サイパンも陥落した。もう特攻——体当たりでいくしかないと、潜水艦部隊の中で、特攻作戦採用の希望が急増した。こうして、「人間魚雷」が兵器に採用され、「回天」と名づけられた。九三式六一センチ酸素魚雷を改造して一人乗りとし、二〇ノットで四三キロ、三〇ノットで二三キロの駛走能力をもち、頭部の炸薬量は魚雷の炸薬量（米魚雷の一・七倍をもつ）の三倍強（一・六トン）。どんな艦艇でも一発で撃沈できる猛烈なものであった。

一方、サイパンに敵が来た六月、大田正一飛行特務少尉は、人間操縦ロケット推進体当たり機、いわゆる「人間ロケット爆弾」を若い搭乗員仲間といっしょに考案し、

「私たちが乗っていきます」

と計画を航空本部に持ちこんだ。

「人間ロケット爆弾」は「人間魚雷」よりももっと特攻的であった。いったん空中から発進したら、絶対に帰ることができない。このとき、永野前総長に代わり、一人二役制とかいって嶋田繁太郎大将が総長と大臣を兼ねることになっていた。そのせいか、あるいはサイパン陥落直後だったせいか、すぐに航空技術廠の急速設計に移され、九月はじめには「桜花」第一号機ができあがった。

頭部の炸薬量一・二トン、全重量二トン強。一式陸攻の胴体下部に吊り下げ、高度三五〇〇メートルで母機を離れて約二〇浬飛ぶ。速さは高度三五〇〇メートルで二五〇ノット（四六四キロ／時）、火薬ロケット三本を持ち、ロケットを噴かすと三五〇ノット（六五〇キロ／時、つまり二分の一マッハ）の猛スピードを出す。

問題は、それを、一式陸攻に吊り下げて飛ぶ点にあった。最高速度が二三〇ノットくらいしか出ず、あまりにも遅すぎて撃墜されやすくなったからといって、二九〇ノットで飛ぶ銀河陸爆に代えた。その旧式の一式陸攻に、魚雷の三倍弱の重さの桜花を吊り下げるから、陸攻の動きは、見ていて気の毒なほど鈍重になった。戦闘機が完全にカバーしないかぎり、まず第一に、敵の近くにたどりつくことが不可能とみられた。

もう一つは、山本時代のアイデア先任参謀だった黒島軍令部二部長（戦備担当）から出たものである。相変わらず、自分の部屋を暗くし、香を焚いて考えていたというが、昭和十九年四月（マリアナ来襲二ヵ月前）、中沢作戦部長に「作戦上急速実現ヲ要望スル兵器」七種を申し入れた。

中沢作戦部長は、黒島二部長について、前にも述べたが、信用していなかった。

特殊兵器では、たいした戦果があがるはずがない。したがって、これで戦勢を挽回できると考えてはいなかったが、戦はもはや尋常な手段では手がなくなっていた。資材不足の状況で量産ができ、戦果が期待できるものだったら、作戦部が作戦上から要求したものではなくても、戦備を整えるという見地から賛成してよい、とすこぶる持って回ったいいかたながら、口上書をつけて海軍省に緊急実験を要求した。

受け取った艦政本部は驚いた。いま、工廠は、「あ」号作戦から帰ってきた損傷艦艇の修理と、対空砲火を飛躍的に強化するため、二五ミリ対空機銃を全艦艇、甲板のあいているところには残らず据えつけてハリネズミのようにしていた。そのため、猫の手も借りたいほどなのに、そこへ思いつきの「アイデア特攻兵器」を持ちこまれ、手順を狂わされるのはやめてもらいたいと考えた。

そこで黒島二部長に説明を求めた。

「これだけは、ぜひ実現してほしい。これだけ造ってくれれば必ず頽勢を挽回できるが、これができなければ必ず敗戦になる」

とかれが答えたので、艦政本部は二度びっくりした。

「なんだ。敗戦になったらそれを作らなかった艦政本部の責任、ということか」

ともかく艦政本部は、すでに生産をはじめていた「震洋」（船外機付衝撃艇）、前記の「回天」のほか、「震海」とのちに命名される特攻部隊用兵器（小型潜航艇で、敵艦船に水中から近づき、船底に爆薬を貼りつけて避退してくるための兵器）を試作することにした。

しかし、作戦部は、こういう特攻兵器を考案し、製作して、それで戦備を整える、という思想に、どうにも納得できないものを感じていた。

「そんな凄惨な戦いをする前に、いくさをやめねばならぬ」

伊藤軍令部次長が、苦々しげにいった。正論であった。

海軍工廠の幹部と従業員の不眠不休の突貫工事によって、第二艦隊三六隻の艦艇に対空機銃を短期間に増備することができた。二五ミリ機銃を、なんと「大和」には一一五梃、「長門」には九八梃、「金剛」九四梃、重巡には五〇ないし六六梃、軽巡約五〇梃、駆逐艦約三〇梃植えこんだのである。

そのほか、船体自体に不沈対策——住む不便を忍んでも防水力を強化し、沈みにくく改造した上、大型駆逐艦以上の全部に電探《レーダー》を装備した。対空見張用と対水上見張用までで、艦隊側がもっとも強く望んだ射撃用電探は、関係者が必死の努力をしたが、わずかなところで内地出撃に間に合わなかった。対水上見張用電探の方向精度を上げるように手直しして、それで我慢するほかなかった。

レーダー装備については、ちょうど米海軍部隊のガダルカナル中期とほぼ同じような状態に日本海軍艦艇があったわけで、単純に比較すると、日本は二年遅れていた。

また水測兵器（水中測的兵器）についても同様で、タウィタウィで、潜水艦狩りに出た新鋭駆逐艦が、逆に潜水艦から沈められたことで、この部門での日米の優劣がわかろうというものだった。

電探にせよ、水測兵器にせよ、軍令部は、

「攻撃は最良の防御である。さような消極的な防御兵器は、帝国海軍には不要である。そのようなヒマと金があるのだったら、もっと攻撃兵器の開発改善に力を入れてもらいたい」

と一喝して、スタート段階では、けっして英米に立ち遅れていたとはいえない技術陣の着想と研究開発にストップをかけたものだ。

それは、開戦二年前の話だったが、開戦後も、

「艦底から（水中聴音機の）ドームをぶら下げるだと？　狸じゃあるまいし……」

と、笑いとばして取りあわなかった。そして、戦争も中期にすすみ、撃破したり捕獲したりした敵艦艇が、キール（竜骨）を切り、ドームを艦底からぶら下げているのを見ると、たちまち豹変して、水測技術者のいうことに耳を傾けるようになったが、時すでに遅かった。

日米海軍艦艇は、マリアナ沖海戦後、隻数にして一八二隻対七三四隻（対米二五パーセント）、トン数にして対米二八パーセントに落ちていた。

台湾沖航空戦

フィリピン戦では、豊田はこう戦おうと考えた。

「『あ』号作戦で、第一航空艦隊（基地航空部隊）と第一機動艦隊の飛行機は、どちらもほ

とんど全滅した。基地飛行機、空母機とも再建を急がなければならない。もう一つの基地航空部隊（第二航空艦隊）は、再建中で戦場に出さなかったが、この再建を急ぐ。そしてこれをフィリピン方面に出し、フィリピンで再建中の一航艦と一緒に作戦させる。空母部隊は、内地で飛行機を揃え、搭乗員を急速練成する。水上部隊（第二艦隊）は、リンガ泊地で訓練しつつ待機する。

フィリピンに敵が来たときは、機動部隊航空兵力がこれに当たらないといけないが、これが質も量も、とてもその任を果たすだけのレベルには届かない。だから、敵が近くにきたとき、基地航空部隊――一航艦と二航艦で当たるほかない。また、敵が上陸部隊を伴って上陸地点に来たときは、なるべく敵機動部隊を外の方に牽制し、同時に、基地航空部隊が護衛した水上部隊を敵の上陸地点に突入させ、上陸兵団を殲滅する――これが敵のもっとも痛いところだから、十分に力を入れる。そういう方針をたてた。

これは、まったく兵術の常道を外れた計画で、制空権の十分でないところに、洋上決戦をするための水上部隊主力で上陸地点に突っこもうというのだから、非常な奇道だ。しかし、こうするほかに手の打ちようがなかった」

後詰めのない、一直《ちょく》海軍の苦しさ。一本勝負を信条として、長い年月をかけ、物的戦備も人的戦備も整えてきた日本海軍は、このような戦いの性格の変化にはもっとも適応しにくく、その層の薄さ、息の短さが、ここで一挙に噴出する結果になった。

それは、米海軍の作戦指導方針によって、いっそうひどくなった。

「日本海軍に立ち直る時間を与えるな。スケジュールをどんどん縮《つ》めろ。繰り上げろ」

日本軍にとって、何よりも痛いところをかれらは衝いた。

サイパン攻略は、もと十月一日の予定であったが、六月十五日に繰り上げた。

フィリピンも、もと十一月十五日にミンダナオ、十二月二十日レイテ上陸の予定であったが、ハルゼーの進言で、ミンダナオをバイパスし、十月二十日レイテ上陸に繰り上げた。

日本軍の敵情判断は、かれらの原案とほとんど一致していた。それに向かって、必死の急速戦備を整えていたから、この二ヵ月の予定繰り上げは、致命的だった。

それは、セブにはじまった。

セブで再建を急いでいた一航艦爆戦隊約一五〇機は、約二年前、ラエに向かう五十一師団の輸送船八隻を全滅させた米陸軍機の反跳爆撃、その特殊爆撃法を懸命に訓練していた。反跳爆撃は、雷撃と同じ気持で、超低空を突撃し、敵艦船に体当たりするようにして爆弾を投下するのがコツであった。生還しようなどと考えていたら、とうてい爆弾を海面にスキップさせ命中させることはできなかった。

九月六日からパラオを荒らしていたハルゼー機動部隊が、九日、突然、ダバオを中心にミンダナオを襲った。ダバオにいた一航艦長官寺岡中将は、捷号作戦指導要領にしたがって、兵力温存のため、セブの零戦隊をマニラ方面に退避させた。

そこへ、ダバオ誤報事件が起こった。

十日未明、ダバオ付近に敵が上陸した、という誤報である。確認を命じたが間違いないという。一五〇〇名の守備隊は大混乱、「日本海軍はじまって以来の大不祥事」となった。

豊田は、ダバオ敵上陸の急報を聞いて、すぐに「捷一号作戦警戒」を発令、一航艦の直属上級司令部である南西方面艦隊長官三川中将（在マニラ）は、一航艦にこの敵を反撃せよと命じた。

一航艦爆戦一五〇機は、寺岡長官の命令で、セブからマニラ（クラーク基地）に移動し、機体を掩体《えんたい》に分散し終わったところだった。そこへ三川長官の攻撃命令が来たので、掩体に入れたばかりの零戦をまた引き出し、セブに飛び戻り、夕方着いた。

ダバオに敵が上陸したという情報は、そのころまでには誤報とわかり、一連の命令は取り消されていた。敵機動部隊は引き揚げたものと判断されていたから、急ぐ必要はなかったが、ともかくこの一五〇機の零戦をまた分散させねばならなかった。寺岡長官から「指揮ヲトレ」と命じられていた有馬正文少将（二十六航戦司令官）は、一航艦先任参謀と航空参謀に分散の手配を命じ、自身は寺岡長官の行動予定に合わせてマニラに帰った。

そこへ、十二日、引き揚げたと思ったハルゼーが、セブに襲いかかった。

ハルゼーは、ミンダナオの航空撃滅戦で、時間をかけてでも日本機を全滅させてしまうつもりでいたが、ダバオ空襲では、日本機は二機出てきただけだった。兵力温存で退避しているとは知らなかったから、かれは日本軍の飛行機は底をついたと判断した。そして、予定の繰り上げをニミッツ長官に進言する一方、予定が早く終わったから、来たついでに中部フィリピンも叩いておこうと、セブを狙った。

この空襲で、九月一日には総計二五〇機を算した反跳爆撃集団が、九九機に減った。その上、飛行隊長、飛行長、そのほか老練搭乗員多数が戦死した。

一航艦が崩壊した。兵力温存策が裏目に出た。軍令部総長の命によって、伊藤軍令部次長が全軍の注意を喚起する電報を打ったが、激しい文句を連ねてあった。敵空母群にたいしては、攻略部隊を伴っていようといまいと、好機があったら敵を遁がすなと、攻撃が強烈に前に押し出されていた。一ヵ月後に起こる台湾沖航空戦を、このときすでに電文で予言したようなものだった。

やがて、あわただしく寺岡一航艦長官とダバオの根拠地隊司令官を敵前で交替させた。寺岡中将のあとには、大西瀧治郎中将が、東京からやって来た。こうして、反跳爆撃で敵にひと泡噴かせてやろうと決意を固め、フィリピン沖をわが墓場と覚悟していた一航艦の爆撃零戦隊（二〇一空）搭乗員たちは、大損害のために機数が減り、反跳爆撃ができなくなって、目標を失って呆然としていた。そこに、新長官の大西中将が着任して、最初の組織的特攻をはじめた。

「よし。いこう」

と、軍艦が進水するように、かれらがすうッと大空に向かってとび出す機縁がそこにあった。

十月十日早朝からの沖縄大空襲は、那覇市が壊滅的な打撃を受けただけでなく、日本軍の捷号作戦計画のフレームワークを、すっかりメチャメチャにしてしまった。

前に述べた伊藤軍令部次長の「温存から攻撃へ方針変更」（実際はそうではなかったが、前線にいる責任者は、そう読みたくなる、またその方がずっと戦いやすくなる電報だった）が土台となり、庭先に乱入してきた敵をそのまま帰したら日本の恥だといった怒りが、連合艦隊司令部を、この敵機動部隊反撃に即座に反応させた。だがそのとき、豊田長官は、不運にも台湾にいたのである。

前線視察と激励のため、参謀副長と副官を連れて十月二日、マニラに出かけた。途中で風邪をひいて台湾の高雄で三日間寝こんでしまい、予定がそれだけずれ、ともかく終わって明日内地に帰ろうと台湾に着いたのが九日だった。そして、沖縄空襲にぶつかり、引き続き台湾空襲をたたみかけられて、十月二十日正午まで日吉に帰ることができなかった。日吉は横浜市港北区にある慶応義塾大学の建物と地下壕で、九月二十九日、旗艦「大淀」から移転したもの。陣頭指揮を旗印とした連合艦隊長官が、後方の陸上ポストに移ったのは、日本海軍の創設以来、はじめてのことであった。

さて、作戦部隊最高指揮官が幕僚二人だけを連れて司令部を離れ、適切な作戦指導もできず、一〇日間も身動きがとれなかった原因は、これも情勢判断を誤ったからだ。

九月下旬になると、米軍のフィリピン来攻は十月下旬以降と判断した。実際に米軍がレイテ湾（スルアン島）に上陸するのは十月十七日だったから、ここでも来攻予想よりも実際のほうが、約二週間早かったことになる。

もっとも、この時機になると、開戦後三年たち、通信諜報にもそれだけの積み重ねができて、暗号解読ほどにはいかなくても、的中率はずっと高くなった。だが、日本軍の方も、それだけ台所が苦しくなり、手から口への譬えそのまま、若い搭乗員は教育隊からまっすぐに戦場に出る形になっていたから、二週間の見込み違いでも、影響は非常に大きかった。

参考までに、この時期の航空兵力の概数を述べておく。九月十五日現在、こうであった。

フィリピンにある一航艦一二六機。内地で訓練中の二航艦、T攻撃部隊（後述）、三航艦、十三航艦などをそれに増援して、基地航空部隊を一一一機にする。さらに三艦隊空母機一六三機、陸軍航空兵力を加えると、フィリピン決戦に備える基地航空兵力は、戦闘機約一一〇〇機、攻撃機約八〇〇機。そのとき内地に残って本土防衛に当たるものは約五六〇機、という顔触れであった。

さて、豊田長官の留守をあずかる日吉の草鹿参謀長（中将に進級）は、さっそく長官の名で、

「基地航空部隊捷二号作戦警戒」

を令し、航空部隊を配置につけた。沖縄のような、いわば奥地に踏みこんでくる以上、米軍は空母機動部隊の全力を結集してきているはずで、それにたいして草鹿は、豊田の名で、九州南部から台湾にかけての戦場で決戦を予期し、二航艦（T攻撃部隊を含む）の全力と一、三航艦の大部に作戦警戒を命じたのだ。

すると、おなじ豊田長官の、

「基地航空部隊捷一号及ビ捷二号作戦警戒」

という命令が、台湾の新竹基地から打ちこまれたではないか。先の日吉からの電報と違うのは、「捷一号」が命令に組みこまれていることで、その場合、規定によると、決戦場に広くフィリピン方面までも加え、一航艦は全力をあげて参加することになる。

「同じ長官が違う命令を出している。いったい、どっちがほんとうなんだ」

めんくらったのは、部下たちだけではなかった。豊田自身も、二つの電報を見くらべて、苦虫を嚙みつぶしたような顔をした。

マリアナ沖海戦の小沢といい、こんどの豊田といい、日本海軍の上級指揮官の中には、いつ指揮権を委譲すればいいかの判断のまずさが目につく人が少なくなかった。

いったい豊田は、台湾の新竹基地あたりにいて、連合艦隊司令部としての通信能力とスタッフシステムを持っているつもりだったのだろうか。

いいや、豊田は、そうは思わなかった。かれは、台湾沖航空戦で、またまた大号令をかけるのである。

もう一つは、「あ」号作戦のときと違って、捷号作戦では、陸海軍が一体となり、作戦指導の大綱を両軍共通にして敵に当たろうとしていたことである。具体的には、「決戦用意」までは豊田が命じ、「決戦発動」は大本営が命ずる。連合艦隊長官の命令で、陸軍部隊が敵の中にとびこんでいくわけにはいかない、という問題があったからだ。

鳴りをひそめていた米機動部隊は、十月十二日早朝から、艦載機の大編隊をくり出して、台湾各地に襲いかかった。おりから、台湾の東方海上には台風があって、天候不良のところが多かった。

「T攻撃部隊にあつらえ向きの舞台じゃないか」

台風があり、シケる暗夜は、艦載機を発艦させるのはむろん、水上艦艇もうまく射撃できない。このチャンスに敵機動部隊に殺到、一方的に雷撃して敵を撃滅しようという、源田実参謀の着想によって編成し、訓練してきた偵察隊三〇機、攻撃隊一三〇機の特殊部隊（Tはタイフーンの T）であった。

T攻撃部隊の大型機（飛行艇、陸攻）には新開発の飛行機用レーダーを装備した。新機材と新兵器を優先的に供給し、隊員には生き残った熟練搭乗員を基幹として充てた。当時としては日本最強の攻撃部隊であった。

「基地航空部隊捷一号及ビ捷二号作戦発動」

が発せられた。十二日午前十時すぎだった。

台湾南部の高雄基地にいた福留繁二航艦長官の命令で、T攻撃部隊が、三波に分かれて台風のなかを突き進んだ。

「練度はかなりの程度までいっている。昼間の攻撃は問題ないが、暗夜の攻撃はまだ訓練を要する。荒天の行動は大丈夫で、九七〇ミリバール、風速一七メートルの熱帯低気圧ならば中心を突破することができる」

一ヵ月前、T攻撃部隊の訓練地を視察した発案者の源田参謀が、報告したその部隊であった。

「あ」号作戦のときと違って、索敵機と直前偵察機の活躍が見事だった。暗夜のことだから、敵をとらえていないと、洋上で迷子が続出するはずであった。飛行機にレーダーをつけているといっても、電測員がまだ不慣れだし、真空管をパンクさせたらそれっきりだ。そして故障ないし不具合レーダーが、装備している飛行機の八割近かった。そんな悪条件を乗り越えて、かれらはシャニムニ進撃した。

この日午後七時ころ、T攻撃部隊の第一波五六機が敵機動部隊に突入した。第二波の天山二三機と陸軍重爆二二機は、夜半突撃。生還した搭乗員の報告を集め、福留長官は速報した。

「撃沈二隻。中破二隻。艦種不明撃沈、中破各一隻、空母の算大」

これを見た日吉司令部の草鹿参謀長は、味方偵察機の報告と捕虜情報をそれに重ねあわせて、

「ここが、いくさのしどき」

と観た。——幸先よく敵の一角を撃破した。おそらく敵は台湾空襲をつづけてくるだろう。これこそ、空母機動部隊を持たぬ日本が、基地航空部隊で敵機動部隊を撃つことのできる天与の機会である。この機動部隊を撃滅しさえすれば、敵の進攻企図は挫折する。

かれは、自己チェックも忘れ、勇躍した。今夜さらにT攻撃部隊を差し向けて戦果を拡大、明十四日は、全航空兵力を注ぎこみ、航空総攻撃をかけて、敵を徹底的に撃ち砕く。

「集中全兵力ハ速ニ総攻撃準備ヲ完了シ、明十四日ヲ期シ決戦ニ突入」「挺身必殺ノ攻撃ヲ敢行シテ敵空母殲滅ノ必成」を期するよう、参謀長の名で檄をとばした。文字までが躍動乱舞しているようであった。

こうして、十三日、T攻撃部隊四五機、十四日、三次にわたり約四五〇機が突入、十四日午後、T攻撃部隊指揮官が報告した十二、十三日分の総合戦果には、空母九ないし一三隻轟撃沈(内正規空母四～六を含む)、その他にも相当多数の艦艇を撃沈破した、とあった。

軍令部も連合艦隊司令部も、驚喜した。敵空母撃沈の報告を聞かなくなって久しい。その空母を、九ないし一三隻撃沈した。こうあってほしいと念じていたことが、実現したのだ。もっとも、搭乗員の戦果誤認にはこれまでたびたび泣かされてきたので、こんども内輪に見なきゃ危ない、という声もあった。が、現地指導部自体が戦果誤認には神経質になっていて、疑わしいものは捨て、間違いないと判断したものだけを集計した、と報告にもことわっていた。大丈夫には違いないが、念のため大きく割り引きしたとしても、「多大の」戦果を挙げたことは確実、と信じられた。

草鹿参謀長は、十三日夜半、またも檄をとばした。「あ」号作戦では、作戦部隊が迷惑げに聞いた、あの過保護的饒舌長文電報である。――十二日夜、T攻撃部隊は敵空母六隻以上を轟撃沈または炎上させ、突撃路を啓開した。各隊全力をあげて戦果を拡充し敗敵を徹底的に追撃されたい、といった。

十四日、台湾に来襲した敵機は、機数が四分の一に減っていた。そればかりか、あわただしく引き揚げていった。

「敵は逃げるぞ。大被害に耐えきれなくなったのだ。今だ。それ追え」

十四日の総攻撃（昼間）に出た飛行機隊は、T攻撃部隊ではなかった。あちこちの航空艦隊に属する飛行機隊を急に集めてきた。それを一五八機（第一攻撃隊）と二三〇機（第二攻撃隊）の大編隊に組みこみ、はじめて約九七〇ミリバールの台風圏内にある戦場に突撃させようとする。

戦場は予想以上の悪天候で、雲高五〇〇メートル、視界五キロ。大編隊での飛行機には適しなかった。にもかかわらず、福留長官は、二つの集団に発進を命じた。離陸するとすぐ、かれらは前をゆく編隊機を見失った。バラバラになった。そして、夜は、生き残りのT攻撃部隊が出撃した。だが、この三つの部隊は、第二攻撃隊の大部分が敵を発見できずに台湾に帰ったほか、ほとんど全滅し、米側の資料による以外に攻撃の様子はわからない。

米側資料による米艦艇の被害は、十三日から十六日までで、空母二隻、巡洋艦四隻、駆逐艦一隻損傷したが、沈没したものはなかった。また十二日には被害ナシ。

これを日本側は、轟撃沈空母一〇隻、戦艦二隻、巡洋艦三隻、撃破空母六隻、戦艦一隻、巡洋艦五隻、艦種不詳一一隻と見た。ずいぶんチェックしたつもりだったのに、である。

「敵機動部隊ハ我ガ痛撃ニ敗退シツツアリ。基地航空部隊及ビ第二遊撃部隊ハ全力ヲ挙ゲテ残敵ヲ殲滅スベシ」

それまで台湾で黙りこくっていた豊田が、黙っていられなくなったのだろう。台湾沖航空戦で、はじめて主導権を握って号令をかけた。十月十四日夕刻、ちょうどT攻撃部隊が、敵にむかって突撃をはじめたころだった。

翌十五日朝、志摩中将の率いる第二遊撃部隊（重巡「那智」「足柄」。軽巡「阿武隈」、駆逐艦七）が、「残敵掃蕩」のため、豊後水道を出て南下した。

同じころ、索敵機が、石垣島南方に、油を流してほとんど停止している「空母一、戦艦二、その警戒に当たっている駆逐艦一一」を発見した。明らかに損傷艦の一部に違いなかった。

軍令部は、志摩部隊だけでは兵力が少なくて心もとない、リンガにいる栗田艦隊（第二艦隊。捷号作戦計画では、第一遊撃部隊と名づけられた）を出せ、と躍起になった。

「油がないから」

と、いったんは断わった草鹿参謀長も、やがて折れて、栗田艦隊に出撃準備を命じる。これが、あとのために思わぬ役に立った。

そこへ、十六日朝、索敵機が、台湾の南東方に三群の敵機動部隊を発見した。その一群は、空母七、戦艦七、巡洋艦十数隻の堂々たるグループで、西に向かっていた。明らかに、敗残部隊などではなかった。

指導部は混乱した。蒼白になるものがいるかと思うと、まだ赤ら顔で、勝ちムードに浸りきっているものもいた。

「残敵掃蕩」に急航する志摩部隊が、敵艦載機に触接されて危険を感じ、引っ返すのを見て、「引き返すとは何事か」と地団駄を踏む一方では、日吉にT攻撃部隊航空参謀を呼び、軍令部と連合艦隊の担当参謀が、中島情報参謀の意見も聞いて、戦果の調べ直しを急ぎ、戦果は空母四隻撃破程度であったことを確認する、といった騒ぎが続いた。

そして、十七日早朝、敵がスルアンに来攻する。

このとき、戦うことのできる日本軍航空部隊は、台湾沖航空戦で消耗して、フィリピンにいる一航艦がわずか四〇機足らず、陸軍の第四航空軍が七〇機。台湾の二航艦はまだ二三〇機いたが、精兵T攻撃部隊は、一三〇機中一二六機を失い、どんなに急いでも、十月末以後にならないと、再建のメドが立たない状態であった。

マリアナ沖海戦の失敗をまた、くりかえしたのである。

T攻撃部隊発案者の狙いは、まともに行ったのでは歯が立たないから、台風が接近し、風波が大きくなり、艦艇は動揺が激しく、飛行機を発着艦できないチャンスに、薄暮、視界が悪くなる時機に突入すれば成果があげられよう、という希望にあった。この狙いは、T攻撃部隊の超人的な努力で、敵艦隊を捉えるところまで接近するのにはほぼ成功した。が、問題は、それ以後だった。

夜間、魚雷の必中を期するには、超低空を飛んで敵艦の一〇〇〇メートル以内に突撃し、そこで魚雷を投下する必要があった。だが、それを迎え撃つ対空砲火——米艦艇の対空機銃は四〇ミリと二〇ミリだが、そのレーダー射撃の有効射程は二〇〇〇メートル以上。しかも、四〇ミリ機銃はVT信管を着けた機銃弾を撃ったから、このT攻撃部隊と米艦艇との戦いがどれほど凄惨なものであったか、容易に想像できる。

生還した飛行機が報告した火柱は、敵艦に魚雷が命中した、あるいは敵艦が轟沈した火柱ではなく、大部分が、味方機が墜落、海面に激突して燃え上がる火柱だった。暗夜、死地一瞬のできごとだから、また、搭乗員が若く、初陣の者が多かったから、区別がつかなかったのだ。

しかし、この誤認は、戦争が終わらないと正しい数字が出ない、というものではなかった。現実に、大本営と連合艦隊司令部は、日吉で検討した結果、前にもふれたように、この戦果は空母四隻を撃破した程度と、戦後わかった実際に近い数字を出すことに成功した。戦果報告に、はじめからその数字が出ないのは、あくまで冷静、論理的であるべき戦果判定に、感情が移入されやすいこと。しかも、判定をする者、つまり幕僚や上級指揮官が現実の状況を見ておらず、報告だけを手がかりに判断しようとするからである。この傾向は、被害が急増し、出ていった現場指揮官がほとんど戦死するようになって、いっそう甚だしくなった。

小沢中将が「あ」号作戦のあと、豊田の作戦指導に不満を持っていたことは、前にも述べた。二人とも、信ずるところは一歩も引かないから、捷作戦でまた対立が起こった。

豊田は、「あ」号作戦のときのように、小沢に空母部隊を直率させ、リンガに進出させて、そこで訓練待機中の栗田第二艦隊と合同、第三艦隊（空母機動艦隊）長官としての指揮をとらせようと考えていた。豊田は日吉を出たくないから、そうしないと困るわけだ。

小沢の率いる空母部隊は、一航戦（「雲龍」「天城」、直率）、三航戦（「瑞鶴」「千歳」「千代田」「瑞鳳」）、四航戦（航空戦艦「伊勢」「日向」。空母「隼鷹」「龍鳳」）があった。そのうち積極的な海上航空作戦に堪え得るのは三、四航戦飛行機隊だけで、このあと一航戦の空母と飛行機隊が一応の戦力を発揮できるようにならないと、米機動部隊に立ち向かうことはできない。

海上決戦の中核は、あくまでも空母部隊である。日本は、空母部隊の戦力を一日も早く充実させねばならない。そのためには、設備の整った内地にいて訓練効率を上げるべきで、リンガあたりに行ったら駄目だ、と「あ」号作戦のときの苦い経験を踏まえて、小沢は確信していた。

だから小沢は、さしあたりは栗田二艦隊長官の指揮下に、いま使える三、四航戦を入れて、偵察とか警戒とか、そんなサブの仕事をさせるがよい。小沢が出向くと、ただ屋上屋を重ねるだけだ、と動かなかった。

こんなトラブルは、はじめてのことだった。

業を煮やした豊田は、軍令部に訴え、十月一日、小沢の将旗を一航戦から三航戦に移さねばならなくなるよう、制度を改めてもらった。「頑固者」同士のケンカだから、することが強引だ。無理矢理、南方へ出そうという。

そこへ、突然、十月十日の沖縄空襲があり、つづいて台湾沖航空戦になだれこんだ。豊田は台湾でつかまって、身動きできない。草鹿参謀長は、

「こんどの作戦には、機動部隊の艦艇は使わない」

という言質と引き換えに、小沢に三、四航戦飛行機隊を供出させ、陸上機として使ってしまった。小沢の丹精した搭乗員たちは、当時では得難い精鋭であった。草鹿とすれば、台湾沖航空戦は、空母のない日本海軍が、強大な米機動部隊を引き寄せて撃滅する千載一遇の好機であり、しかも戦勢は日本に有利、と見ているから、とにかく一機でも飛行機が欲しいわけだ。

ところが、これで豊田から見ると、小沢をリンガに行かせる口実を失ってしまった。妙な空気であった。

もしかすると、豊田の「栗田不信」が、小沢を南に引き出そうと躍起にさせたのかもしれない。だが小沢は、「あ」号作戦以来、豊田が戦場に出てこないのに中ッ腹になっている。これは想像だが、案外、豊田自身が行ったらいいじゃないか、と考えていたのかもしれない。そんな中で、十六日午後、栗田第二艦隊は「残敵掃蕩」のため、リンガ出撃を命じられた。そこへ、翌十七日朝、米軍がスルアンに上陸してきたから、こんどは、捷号作戦計画による本来の任務——「敵上陸地点突入」のための出撃命令が下った。

栗田部隊は、だから対応が早かった。十八日夜半には、もうリンガを出、ブルネイに向かって動き出した。

さて、その栗田艦隊の「任務」である。

約二ヵ月前、マニラで作戦打ち合わせがあり、連合艦隊作戦参謀神《かみ》大佐、軍令部作戦部榎《えの》尾《お》中佐、栗田艦隊参謀長小柳少将たちの間で、重要なことが取りきめられていた。

豊田長官の意図をうけた神参謀が、小柳参謀長の、

「敵上陸地点に突入して『大和』『武蔵』以下の『主力』が敵輸送船団を撃滅せよというのは、連合艦隊をすり潰してかまわぬ、ということか」

と気色ばんだ質問に答えた。

「フィリピンを奪られてしまえば、南方は遮断され、日本は干上がる。そうなっては、艦隊を温存していても、宝の持ち腐れになる。……この一戦に連合艦隊をすり潰しても、あえて悔いない決心です」

ムッとした小柳参謀長は、

「よくわかった。ただし突入作戦は、簡単にできるものではない。敵艦隊は全力をあげて阻止しようとするだろう。栗田艦隊は、ご命令どおりに突進するが、途中で敵主力部隊と対立し、船団と主力とどちらを選ぶべきかに迷う場合、船団を捨てて敵主力撃滅に専念するが、それで差し支えないか」

と念を押し、神参謀が「差し支えない」と答えると、さらに、

「本件は重要だから、豊田長官によく申し上げてくれ」

とたたみかけた。

むろん、神参謀の説明に小柳参謀長が納得したわけではなかった。

「ご命令とあれば、そうもしようが、連合艦隊決戦部隊は、当然、敵主力部隊と戦うべきものであり、それが日本海軍の伝統であり栄誉である」

とかれは信じて疑わなかった。

栗田艦隊がリンガを出たとき、艦隊にはそういう不協和音が充ちていた。と同時に、栄光の連合艦隊を、「バナナの叩き売りみたいに潰そう」とする豊田長官に、言葉につくせない不信感を抱いていた。

「この作戦には空母は使わない」

と小沢に約束し、空母機を台湾沖航空戦に提供させ、すり潰してしまった。が、草鹿参謀長としては、敵がスルアンに上陸し、本来の捷号作戦計画によって決戦する情勢になると、小沢部隊の空母四隻が内地から南下して敵機動部隊を北方に釣り上げないと、作戦が成り立たなくなる心配が出てきた。そこでかれは、訓練のまだ終わらぬ一航戦から、ともかく空母に乗せられるものを乗せ、機動部隊に出撃を命じた。「そのかわり」とでもいうように、「機動部隊本隊（空母部隊）ノ出撃下令以後第一遊撃部隊（栗田艦隊）ヲ連合艦隊司令長官直率セラルル予定」

と参謀長名で打電した。

怒ったのは、小沢艦隊の大前先任参謀だった。が、小沢は、何もかも見通していたように、動じなかった。

「それが必要なら、やろうじゃないか」

小沢の言葉は、捷作戦に出陣する将兵の心を、よく代弁していた。

致命的な、準備不足。兵力不足。そんな事態にも、ひたすら国のため、家郷のために身を捨てて責務を果たそうとする将兵の健気な覚悟と誠意。その覚悟と誠意にもっぱら頼って戦いすすめた、とでもいうべき作戦が、これから空にも海にも展開されようとする。

それはまた、ブッツケ本番の綱渡りでもあった。内地にいる小沢艦隊が、赤道を挟んで五千数百キロも離れている栗田艦隊と気脈を通じ、タイミングよく敵機動部隊を釣り上げて、栗田艦隊の進撃路をひらく。一度もいっしょに訓練したことがなく、顔も見たことのない陸上ベースの基地航空部隊が、栗田艦隊の進撃をカバーする。それで密接なチームワークがとれるのか。この計画は、無謀ではないのか。

栗田艦隊は、二十日正午ブルネイに入った。同じころ、台湾に閉じこめられていた豊田が日吉に帰った。そして小沢艦隊は、入れ替わりにその日の夕方、豊後水道を出て太平洋を南下した。

さて、ブルネイであわただしく燃料補給をすませた栗田艦隊は、二十五日黎明のレイテ湾突入をめざし、二十二日午前八時、ブルネイを出発、パラワン水道に向かった。速力の遅い、旧式戦艦「山城」「扶桑」を軸とする西村部隊とはブルネイで別れた。西村部隊は、一番近道のスル海ルートをとり、南口からレイテ湾に入る計画であった。

ここで栗田艦隊は、奇妙な選択をした。「大和」「武蔵」に、弾着観測用に装備された水上観測機二機ずつを残しただけで、あとの、戦艦三、重巡一〇、軽巡二に搭載している水上機を、全部、ミンドロ島のサンホセ基地に先行させた。出撃したらすぐに戦闘がはじまるので、洋上で艦を停め、帰ってきた水上機を揚収することはできない。その上、空襲を受けると火災を起こす心配があるから、というのが理由だ。だが、空から、海上から、水中から攻撃されることを予期しなければならない近代戦で、出撃早々、貴重な飛行機を手離したのは、早すぎる決断ではなかったのか。

レイテ沖海戦

「距離が短いことと敵空母機の行動圏外にある利点をもつが、水道が狭く、敵潜水艦の潜伏する可能性がもっとも大きい」

と判断してパラワン水道ルートを選んだ栗田司令部であった。この判断は正しかった。だがそう判断しながら、対潜警戒のもっとも有効な手段の一つである水上機を、早々と手離していた。水測兵器の発達が不十分な日本海軍では、対潜警戒では水上機にたいする依存度が一層大きくなっているはずなのに、である。

そういえば、「あ」号作戦のときも、対潜警戒機を出さず、その虚を米潜水艦二隻に衝かれて、「大鳳」と「翔鶴」を失った。小沢も栗田も、決戦のことで頭がいっぱいで、敵潜水艦が攻撃してくることを忘れていたのだろうか。

翌二十三日早朝、パラワン水道のまんなかあたりで、栗田長官の乗る旗艦「愛宕」に四本、「高雄」に二本、魚雷が命中した。まったくの不意打ちで、潜望鏡を見た者も、雷跡を見た者もなかった。まっすぐに進んでいるところへ次々に命中したから、防御の薄い重巡はひとたまりもなかった。栗田長官はじめ生存者は泳いで駆逐艦に拾われた。その間に、さらに「摩耶」に四本命中。当たりどころが悪かったのか、八分後に爆発沈没した。名艦と謳われた「愛宕」「高雄」「摩耶」「鳥海」の重巡戦隊が、たちまち「鳥海」一隻になってしまった。

艦隊は、一時パニック状態に陥った。やがて落ち着きを取り戻すと、栗田司令部は、「大和」に移った。「大和」の檣頭には、栗田二艦隊長官の中将旗、宇垣一戦隊司令官の中将旗、森下「大和」艦長の長旗が翻った。

ミッドウェー、「あ」号と続き、またも旗艦変更であった。旗艦変更は、はなはだしく作戦指揮能力を下げる。それを心配した栗田が、「あ」号直後から旗艦を重防御の「武蔵」に変更したいと要請をくりかえしたが、軍令部も豊田長官も拒否しつづけた。第二艦隊は夜戦部隊だから、「武蔵」では速力が遅すぎる、というタテマエ論である。ホンネがどこにあったかは想像するほかないが、ともかく、栗田の心配が最悪の状況で現実のものとなり、それがやがて、捷号作戦の成否を左右することになるのである。

この日、二十三日と翌二十四日は、基地航空部隊の航空総攻撃の日であった。約七〇〇機を集め、一挙に敵撃滅を期した。しかし二十日以来悪天候つづきで、軽空母プリンストンを大破、自沈させたほか、大きな戦果をあげられなかった。またこの日、兵力わずか五〇機に激減していた一航艦では、神風特別攻撃隊が、大西中将の指導で編成された。だがこの特別攻撃隊も、天候不良のため敵を発見できず、空しく基地に帰ってきた。

このような日本軍の航空手詰まりを尻目に、ハルゼー艦隊は、機動部隊三群（空母機計八二九機）をフィリピン沖に展開、二十四日早朝、シブヤン海に入った栗田艦隊にたいし、二五九機を繰り出して襲いかかった。空襲は、午前八時半から午後四時すぎまで六次にわたった。その結果、「武蔵」「大和」「長門」「矢矧」「清霜」がかなりの損傷を受けた。

栗田にしてみれば、まことに不本意な事態であった。パラワン水道での大損害にも堪え、ひたすら捷一号作戦計画にしたがって進んできたが、正午すぎまでに受信した電報で見るかぎり、これから向かおうとしているサンベルナルディノ海峡の沖合いに敵空母三隻の一群がいるが、味方機はこれを攻撃していなかった。ということは、捷一号作戦の基本命令で、「第一遊撃部隊突入ニ策応、敵空母ナラビニ攻略部隊ヲ併セ撃滅スル……」任務を与えられている南西方面艦隊長官三川中将（フィリピンにある全海軍航空部隊の指揮官）が、まだ命令どおりに動いていない上に、小沢部隊もまだ敵機動部隊を北方に釣り上げていないわけだ。譬えは悪いが、ワキ役の用意がまだ何もできないところへ、主役一人が舞台にあがったようなものであった。しかも、このまま進めば、夜になる前にシブヤン海東方の狭い海面に入り、空襲の回避運動をするにはなはだ都合が悪くなる。

栗田艦隊は、とつぜん反転し、もと来た道へとって返した。

三時半に反転した栗田艦隊は、満身創痍の「武蔵」のそばを通った。いつの間にか五時を過ぎたが、奇妙なことに、あれ以来、敵機は一機も現われなかった。

五時十四分、それまで一言も発しなかった栗田長官が、小柳参謀長を顧みると、

「引っ返そう」
と短くいった。
他方、パラワン水道とシブヤン海の栗田艦隊の苦戦と累増する被害状況を電報で追ってい
た日吉では、ここで主将としての豊田大将の不退転の決意を示しておかねばならぬと、
「天佑ヲ確信シ全軍突撃セヨ」
という電報を、午後六時十三分に打った。この電報を「大和」が受信したのは、四二分後
の六時五十五分だった。
「ハハァ。引き返すといったもんだから、連合艦隊が防空壕の中からドエライことといってき
たぞ」
栗田司令部では、そう考えた。このあたりから、通信の様子がおかしくなる。栗田艦隊が
実際の行動から三〇分遅れて午後四時に発信した、「いったん引き返す」ことを報告した電
報が、二時間もかかって、六時すぎ、つまり「全軍突撃セヨ」を発信した前後に日吉に入電
した。
さて、「全軍突撃セヨ」を発信した前後に、栗田の「引返ス」を受信した豊田司令部では
動揺した。「突撃セヨ」と命じられ、なおかつ「引返ス」というのは、「作戦続行不能」なほ
どまで損害を受けているのだろうか。それならば、「作戦中止」のほかない。一時は豊田長
官まで、「それもそうだナ」と「作戦中止」を考えたほどだった。
しかし、大本営の意見は、「作戦続行」であった。フィリピンを失っては、艦隊を持って

いても宝の持ち腐れだ。日本海軍は、「フリート・イン・ビーイング（現有艦隊）」主義など毛頭考えていない、という「艦隊不要」論である。将兵といっしょに戦っている指揮官には、とうてい考え及ばない論理で、かれらはもう、敗戦後、軍艦だけが残るミットモナサを想定していたのではないかと思われた。

こうして、豊田もやがて「作戦続行」に戻るのだが、問題は前の「全軍突撃セヨ」の電報である。この「突撃命令」は、そんなわけで、栗田司令官の頭の上を素通りしたが、それが、ちょうどパラワン水道で「大和」を狙った数本の魚雷が、「大和」が回避したためもあって素通りして「摩耶」に「命中」したように、西村部隊に「命中」した。

スル海をスリガオに向かって急いでいた西村司令官が、二十四日朝から栗田艦隊が大空襲を受け、被害続出の状況電を見て、

「このぶんでは、栗田部隊は予定よりだいぶ遅れるな。同時突入は無理のようだ」

と話しているとき、その「全軍突撃」命令が入電した。それで、西村司令官は、躊躇せず単独突入を決意した。西村部隊は、もともと旧式戦艦「山城」「扶桑」中心の劣勢艦隊で、夜の暗さを隠れ蓑にするほか成功のメドが立たなかった。予定より遅れた栗田部隊の突入にタイミングを合わせようとして時間待ちすれば、昼間の戦闘になり、勝ち目がなかった。

西村部隊は、そのままスリガオ海峡に入っていった。二十五日午前二時、ちょうど栗田艦隊が、北方一八〇浬（三三四キロ）を隔てたサンベルナルディノ海峡を通り終わり、太平洋に姿を現わしたのと同時刻。魚雷艇群を蹴散らし、「山城」を先頭に二〇ノットで突き進ん

だ。そして間もなく、駆逐隊の雷撃と、戦艦、重巡艦隊のレーダー射撃を受け、駆逐艦一隻を除いて全滅した。

西村部隊から一時間半遅れてスリガオ海峡に到着した志摩部隊（重巡二、軽巡一、駆逐艦四）も、西村部隊同様、湾内の敵情は持っていなかった。一日前の二十四日早朝、西村部隊重巡「最上」水偵が報告した敵戦艦四、巡洋艦二、駆逐艦六、魚雷艇一四、輸送船八〇ということだけしか知らなかった。これは、栗田部隊も同じだった。いまの敵情がわからないままの、いくさであった。

このとき実際にレイテ湾内にいて、日本艦隊の突入に備えていた米兵力は、戦艦六隻、重巡四隻、軽巡四隻、駆逐艦二八隻、魚雷艇三九隻にものぼっていた。西村部隊が全滅したのも、これだけの敵艦隊に奇襲されたらやむを得なかった。

また志摩艦隊が、旗艦の事故もあったが、西村部隊敗戦の様子を見て敵兵力の備えを察し、遠距離魚雷を射ちこんだだけで避退したのも、兵力差から考えると賢明であった。

「それが必要なら、やろうじゃないか」

といいながら、豊田大将の決めた計画より一日早く出港、南に向かった小沢部隊は、おかしいほど敵に気づかれなかった。いつも無線封止をして、いっさい電波を出さないように、注意の上にも注意を払うものを、いまは、ガラガラ蛇のように、さかんに電波を撒き散らしながら進んだ。それなのに、敵機も来なければ、敵潜水艦も尾行してこなかった。

それにしても、身の毛もよだつ任務だった。

「敵機動部隊を北方に釣り上げ、第一遊撃部隊の進撃路を啓開せよ」

という。のちの話になるが、戦い終わって奄美大島に帰りついた小沢部隊が、空母を四隻とも失くしているのを見て、大本営もショックを受けたそうだ。脂の乗りきった米機動部隊相手のオトリ任務が、それほど容易に果たせるものと大本営は思っていたのか。

いや、そこに小沢の本領があった。こちらは被害を受けずに敵機動艦隊だけは北に釣り上げようと企図して逃げ腰でいたならば、ハルゼーのような血の気の多い武将でも、これはおかしいと警戒するに違いない。そして注意深く見回すと、栗田艦隊がサンベルナルディノ海峡に向かって、近づいていることにすぐにも気づいただろう。

「身を殺してオトリ任務を果たす」

そんな戦い方があるとは、ハルゼーは想像もできなかった。だから、マンマとひっかかった。神風特別攻撃隊敷島隊が、たった五人で、一瞬の間に、栗田艦隊が二時間の全力追撃戦で挙げた戦果と同等の戦果を挙げたのと似ていた。カミカゼも、まさしく敵の意表をついた。そんな戦法を日本がとってくるとは、かれらは夢にも考え及ばなかったのである。

二十四日午後三時半すぎ、急に栗田艦隊の上空から米軍機の姿が消えたのは、北方からたしかに近づいている日本空母艦隊の気配を感じ、それにハルゼーが、目を転じたからであった。そしてハルゼーは、四時四十分ごろ、目指す小沢部隊を発見した。

栗田艦隊が再反転したことを、米偵察機から報告してきたが、小沢部隊を見つけたハルゼーの目には、そんな「敗残部隊」は問題にするに足らぬ、と映った。かれは、偵察機も引きあげた。

「あ」号作戦で、スプルーアンスがとどめを刺しそこなった日本空母部隊を、この手で壊滅させようと、ハルゼーは燃えに燃えた。そして、あの有名な「牡牛の暴走《ブルズ・ラン》」をやってのけた。なだれを打って空母「瑞鶴」「瑞鳳」「千歳」「千代田」に襲いかかった。

この時機の米高速空母機動部隊の破壊力は、なにものも阻止することができないほどになっていた。機動部隊空母機一〇七三機、攻略部隊護衛空母機五〇三機、計一五七六機。緒戦で世界最強を誇った南雲機動部隊の空母機が三七八機であったことを考え合わせると、三倍近いポテンシャルだ。その上、小沢長官は、積んできた一二六機の飛行機の生き残りを、上空直衛機のほか全部、フィリピン基地に向かわせていた。空母の格納庫はガラン洞であった。

二十五日午前七時から午後五時すぎまでの間に、六次にわたり、計五二七機が来襲（空母四隻、「秋月」「初月」「多摩」沈没）、小沢は完全に使命を達成した。だが、なによりもかんじんの状況報告電報が、「大和」に届かず、届いたものも非常に遅れ、寸刻を争う緊迫した戦場の判断と処置を動かすにはいたらなかった。つまり、小沢艦隊が身を殺して敵機動部隊の釣り上げに成功した事実も、栗田艦隊のレイテ突入中止の決意を、動かすことができなかったのである。

捷一号作戦は、言葉につくしがたいほど凄惨な、それでいて、あるいは、それだからこそ、なんとも異様な戦いであった。

小沢、栗田、西村、志摩、三川、福留、大西の七人の中将が、連合艦隊最後の大兵力を率い、栗田艦隊のレイテ湾突入を成功させるため、それぞれ総力を結集した。しかし、それにしては、敵情はむろん、味方部隊の状況もわからなかった。密接に連繋をとり、気脈を通じ合うための通信がまるで駄目で、作戦計画と指導要領であらかじめ敷かれたレールの上を、めいめいただひたすら進むだけ。そのうち敵と遭い、あるいは天候に阻まれ、状況が変わってくるが、その様子は他の部隊にはわからない。

今から考えると、そんな状況の中で、よくあれだけの大兵を進め、戦いを戦うことができたものと、舌を巻く気持である。

二十五日午前一時四十五分、栗田艦隊が、敵影一つないサンベルナルディノ海峡の出口から、狐につままれたようにして太平洋に出、この異常現象の解釈もつかないまま、レイテ湾に向けて南下をはじめ、あと三時間あまりでレイテ湾入口付近に到着するというころ、不意に、左前方約三〇キロに、敵空母部隊を発見した。

なんとか「大和」の主砲で敵空母を射てないものか、と熱くなるほど思いつめながら、そんなバカなことが起こるはずはないと諦めていた状況が、マトモに、目の前にあった。あまりのことに息を呑んだまま、栗田二艦隊司令部は、化石したように突っ立っていた。それを見かねた宇垣一戦隊司令部の末松虎夫通信参謀が、追撃命令を出すことを進言した。栗田長官がウムとそれに頷いて、全軍が追撃に移った——この異常な遭遇戦の性格を示してあまりあるスタートだった。致命的だったのは、実はそれが護衛空母であったのを、最後まで正規空母と誤認していたことと、付近は雲が低く、視界不良、ところどころにスコールのある悪天候だったことだ。

「大和」の前部砲塔から、四六センチ砲弾が轟然と射ち出された。戦艦乗りの夢にまで見た壮観であった。どの艦も全速。主砲のつるべ射ち。

この、血湧き肉躍る砲撃戦も、一〇分間で終わった。仰天した護衛空母六隻が、転がるようにして近くの大きなスコールの中に逃げこんだからだ。見張用レーダーしか持たず、高精度の射撃用レーダーのない日本艦艇は、たちまち射てなくなった。

風も、あいにく東風で、空母を飛行機が発艦するのを阻もうとすれば、いつも空母の東側を（沖合いを大回りして）走らなければならなかった――こうして、敵の虚を衝いた絶対有利な条件が、射撃できずにただ大回りに走っている間に、刻々と消えていった。

「あと五分、スコールに飛びこめずにあのまま走っていたら、六隻の空母は全滅していたろう」

という護衛空母部隊指揮官スプレーグ少将の言葉が、そのときのきわどさをあらわしていた。

護衛空母でも、立ち直ることができさえすれば、飛行機を飛ばせて日本艦隊を妨害できる。飛行機と水上艦艇の戦いでは、飛行機が圧倒的に強いのである。

「時」が、栗田艦隊を縛りはじめた。無線電話が、長時間の全速運転と発砲の激動でおかしくなった。平時では考えられもしない事件が起こって、「大和」と「長門」は後に取り残され、味方の戦闘の様子が、見えもせず、電話で確かめることもできなくなった。反面、来襲する敵機の数が次第にふえ、被害が累増した。燃料も心配である。二時間後には、不本意ながら、追撃を打ち切らねばならなくなった。

ウソのような実話がある。敵は正規空母だと考えたから、栗田艦隊は徹甲弾を使った。ところが、相手は薄い鉄板づくりの護衛空母と駆逐艦だった。命中しても、強い衝撃を受けないから信管が作動せず、したがって爆発せず、孔だけあけて左舷から右舷へ突き抜けた。小さな駆逐艦で、四〇センチ、二〇センチ、一四センチなどの砲弾四〇発以上が命中、蜂の巣のようになりながら、一時間半も沈まずに浮いていたのがあった。もし通常弾を使っていたら、一発で沈んだはずのものが、である。

もう一つ、日本軍の砲撃は、猛訓練によって技量が最高度に上がっていたため、同時に発射する数発の砲弾が落下するとき、バラバラに散らばらず、非常に狭い範囲にキュッと集まった。これは、たいへんな成果である。戦艦などを狙って射つと、一度に何発もの命中弾が得られる。砲術家の夢が実現したといってもいいものだが、スプレーグ少将にとっては、これが神の恩寵であった。数発の砲弾が落下して、大水柱をあげる。そこに向かって一目散に駆けこむ。タマが散らばらないから、ドッジボールの要領で、右に左に、逃げおおせたのである。

二時間後、追撃を打ち切った。生き残りが集まって輪型陣をつくり、レイテ湾に針路を向け直した。そうしてみると、「大和」「長門」「金剛」「榛名」のほか、重巡二隻、軽巡二隻、駆逐艦六隻のほんのひと握りの部隊になっていた。ブルネイを出たときの威容はどこにもなかった。これで、これからいったいどんな戦ができるのか。

その前後から、三〇機あまりの敵編隊が、くりかえし来襲しはじめた。辛うじて被害は免れたが、敵機の技量は、明らかに今朝からのものと違っていた。昨日、シブヤン海に来たものとおなじだった。敵機動部隊の新手が来た——だれもそう判断した。

奇妙な暗合だった。いま、午前十一時、レイテ湾に向かって進撃をはじめた地点は、朝七時、かれらが発見した敵「機動部隊」がいたところであった。ひと回りして振り出しに戻ったのだ。

しかし、そんなことは、どうでもいい。そこからレイテ湾入口のスルアン島までは六〇浬（いまの速力二二ノットで二時間四五分行程）、スルアンから目的地である敵上陸点タクロバンまで、さらに六〇浬、つまり、目的地までにはあと一二〇浬、約五時間半の距離があった。何一つ情報の得られないところを五時間半走るのである。

栗田長官は、それまでの二時間の追撃戦の戦果を、空母三ないし四隻撃沈したものと考えた。

「まだあと三群のハルゼー機動部隊がいるはずだ。それも、近いところに少なくとも一群いる」

さきほどからの二回の本格的な空襲は、この一群からのものに違いない。追撃戦の終わりころ、「榛名」が発見した一群が、それらしい。そうすると、まだ二群が、このほかにいるはずだ――。

栗田は、小沢長官がかれのために北方にハルゼー機動部隊を釣り上げ、一方的な空襲を受けて死闘をつづけていることを知らなかった。

(ろくに飛行機も持たぬ小沢部隊が、四隻の空母で南下しても、いくさができるはずはない。マリアナでは、九隻の空母に五〇〇機近い飛行機を積んで戦ったのに、惨敗したではないか)

栗田の小沢艦隊へのこの評価は、ハルゼーの特別な執念――スプルーアンスがマリアナで全滅させそこなった日本空母部隊を、こんどこそオレのこの手で全滅させるのだ、という異常な執念を考慮しなければ、正しかった。

(そんな小沢空母部隊が、どんな戦をするというのだ)

栗田は、小沢艦隊を無視――といえば語弊があるが、とにかく問題にしていなかった。小沢が、身を殺すことによってオトリの任務を成功させていようとは、想像もしなかった。小沢は、ハルゼーの意識の虚を衝くと同時に、栗田の意識の虚も衝いたのだ。

栗田の手許には、九時四十五分、「集まれ」を令して間もなく、三川南西方面艦隊長官から知らせてきた敵発見電があった。スルアンの北方一一三浬に敵機動部隊がいる、という。

栗田司令部では、この敵と、レイテ湾内の敵情を知ろうと手をつくした。「大和」に残った最後の一機も飛ばせた。サンホセ基地の水偵隊にも命令を出した。基地航空部隊にも依頼した。しかし、どういうわけか、何一つ情報は入ってこなかった(あとでわかったことだが、米軍は執拗に飛行機電波を妨害したという。これではいくら電報を打っても聞きとれないわけだ)。

「突入するからには、どうあっても成功させねばならない。それには、ぜひとも敵情が知りたい」

栗田が、指揮官としてそう念ずるのは、当然であった。かれの情報的孤立は、しかし、時間がたってもすこしも解けなかった。

栗田司令部の大谷作戦参謀は、このとき、レイテ突入をやめ、北の敵機動艦隊と戦った方がよい、とする研究をまとめ、参謀長、先任参謀の賛同を得、作戦室に栗田長官を迎えて説明した。

栗田は、黙って聞いていた。かれが考えているのは、敵の輸送船がもうそこにいないとすれば、そこにいても荷揚げを終わったカラ船だとすれば、なんのためにレイテに突入するのか、ということだった。

「いたずらに敵の好餌となるだけだ」

とかれは呟いた。

この言葉を、栗田はシブヤン海で最初に反転するときに使った。そして、いま、ここでくりかえした。払う犠牲は甘受しよう。しかしそれに見合う効果が期待できなければ、もっと大きな効果が期待できる方法を別に考えるべきだ、という。これは、船乗りの身についたバランス感覚である。海と空のまんなかで生きていくには、この感覚に頼るしかない。それは、

「頼るものは自分自身しかない」という認識にもつながる。

栗田艦隊は、レイテ湾突入をやめ、北の、新たな敵機動部隊に向かった。「栗田中将、突入せず」である。

栗田中将が、レイテ湾に突入しなかったことは、どういう意図からか、アメリカ側にセンセーショナルに扱われすぎている。栗田艦隊が突入していたら、マッカーサーの陸軍部隊は総崩れになるはずだった、といわぬばかりだ。しかし、戦後判明したアメリカ側の資料とつき合わせてみると、事態は、だいぶ様相を変えてくる。

栗田艦隊が、レイテ湾口近くまで来て北に変針した位置から、そのままレイテ湾内に向かったとすれば、タクロバンまであと一〇〇浬、時間にして四時間半。この間に、何隻が生き残って目的地まで進入、敵輸送船を砲撃撃滅することができたか、の問題である。その前に全滅してしまえばいいのだ、というのなら話は別だが。

もともとの捷一号作戦計画では、基地航空部隊がレイテ湾上空の制空権を握り、それに護られて栗田艦隊が突入する手筈であった。それが、現実では、この四日間、味方機は一機も姿を見せず、レイテ湾内は、完全に敵の制空権の下にあった。飛行機に護られていないハダカの艦艇が、敵の航空攻撃にたいしてどんなに脆く弱いか、開戦以来の戦例を思い起こすまでもなく、つい数時間前の追撃戦でも証明された。

一方、米海軍水上艦艇だが、栗田艦隊が来るというので、レイテ湾内の南寄りに集結していた。西村部隊に対したときと同じように、こんどもT字戦法でいくのだという。前日の射撃で砲弾が欠乏していた、といわれたが、調べてみると、徹甲弾は、四〇センチ砲弾（「長門」級）三七斉射分以上、三六センチ砲弾（「金剛」級）七七斉射分余りが残っていた。

レイテ湾のような狭いところでは、日本艦隊はまず行動の自由を束縛される。「大和」の四六センチ砲でも、アウトレーンジすることができず、その上T字を描かれると、敵は六四門の砲を横列に並べていっせいに射ってくるのに、味方は艦首砲だけ（「大和」が先頭に立ったとすれば、四六センチ砲六門と一五センチ半砲三門）しか射てない。またかれらの待機位置を海図に入れてみると、栗田艦隊をだいたい二六キロ以内で撃つつもりらしかったが、そうすると、米軍のレーダー射撃と日本軍の、敵機に妨害、攻撃されながらの公算射撃とのどちらが早く命中弾を相手に送り、それを持続できたか、の問題になる。

しかし、米巡洋艦と駆逐艦には、あまり戦力は残っていなかったようだ。たとえば徹甲弾や魚雷の大部分を射ちつくし、補給ができないままの状態でいたという。

急遽とって返したハルゼー機動部隊の一群が、正午すぎにはレイテ湾内に殺到しようとしていた。

ハルゼー自身も、新鋭高速戦艦六隻と、機動部隊の一群を率いて、十一時十五分に反転、レイテ湾に急航しつつあった。そして、栗田艦隊がレイテ突入をやめて引き返したと知ると、こんどはサンベルナルディノ海峡を封鎖しようと無二無三に突進したが、そこに着いたときは、すでに栗田艦隊が海峡を通り過ぎた三時間あとであった。

これは後知恵だが、栗田中将のバランス感覚の方が正しかった、ということにならないか。

十月二十九日、栗田艦隊は、痛む足を引きずるようにして、ブルネイに帰ってきた。外板に孔があき、五〇〇〇トン（軽巡一隻分）もの海水が侵入したままの「大和」をはじめ、「長門」「金剛」「榛名」、重巡三隻（羽黒、利根、妙高）、軽巡一隻（矢矧）、駆逐艦九隻、計一七隻。一週間前にここに勢揃いしたとき、計三九隻を数えたのに比べると、あまりのことに、暗い目にならないわけにいかなかった。しかも、生き残りといっても、ほとんどが大破または中破のすさまじい死闘のあとを残していた。

まとめてみると、沈没したもの戦艦三隻（武蔵、山城、扶桑）、重巡六隻（愛宕、摩耶、鳥海、筑摩、鈴谷、最上）、軽巡一隻（能代）。損傷したもの、大破、重巡四隻（高雄、妙高、熊野、利根）、駆逐艦一隻（時雨）、中破、戦艦三隻（大和、長門、金剛）、軽巡一隻（矢矧）、駆逐艦一隻（清霜）、小破、戦艦一隻（榛名）、重巡一隻（羽黒）、駆逐艦六隻（岸波、沖波、秋霜、島風、浦風、浜風）。そして、損害軽微またはほとんど損害を受けなかったのは、駆逐艦五隻（長波、朝霜、浜波、磯風、雪風）にすぎなかった。

これが、豊田の「フリート・イン・ビーング」を考えない」ということだったのか。いずれにせよ、明治以来の国民の努力の結晶であった「大海軍」が消滅した。

作戦が終わり、あの空襲の中で辛くも生き残った栗田、小沢両艦隊の幹部たちは、その体験にもとづき、水上艦艇だけでは飛行機にはとうてい対抗できないことを強調した。

「水上艦艇ノ対空兵装如何程強化サルルモ、雷爆撃回避如何ニ巧妙ヲ極ムルモ、空中攻撃ニ対抗シ得ルモノニアラズ……」

と栗田中将がいい、小沢中将は、

「水上部隊ノ作戦行動能力ガ航空兵力ノ協力ナクシテハ極メテ小ナルコトヲ明証セルモノト認ム。……防空火器ノミヲモッテ水上部隊ガ敵機ニ対応スルコトハ、到底不可能ナルヲ痛感セリ……」

と、それぞれ戦闘詳報に書いて、豊田長官に報告した。

また、栗田司令部先任参謀山本祐二大佐は、上京し、軍令部作戦部で戦闘経過を報告した。その席上、強い口調で所見を加えた。

「味方航空機の支援のない場合、航空兵力優勢な敵を相手として戦闘するのは、無謀も甚だしい。今後は、こんどのような無謀な戦闘は、連合艦隊司令部にいっさいやらせぬようにしてもらいたい」

領きながら聞いていた軍令部作戦課長は、もっともな意見だと考え、作戦部長、軍令部次長、総長の承認を受け、連合艦隊司令部に行き、草鹿参謀長以下幕僚が集まったところで、申し入れた。

「今日までの実績にかんがみ、味方の航空兵力いちじるしく劣勢の場合、戦艦、巡洋艦をもって局地戦に参加せしむることは適当と認めざるにより、大本営としては、連合艦隊司令長官がかかる兵力使用を行なわれざるよう希望す」

聞いていた連合艦隊先任参謀神大佐が逆襲した。

「たとえわが航空兵力が非常に劣勢であっても、艦隊をもって敵の上陸泊地などに突入できぬことはない。大本営でこんな方針を定められ、艦隊の作戦を掣肘されるのは同意しがたい」

「そういっても、過去の実績は、そのような意見を全部否定しているではないか」

「いや、それは当事者の勇気が欠けていたためである。断じて行なえば鬼神もこれを避く。勇気さえあれば、優勢な敵航空兵力があっても、戦艦はまだまだ使えるのだ」

神参謀は、頑として大本営の「希望」を承服しようとしなかった。これが、沖縄の水上特攻につながるのだが、それは後の話である。

なお、それから六ヵ月後のこと。米軍の沖縄上陸、「大和」特攻の失敗、菊水特攻作戦などがつづいて、騒然としている二十年四月末、人事の問題で米内海相が参内すると、天皇が質問された。

「レイテ作戦における水上艦船の使用不適当なりや否や」

おそらく半年の間、ずっとお一人で考えつづけておられたのであろう。もっとも御信任の厚かった米内大将が顔を出したので、おたずねになったのだろうが、これはおどろくべきお言葉だった。ふつうなら、「適当なりや否や」というところ、「不適当なりや否や」といわれたことに、天皇のお気持がそのままあらわれていた。

恐懼した米内海相は、三戸人事局長に命じ、富岡作戦部長とも相談させて、文章をまとめ、お答え申し上げた。それによると、前段で、捷一号作戦計画は当時の状況では不適当とはいい難いとしながら、後段では（読みやすくすると）、

「ただ連合艦隊としてもっとも重視しなければならないのは、水上艦船の突進は、基地航空兵力の攻撃と厳密にかみ合うよう、戦術指導を適切機敏にしなければならなかったもので、このため連合艦隊長官は、（日吉にいるのでなく）航空作戦の指揮中枢であったフィリピン、または高雄（台湾）に進出すべきであったと認めないわけにいかない。

すなわち、現地航空兵力の戦力の変動消長と、現地天候の変化予知などを考え合わせて水上部隊に突進を命じなければならないのに、この点、作戦指導に適切でないものがあったことは否定できない」

このお答えで、天皇がどれだけ満足されたかは、詳かでない。しかし、このお答えには、前記二人の少将がずいぶん苦労して作りあげたらしいアトが見えている。

それよりも、もっと根本的な誤りは、豊田長官がこの捷号作戦要領を発令したのは八月四日で、実際に敵がスルアンに来攻した十月十七日までの間に、二ヵ月半近くたっていたこと

だ。その間に、ダバオ誤報事件、セブ事件、沖縄空襲、台湾沖航空戦とつづき、機動部隊空母機、基地航空部隊飛行機に大損害を受け、捷号作戦の主兵である飛行機の戦力が激減した。にもかかわらず計画は、それら飛行機の損耗がなく、そればかりか、その間の訓練によって技量が高くなることを織り込んで作ったもので、その構想をそのまま実施しようとしたところに問題があった。

だから栗田艦隊はハダカで出撃することになったし、小沢艦隊も積極的に敵と組み討ちするのでなく、一方的に叩かれ、叩かれることによって敵を吸い上げる凄惨な作戦になったし、また計画と実戦力の落差に窮した基地航空部隊は、大西長官みずから「統率の邪道」という神風特攻に道を求めざるを得なくなった。

海戦要務令、軍令承行令のたぐいが、戦争の様が一変したこの戦争の最後まで健在であったことを考えると、いったん発令したら、内容はともかく、もはや動かしがたいものになったと、自他ともにまず認めてしまうのであろうか。

神風

その「神風《しんぷう》特別攻撃隊」である。

飛行機がやられ、基地まで帰れないと考えたとき、落下傘を使って脱出するのでなく、そのまま飛行機を駆って敵に体当たりするという思想は、日本海軍航空の搭乗員気質ともいえるものだ。開戦劈頭の真珠湾空襲でも、実例があった。それ以後も、航空戦のたびに、何人ずつかの搭乗員たちが、悲壮としかいいようのない体当たりを敢行してきた。

「飛行機が戦うしかない」

そう自覚しているだけに、戦っても戦っても戦局の挽回ができないのを見ると、飛行機乗りたちが、組織された体当たり攻撃を考えるのは自然であった。残された、ただ一つの道だ。

しかし、十月二十日、大西瀧治郎中将（一航艦長官）が、出撃する神風特別攻撃隊員二四人を前にして述べた壮行の訓示は、画期的だった。

「日本はまさに危機である。しかもこの危機を救いうるものは、大臣でも大将でも軍令部総長でもない。もちろん自分のような長官でもない。それは、諸子のごとき純真にして気力に満ちた若い人々のみである。したがって自分は、一億国民にかわって皆にお願いする。どうか、成功を祈る」

「皆は既に神である。神であるから欲望はないであろう。が、もしあるとすれば、それは自分の体当りが無駄でなかったかどうか、それを知りたいことであろう。しかし皆は永い眠りにつくのであるから、残念ながら知ることもできないし、知らせることもできない。だが自分はこれを見届けて、必ず上聞に達するようにするから、そこは安心して行ってくれ」

「しっかり頼む……しっかり頼む……」

訓示をはじめる前、じっと隊員を見渡していた大西長官は、少し青ざめ、言葉がなかなか口から出ない様子であった。そして、訓示がすすむにつれて、身体が小刻みにふるえ、最後には「しっかり頼む」と涙声でくりかえしていたと、先任参謀猪口大佐は回想した。訓示が終わると、大西は隊員の一人一人と握手をかわした。

このような状景を描いていると、ふと、山本五十六長官が、戦死者の名を、将兵の区別なく書き誌していたことや、二等水兵が敬礼してもちゃんと端正な答礼を返していたことや、ラバウルの病院を見舞い、負傷し治療している兵たちを一人一人激励していたことなどを思い起こす。出撃する艦艇、飛行機を、わざと白服を着て乗員たちが見分けやすいように気を配りながら見送ったことなども、その一つであった。

「部下将兵と苦楽を分かち合って、お国のために戦う」

という主将の姿勢が、統率にどれほどたいせつなものだったか、いまさらのように思われるのである。

豊田長官は述懐する。

「レイテ作戦前後の飛行機消耗率は、一ヵ月一〇〇パーセント。たとえば二〇〇機持っている隊に二〇〇機注ぎこむ。それが、一ヵ月たつと手持ち二〇〇機になる。だから、統計的にいうと、内地から進出した者は、一ヵ月しか命がないことになる。それならば、命中確実な特攻の方がよほど有効ではないか、という考えになった」

同じ特攻も、戦う将兵から遠く離れた日吉の防空壕の中で考えると、こうなったのであろうか。

神風特別攻撃隊を誘導直衛した角田飛行特務少尉の手記がある。

「神風特別攻撃隊葉桜隊（一二名）を誘導直衛し、敵空母二を中核とする輪型陣に突入したのを確認して帰ってきた十月三十日夜、昼間の光景が目の底に焼きついて、士官宿舎では眠れそうになく、兵舎に行き、搭乗員室で泊るつもりで出かけたが、近づくと、士官は入ってくれるなと押しとどめられた。聞くと搭乗員宿舎の中を士官、とくに飛行長（二〇一空・中島中佐）に見られたくないから、飛行長が現れたらすぐ中の者に知らせるため、一晩中、交替で立ち番をしているという。しかし、分隊士（角田少尉）なら構わないから見て下さい、とドアを開けた。

電灯のない、罐詰の空き罐に麻油を灯しただけの暗い部屋の正面に、十人ばかりが、飛行服のままでアグラをかいていた。そして、ギラギラと異様に輝く目で、こちらをジロリと見た。また左隅には、十数人が一団となって、声を殺して何か話していた。ここにも寝るところはない、とドアを閉めた。

立ち番の兵曹に聞くと、正面にアグラをかいていたのが特攻隊員で、隅にかたまっていたのが、そのほかの搭乗員だという。今日、出ていった特攻隊員は、みな明るく、喜び勇んで出ていったようだが、と不審をただすと、

『そうなんです。だがかれらも、昨夜はやはりああしていました。目をつぶるのが怖いんだそうです。いろいろと雑念が出てきて。それで、ほんとうに眠くなるまで、ああして起きているんです。毎晩十二時ころには寝るんですが、ほかの搭乗員も遠慮して、かれらが寝るまでああしてみな起きて待っているのです。しかし、こんな姿は士官には見せたくない。とくに飛行長には、絶対に、みんな喜んで死んでいくと信じていてもらいたいのです。朝起きて飛行場に行くときには、みな明るく朗らかになります。今日の特攻隊員と少しも変らなくなりますよ……』」

「神風特攻」の二十五日の戦果は、驚倒するほど大きかった。

「敷島隊……中型空母四隻ヲ基幹トスル四隊ノ敵ヲ一〇四五攻撃。戦果、空母一隻二機命中撃沈、空母一隻一機命中火災停止、軽巡一隻一機命中撃沈」

だが、「一機命中」という、胸を突き刺すようなひびきをもつ言葉はどうであろう。夜の顔を昼は見せまいと、精一杯の心配りをする若い特攻隊員たちを思えば思うほど、何かほかのいいかたがなかったのか、残念である。

このことを聞かれた天皇は、軍令部総長にいわれたという。

「そのようにまでせねばならなかったか。しかし、よくやった――」

猪口参謀が中島飛行長に打ち明けた。

「マニラでこの御言葉を拝した大西長官は、まったく恐懼された。それは、指揮官たる長官としては、作戦指導にたいし、むしろお叱りを受けたと考えられたからであろう」

しかし、この時機、この状況で、これだけの戦果を挙げる戦法は、基地航空部隊には、特攻のほかになかった。

「特攻はこれ限りだ。狎れてはいかん」

といっていた大西中将が、それ以後、先に立って、二の矢、三の矢を継ぎ、ついには海軍全体が、いや、陸軍航空まで含んで、全軍特攻になだれ落ちてゆくのである。

硫黄島

捷作戦で、艦艇の被害はもちろん、飛行機の損害が予想を遙かに越えていたため、そのあとの作戦構想が狂ってしまった。八月、捷号作戦計画を練り上げたころには、沖縄とともに硫黄島も守り抜く考えで、硫黄島に陸軍一コ師団一万四〇〇〇、海軍七三〇〇、計二万の兵力を置いた。しかし、捷作戦の損害のため、沖縄と硫黄島の双方には兵力を出せなくなった。どちらを見捨てるか——硫黄島を見捨てざるを得なくなった。

しかも、十一月二十四日には、マリアナ基地のB-29八〇機が東京を初空襲、中島飛行機の武蔵野工場に爆弾の雨を降らせた。海軍では、一三一機を飛ばせて迎え撃ったが、なにしろB-29の高度が高く、スピードが速いので、歯が立たなかった。二機を撃墜、八機を撃破したただけだった。

上空で撃墜する見込みが立たなければ、地上で撃破するしかない。前から研究していたマリアナ急襲特攻隊を、思いきって出すことにした。二十七日の戦闘機特攻隊（第一御盾特別攻撃隊）一二機で、硫黄島から白昼強襲をかけた。生還したのは零戦二機と彩雲偵察機一機だけで、戦果もよくわからなかった。しかし戦後判明したところでは、B - 29四機破壊、六機大損害、二二機小損害という思いもよらぬ大戦果を挙げていた。

米軍にとって硫黄島は、日本本土攻撃の中継基地、B - 29護衛戦闘機基地としてだけでなく、マリアナ基地防衛のためにも、ぜひとも占領しなければならなくなった。

二十年二月十九日、米軍は硫黄島に来攻した。その前二日間、米機動部隊が延べ一五〇〇機を飛ばし、六波にわたり、関東方面の飛行場を叩き、いわゆる事前の航空撃滅戦をしたあとのことであった。山本元帥が生きていたとき、これぱかりはさせてはならぬと、ミッドウェー作戦まで決意した、あの本土空襲が、いまではもう日常茶飯事的に、敵の思うままにくりかえされていた。

関東方面で急速訓練をつづけていた三航艦約五〇〇機は、豊田長官から、敵の沖縄来攻に備えるため、硫黄島には手を出すなと、厳重に申し渡されていた。だが、つい目と鼻の先で（といっても東京から六五〇浬あるが）、孤立無援で死闘している友隊（三航艦の二十七航戦）のことを思うと、みんなジッとしていられなかった。

「そんなヒドい命令があるものか。おい、おれたちで特攻をかけよう。戦友が喜ぶぞ」

隊員の方から声があがり、四六人で第二御盾特別攻撃隊を編成した。戦闘機一二、艦爆一二、艦攻四、それに、艦攻ながら、オレはこっちの方がいいと、魚雷を持っていくのが四機もあった。それが二十一日、無二無三に硫黄島まで飛んでいって戦友の見ている前で敵に突入、大戦果を挙げた。護衛空母一撃沈、正規空母一大破、護衛空母一、輸送艦一、LST二撃破（米発表の実数）。

三月六日、参謀総長と軍令部総長は、連名で硫黄島陸海軍部隊指揮官に電報を打ち、その後半でこう述べた。

「……渺《ビョウ》タル絶海ノ孤島ニ奮戦スル将兵ノ獲得シツツアル戦機ニ投ジ、敵企図粉砕ノタメ徹底セル方策ヲ具現シ得ズ、多数将兵ヲシテ敵ノ鋭鋒《エイテキ》ニ斃《たお》レシム。本職等ソノ責ニ当ル者、日夜断腸ノ思ヲ禁ズル能ワズ……将兵ノ忠誠ハ永エニ皇国ヲ護リ、敢闘ハ一億同胞ヲ感奮セシメアリ……本職等、目下戦局ノ急転ニ処シ、帝国本土ノ決戦態勢確立ニ邁進シツツアリ。ソノ点充分意ヲ安ンゼラレヨ」

それから一一日目、栗林兵団長以下生存の陸海軍将兵は、夜半を期して総攻撃を行ない、兵団長（中将）、市丸二十七航戦司令官（少将）以下玉砕した。かれらが、この電報をどんな気持で読んで総攻撃に向かったか、もう知るすべもない。

沖縄

米軍の沖縄攻略は、マリアナ、フィリピン、硫黄島のときと同じように、まず機動部隊による南九州航空撃滅戦からはじまった。三月十八日であった。

三月一日現在、海軍が持っていた飛行機は総計約四七八五機。このうち、練習航空隊を集めた十航艦は練習機が主体だから、それを差し引いた実戦機は約一一八五機、搭乗員約四〇〇〇人にすぎなかった。なかでも練度の高いものを集めた五航艦は、五二〇機で南九州に展開していた。五航艦長官は、山本司令部の参謀長、宇垣纏中将だった。

兵力の整備を、五航艦と三航艦は三月末、十航艦は五月末をメドにして急いでいる状況だった。敵が三月十八日に来たのは、早すぎた。

「いまの五航艦の実力では、敵機動部隊の守りの固さからみると、敵を小破させた程度でも五航艦は全滅してしまうだろう。敵の上陸を阻止することもできなくなるだろう」

という軍令部の判断にそって、豊田長官は宇垣に、兵力の分散と温存を命じた。敵が来襲しても、攻略部隊を連れていなければ、航空兵力は使うな、というのである。こんどはまた、ずいぶん過小評価したものだった。

宇垣は、目をむいた。

分散、温存には、北陸、朝鮮までに拡がる広さと、施設が整った縦深の飛行基地ネットワークが必要である。一つもそんなもののない現在、分散、温存などしていたら、敵に無料サービスするだけだ。現に先日、関東に敵機動部隊が来たときは、陸海を合わせ、打って出て、自爆未帰還一〇〇機、分散、温存を図って地上で炎上したもの一二〇機の損害を出したではないか。

「同じ被害を出さねばならないのなら、打って出よう。敵が大部隊で来たら、なんとか成功する可能性はある」

と、宇垣は豊田に「積極作戦」の意見具申をした。

豊田は軍令部と相談の上、すぐに命令を改めた。

「兵力温存不能の場合は、長官所信により積極作戦を実施すること」

敵機動部隊の十八日、十九日の南九州基地空襲は、空母部隊の海上航空決戦に似て、双方から飛行機をくり出し、激烈な突撃戦になった。両日で米軍機延べ二五六〇機。五航艦は二十一日まで四日つづけ、延べ六九五機を飛ばせ、一三四機が還らなかった。うち特攻機は一七七機で、一一五機が未帰還。手許に約一一〇機が残った。

宇垣は、空母七ないし八隻を撃沈破、作戦から落伍させたと判断した。米側資料によると、正規空母五隻が損傷を受け、うち三隻が落伍、なかでもフランクリンの被害は重大で、一時は放棄も考えたほどだったという。

戦争期間を通じて、米正規空母に一度にこれだけの損害を与えたのは、この九州沖航空戦だけであった。米海軍も、この戦場を離脱しなければならなくなった三隻の正規空母の穴埋めに困ったが、折よくイギリス空母三隻が協同作戦で加わったので、胸撫でおろしたという。

この敵の追撃を狙って、宇垣は、二十一日、初めて神雷部隊の出撃を命じた。前記、大田少尉の発案した人間爆弾——桜花部隊である。一式陸攻が桜花一発を抱えていき、目標の二〇浬手前で切り離す。頭部には一二〇〇キロの炸薬をもつ。直撃したら、駆逐艦ならコッパミジン、空母でも浮いていられないだろうといわれた。

おどろくのは、志願してきた隊員で特攻部隊を編成、このいったん陸攻を離れたら絶対に生還できない桜花攻撃の訓練と研究を、六ヵ月も隊員たちがつづけてきたことだ。特攻隊員の微妙な心理をよそに、六ヵ月も死と直面し、そのための訓練を重ねる人間わざとも思われぬことが、この神雷部隊では行なわれてきた。おそらく、隊員の直接の指導者であり、指揮官でもあった飛行長野中五郎少佐の人となりと、隊員との間の絶対といえる相互信頼が、これをなしとげたのに違いない。

宇垣のところに、護衛に出せる戦闘機は五五機しかない、と報ぜられた。

神雷部隊指揮官岡村大佐は、五五機では陸攻一八機（うち一五機桜花携行）を護衛するには足りない。敵戦闘機を一機でも近寄らせたら、万事休する。戦闘機をもう少しふやして下さい、と申し出た。

「困ったなあ。じゃあ、やめましょうか」

と参謀長がいうのを抑えて、宇垣はいった。

「この状況で使えないなら、桜花は使いどきがないよ」

そういわれたら、やむを得ない。といって、成算が少ないと見る岡村司令の判断は変わらない。岡村は、野中飛行長に、自分が指揮していく、といいだした。野中少佐は、むろん、笑って、承知しなかった。

「湊川だよ」

出発のとき、野中は、見送った隊員の一人に、そういい残して、飛行機に乗りこんだ。しかし、五五機出るはずの戦闘機は、連日出ずっぱりの出撃で、エンジン不調で離陸できないもの、途中まで行ったが引き返すものが出て、結局三〇機しかついていけなくなった。

飛行機隊出発後、敵艦隊は二群ではなく三群で、空母七隻のことが報告された。

「これではダメです。いまからでも遅くありません。攻撃中止してはいかがでしょう」

悲痛な声が作戦室に起こったが、宇垣は動かず、決心を変えなかった。そして、みなが気をもむうち、護衛戦闘機が帰ってきて、神雷部隊の全滅を報じた。「あ」号作戦のときのように、敵の五、六〇浬手前で、戦闘機五〇機に急襲され、まだ特攻隊員が乗り移っていなかった桜花を切り捨てて戦ったが、どうすることもできなかったという。

宇垣は『戦藻録』に書いた。

「……特攻は桜花を捨て、僅々十数分にして全滅の悲運に会せりと。嗚呼」

三月二十五日、不意に、大船団が沖縄の慶良間列島に入ってきた。沖縄に来るときはまず伊江島から入ってくる、と判断していた日本軍は、裏をかかれた。慶良間に潜めておいた震洋特攻隊は、むろん一網打尽にされてしまった。

それ以上に、大きな衝撃を受けたのは、宇垣長官だった。九州沖航空戦で、敵空母七、八隻を撃沈または落伍させたと信じている。当然、いったんウルシーなりどこなりに引き揚げ、陣容を立て直してくる。その間の時間の余裕を活用して、五航艦を立て直す心組みで、参謀長を折衝のため中央に出していた。現在、手持ちの実働機はわずか五五機。三週間あまりの攻撃で約四七〇機、最初の約九割を失ってしまった。それなのに、その敵機動部隊が、現に沖縄付近で、大車輪の活動をしている。

三航艦（約五八〇機）、十航艦（約三六〇〇機）の飛行機が欲しい。上陸した敵をもっとも効果的に攻めるには、橋頭堡が固まらない三日間、ないし一週間に限られるが、宇垣にはその間に攻撃をかけるメドが立たなかった。

もっとも、「天一号作戦警戒」の号令がかかれば、三航艦、十航艦は宇垣の指揮下に入ることになっている。が、その発令が、「あ」号作戦のときと同じように、大本営が躊躇して、遅れた。そのため、宇垣の手許は、カラッポが続く。そして、豊田長官が「天一号作戦警戒」を発令したのは、米軍が慶良間に上陸した日の夕刻、「発動」を令したのは翌二十六日昼ごろ。慶良間については「あとの祭り」的時機であった。

むろん、三航艦と十航艦は宇垣五航艦長官の指揮下に入った。が、それは形式上のことで、実際に飛行機隊が南九州基地に移動し、いつでも飛び出せる状態になるのはさらに遅れる。四月一日、米軍の沖縄本島上陸までに九州に進出できた飛行機は、約二二〇機にすぎなかった。

日本軍の本土決戦の準備は、初秋にならねばできなかった。この時点では、それまで約半年あり、その間、なんとかして敵を本土の外で食いとめておかねばならなかった。

しかし陸軍は、本土決戦こそが陸軍の本領を発揮する決戦だとし、だから沖縄戦は、本土決戦の前哨戦と位置づけた。海軍は、富岡作戦部長の現地視察の結果、戦勢の挽回を図ることのできる決戦場は、沖縄しかない。沖縄「決戦」をすべきだ、と主張した。つまり海軍は、オール・アウトの兵力で最後の一兵まで沖縄で戦おうとし、陸軍は、パーシャルの兵力で、本土決戦のための時間を稼ごうとする。

大本営陸軍部は、それだからこそ、三コ師団、一コ混成旅団で沖縄を守ろうとしていた三十二軍（沖縄軍）から、一コ師団を引き抜いて台湾に移し、あとを補充しなかったし、兵力不足のため徹底的な持久出血戦を戦うしかないとする三十二軍に、無理な飛行場奪回や総攻撃を命じた。さらに、海軍が飛行機のすべてを、練習機まで駆り出して沖縄に特攻をかけつづけるのを見ながら、途中で、結果として、本土基地の陸軍機を引き揚げる措置をとったのである。

三月二十六日、豊田長官は、「天一号作戦発動」下令と前後して、第一遊撃部隊に「出撃準備を完了して内海西部に待機せよ」と命じた。第一遊撃部隊とは、レイテ沖の栗田艦隊（第一遊撃部隊）につながる第二艦隊のことで、「大和」を中心に、二水戦旗艦「矢矧」、駆逐艦「冬月」「涼月」「磯風」「浜風」「雪風」「朝霜」「霞」「初霜」で編成したアンバランス艦隊――最後の連合艦隊である。

レイテ沖海戦を終わり、困難を極めたレイテ島強行輸送作戦（多号作戦）を終わって、満身創痍のまま内地にたどりついた艦艇は、特攻兵器や戦力造成のための急速建造に必死になっている造修施設に、厄介な重荷を加えた。

米内海軍大臣の下で、海軍次官になった井上成美中将は、必要最小限度の修理を小型艦艇にたいして行ない、巡洋艦以上は後まわし、ことに戦艦は修理しない方針を打ち出したが、軍令部次長伊藤整一中将の反対にあった。

怒った井上次官は、次長にカミついた。

「軍令部はこんな時機になっても、まだ戦艦にたいする執着を捨てきれないのか。真珠湾やマレー沖で、戦艦は飛行機の敵でないことの手本を示したのは、誰だったのか。捷号作戦で、『武蔵』やそのほか多数の大型艦が飛行機で撃沈されていながら、まだ目がさめないのか」

次長の返事には、迫力がなかった。

「次官の話はよくわかるが、敵が戦艦を持っている以上、こちらもあるに越したことはないのだから――」

開戦前、軍令部の軍備計画案を「明治の頭で昭和の海軍を考えるもの」と極めつけた数学的合理主義者の井上中将も、作戦用兵の最高責任者の希望は、無下には捨てかねた。

そして、これを運命というのだろうか――軍令部次長から第二艦隊長官に転出した伊藤中将が、「大和」の長官室に入ったのである。

さて、もともとこんどの作戦には使わないといわれ、大がかりな修理をつづけていた「大和」部隊（第二艦隊）であった。突然、出撃準備を命じられたので、当然ながらあわてた。修理が終わったものと終わらないままのものとがゴッチャになった。そして、二十八日以後、豊後水道を出て佐世保に行け、と命じられた。敵機動部隊を「大和」で釣り上げる。釣り上げられた敵機動部隊を横から五航艦で衝く、という計画だ。

渾作戦といい、マリアナ沖海戦といい、台湾沖航空戦といい、捷号作戦といい、こんどといい、豊田、草鹿指導部は、いったん決めたものをよくひっくり返して作戦部隊をあわてさせる。これを直感的作戦指導というのか。

「大和」部隊は、命令どおり出港して、豊後水道を南下した。が、その前から敵機動部隊が南九州の空襲をはじめた。すぐに佐世保行きは見合わされ、四月三日、取りやめられた。

「大和」部隊は宙ぶらりんになった。中止した修理も終わらさねばならぬし、訓練もしたい。だが、どちらも、どれだけ時間の余裕があるかわからないから、手をつけられない。

そのころ、日吉（連合艦隊司令部）と霞ヶ関（軍令部）との間を、連合艦隊先任参謀神大佐が、とぶように往復していた。草鹿参謀長と水上部隊担当の三上参謀は、鹿屋の五航艦司令部に出張していて、留守だった。

沖縄戦がはじまるとすぐに、神先任参謀は草鹿参謀長に、沖縄に戦艦を突っこませることを、くり返し主張した。草鹿は、いまはいかん、機会を見る必要がある、となだめてきた。

草鹿が日吉を発つ四月二日までは、少なくとも「大和」特攻計画などという途方もないものは出ていなかった、という。

四月二日から海上特攻命令を豊田が発令する五日までの三日間に、何が起こったか、正確に述べるのは、むずかしい。神参謀が牽引車であったといわれるが、神参謀の力だけでできることではない。草鹿参謀長、豊田長官の決裁が必要だ。つづいて軍令部総長、次長の承認が要る。海軍の参謀は、陸軍のそれと違って、あくまで指揮官のブレーンであり、部隊を指揮する権限はない。豊田が「ノー」といえば、どんな着想も、取り捨てられる。

「戦艦が敵の上陸点に突入して射ちまくれば、かならず勝てる。上陸点までは、当事者に勇気があれば突破できる」

と、サイパン奪回作戦、レイテ湾突入作戦で強引に、くりかえし主張してきた神参謀独特の半ば精神論的突入作戦に、豊田長官がイエスといい、次長の小沢治三郎中将が、「連合艦隊長官がそうしたいという決意ならよかろう」と了解を与え、及川軍令部総長が黙ってそれを聞いていたからできたことだ。「燃料は片道でもよい」と、とんでもないことが、富岡作戦部長の知らない間に、小沢次長のところで承知されたようだ。

つまり、この作戦の本質は、説得に行った草鹿参謀長が、伊藤長官がどうしても納得しないので言葉に詰まり、

「一億総特攻のさきがけになっていただきたい」

といわざるを得ず、それを聞いて伊藤長官が、

「わかった。心配しないでくれ」

と、はじめてニッコリ笑ったという挿話に、よくあらわされていた。飛行機だけでなく、水上艦艇も、いや「大和」も特攻に出ることが、政治的に必要だったのであろう。

伊藤長官はその「一億総特攻のさきがけ」という、おそろしく含みのある精神論的説明で納得したが、血の気の多い駆逐艦長たちは、それくらいで草鹿参謀長を「無罪放免」にはしなかった。

「こんどの作戦は、連合艦隊最後の突撃である」

草鹿中将が、激励の意をこめてそういうのへ、一人の駆逐艦長が立ち上がった。

「参謀長。これが連合艦隊最後の突撃だといわれるならば、連合艦隊司令部も、穴（日吉の防空壕）の中なんかに入っていないで、穴から出てきて、われわれといっしょに行こうじゃありませんか」

草鹿は何も答えなかったという。

それだけいってセイセイした駆逐艦長たちは、やはり船乗りであり、徹底的に海の男であった。

「沖縄で味方が苦戦している。海軍が助けにいかんという法はない。ひとつ、ここで死に花を咲かせよう。内地に繋がれて爆撃でやられるより、沖に出て暴れまわって死ぬ方が、なんぼか、いいぞ」

口ではそういいながら、かれらは、毛頭死ぬとは思っていなかったという。開戦から三年五ヵ月、出ずっぱりで働きつづけ、何度も危機一髪の境から脱け出してきた。「悪運」の強さには、めいめいが自信をもっていた。ともかく、明るくて積極的な、三十歳から四十歳どまりの駆逐艦長たちだったのである。

さてその「片道燃料」だが。

指示された二〇〇〇トン以内という燃料割当ての数字を見て、おどろいた連合艦隊機関参謀小林儀作大佐は、呉の軍需部長島田少将に相談した。その結果、タンクの底の帳簿外の油をさらって、「大和」と「矢矧」こそ三分の二程度だったが、駆逐艦は全部満タンにできた。

「おい、機関長。死ににいくのに、腹一杯食わさんという法はないぞ。片道燃料たぁ何事かぁ」

と、冗談ごかしにゴネていた駆逐艦長も、ほんとうの話を聞くと、大ニコニコで立ち上がった。

四月六日、海上特攻隊に美辞麗句をつらねた出撃命令を電報すると、豊田長官は、その日の夕方、鹿屋に将旗をすすめた。豊田大将、宇垣中将（五航艦長官）、寺岡中将（三航艦長官）、前田中将（十航艦長官）が集まったから、バラック建ての司令部庁舎には、四本の将旗が立ち並んだ。

四人の司令長官が集まれば、四本の将旗が立つのは、あたりまえだ。なのに、それが異様に見えるのは、かれらがこれからはじめようとする作戦が「航空総特攻」――菊水作戦であり、はじめてその「特攻」を発進させた大西中将が隊員に訓示した言葉が、あまりにも鮮烈に残っているからだ。

「国を救うものは、大臣でも大将でも軍令部総長でもない。もちろん私のような司令長官でもない。諸子のごとく、純真にして力に満ちた若い人々である――」

宇垣は、機動部隊にたいする攻撃兵力――洋上を自力で飛び、敵戦闘機の妨害をかわしながら敵を攻撃できる技量をもつ者は残し、そのほかの特攻兵力の大部分をあげて、「一か八かの大バクチ」（『戦藻録』）を打とうとしていた。

「第二、第三と続けられないものだから、慎重の上にも慎重、綿密の上にも綿密に計画実行しなければならん」

といいながら、大西中将が一回限りの非常手段と心に決め、「狎れてはいかん」と自戒していたのに、ついに日常手段のように特攻を使わなければならなくなったように、宇垣の「菊水作戦」も、第二次、第三次どころか第十次まで続けざるを得なくなった。それにしても、「純真にして気力に満ちた若い人々」の特攻に頼るほか策なし、とは、あまりにも哀しい話であった。

菊水一号作戦は、日本海軍の全力を集中して、真正面から敵前に立ちふさがった決死の、凄絶無比な総突撃であり、南東方面に山本長官が集めた航空兵力に劣らぬ大規模な航空攻撃であった。

このときにも、大西中将が神風特別攻撃隊の発進を命じたときのような、ギリギリに追いつめられた状況があった。

四月一日、米軍が沖縄本島に上陸すると、その日のうちに北（読谷《よみたん》）飛行場と中（嘉手納《かでな》）飛行場を占領した。これを見た海軍は、とび上がった。

その日のうちに飛行場を奪われようとは、夢にも思わなかった。陸上基地を米軍に造られたら、米空母機動部隊は根拠地に帰ってしまい、空母をもたぬ日本軍には、どうすることもできなくなる。一刻を争うセッパつまった事態では、特攻に頼らざるを得なくなった。

四月六日、約四〇〇機（うち特攻約二〇〇機）が、敵攻略船団と敵機動部隊攻撃に飛び立ち、三十二軍の電報で大小艦艇六九隻撃沈破、ほかに輸送船多数炎上という戦果（米軍発表による海軍艦船三四隻沈没または損傷）を挙げた。未帰還一七八機（うち特攻一六二機）。

宇垣長官としては、当然、すぐに追い討ちをかけたいところだが、飛行機が揃わなかった。見ている軍令部は、躍起になって豊田にハッパをかけ、後詰めの飛行機の準備を急いだ。まだ梅雨には早い四月だったが、異常気象というのか、その年の四月、五月は、春雨という語感からは程遠い強い雨がしばしば襲い、飛行機を出せない日が多かった。台所の苦しい日本航空部隊としては、補充や整備を間に合わせる上で恵みの雨だった。だが、戦局からすれば、米軍にそれだけ時を稼がせることになり、守勢の日本軍にとっては恵みの雨どころか、不運の雨といわねばならなかった。

そういえば、昭和十九年に入ると、日本軍は天象地象に恵まれなかった。そのための不運な事件が多すぎた。古賀長官の遭難にはじまり、マリアナ沖でもそうだった。フィリピン沖海戦では、停滞前線が悪いところに居座って、栗田艦隊は絶好のチャンスを摑みながら、スコールのために敵をとり逃がしたし、飛行機では、味方基地上空は快晴で、敵の攻撃を受けやすいのに、敵艦隊は悪天候に護られ、その悪天候が、日本の若い搭乗員たちには突破のむずかしい障壁となった。

三月十八日、米機動部隊の来襲にはじまり、六月二十二日の菊水十号作戦までの間に、九州と台湾から出た海軍の作戦機は七八七八機。うち特攻機一八六八機。特攻機の未帰還九七二機。その後八月十九日までの沖縄方面作戦機数を加えると、合計作戦機八五八六機、未帰還一三九七機。合計機数のうち特攻機一九三二機、未帰還一〇〇五機。

これに陸軍の六航軍と台湾の第八飛行師団の作戦参加機延べ二〇〇〇機以上、うち特攻未帰還約九〇〇機を加えると、作戦機数一〇五八六機以上、うち特攻未帰還約一九〇五機以上の多数にのぼった。

そして、この青年たちが命を捨てて獲た戦果は、ニミッツ元帥によると、沈没二六隻、損傷三六八隻以上、スプルーアンス大将によると、沈没三〇隻、損傷三六八隻とあり、米海軍将兵の戦死、行方不明合わせて四九〇七名、負傷四八二四名、米陸軍の死者七三七四名、負傷者約三万一〇〇〇名だったという。

スプルーアンス大将はいう。

「特攻機は、非常に効果的な武器で、われわれとしては、これを決して軽視することはできない。私は、この作戦区域内にいたことのないものには、それが艦隊に対してどのような力を持っているか、理解することはできないと信ずる。……私は、長期的に見て、米陸軍のゆっくりとした組織的な攻撃法をとるやりかたの方が、実際に人命の犠牲を少なくすることになるかどうか、疑問に思っている。それは、同じだけの犠牲を、長期的にわたって出すにすぎない……」

アメリカの著名な軍事評論家ハンソン・ボールドウィンはいう。

「沖縄戦は、戦争はいかに冷酷であり、厳しいものであるかの極限を示した唯一つのものである。その規模、その広さ、その苛烈さで、有名な英本土航空決戦《バトル・オブ・ブリテン》を凌駕する。飛行機と飛行機、水上部隊と航空部隊との間で、これほど凄惨な、特異な死闘が行なわれたことは、あとにも先にもない。

あれほど短い期間に、あれほど多くのものを米海軍が失った例もない。陸上戦闘で、米国が、あれほど狭い地域、あれほど短い期間に、あれほど多数の将兵の血を流したこともない。戦争中、それまでのどの三ヵ月をとってみても、日本があれほど莫大な犠牲を払ったこともない。

過去、沖縄戦以上に大規模な戦闘はあったし、それ以上長期にわたる航空戦もあった。しかし、沖縄戦は、海陸空同時に戦われた総合立体戦であり、来る日も来る日も、絶え間のない死闘を、長期にわたって戦いつづけたものであった」

そして、アンドレ・マルロー。

「たしかに日本は、太平洋戦争で敗れた。だがそのかわりに、何ものにも代え難いものを得たことを忘れてはならない。それは、世界のどの国にも真似のできない特別攻撃隊である。戦後、フランスの大臣として日本を訪れたのは私が最初だが、そのときも天皇陛下にとくとそれを申し上げておいた。スターリン主義者たちにせよ、ナチ党員にせよ、結局は権力を手に入れるための行動にすぎなかった。日本の純真な若い特攻隊員たちは、ファナティックだったとよくいわれる。それは違う。かれらには権勢欲とか名誉欲とかは露ほどもなかったし、ひたすら祖国を憂える貴い熱情があるばかりだった。代償を求めない純粋な行為、そこに真の偉大さがある。逆上と紙一重のファナティズムとは、根本的に異質である。人間は、いつも偉大さへの志向を失ってはならないのだ」

「八日黎明時沖縄西方海面ニ突入」

と、時間と場所を指定した命令を受けた「大和」部隊には、時間の余裕も、行動を選択する余地もなかった。一日待てば、天候はもっと悪くなり、飛行機のカサを持たないものには一層好都合になるのだが、それもできなかった。

そんな豊田長官の「大和」部隊にたいする出撃命令は、抜け目のない米海軍に暗号解読されていた。そしてスプルーアンス第五艦隊司令長官に急報され、スプルーアンスは、手ぐすね引いて待ち構えた。

かれは、この日本艦隊が、かならず空母部隊を含んでいるはずだ、と睨んだ。そこで、米機動部隊に日本空母部隊の処理を命じ、日本水上部隊には沖縄の艦砲射撃にあたっている戦艦六隻と巡洋艦七隻、駆逐艦二一隻を向けることにし、攻撃準備を命じた。旗艦インディアナポリス（重巡）が特攻機に突入されて大火災となり、旧式戦艦ニューメキシコに旗艦を変更していたスプルーアンス大将は、自分が先頭に立って「大和」と戦うつもりで、ハリキッていた。

「戦艦の艦長に任命されるほどの士官であったら、『大和』がどれほど強力であっても、何ヵ月間か陸上目標にたいする艦砲射撃という地味な仕事についてきたあとだけに、誰でもそれと砲火を交える機会を待ち望んでいたろう。私は、一度もその機会を与えられなかった愛する旧式ド級戦艦と私自身に、昔ながらの艦隊砲戦を行なう最後の機会を与えることにした」

このスプルーアンスの希望どおりの状況が実現していたら、かれ自身や米戦艦部隊よりも、「大和」乗員の方が躍り上がって喜んだろう。視界不良のため、四六センチ砲によるアウトレーンジはできなかったかもしれないが、旧式ド級戦艦と対抗すれば、「大和」の砲弾の圧倒的な破壊力は十分に発揮できたはずである。ただその朝は雲量一〇、雲高一キロから二キロという狭視界で、ここでも天候に恵まれなかった。つまり、米戦艦のレーダー射撃と、

「大和」の一五メートル測距儀との戦いになるが、そのような砲撃戦を、この特定の気象条件で戦って、どんな結果になったか。

しかし、現実には、米軍偵察機の誤認で、「大和」部隊が北寄りのコースをとり、沖縄から遠ざかっていると報告してきたから、スプルーアンスはあわてた。手の届くところにいる間に攻撃できるのは、機動部隊だけである。即座にかれは、ミッチャー機動部隊に攻撃を命じた。

妙な話がある。

「大和」の出撃について、「連合艦隊参謀は……五航艦に迷惑をかけずというも、予は無関心たり得ざるなり」（『戦藻録』）と宇垣は自主的に、直衛のための戦闘機を「大和」部隊に送っている。それが翼を振って「大和」に別れを告げて引き返すと、入れ替わりに米索敵機が触接をはじめるのだが、この「連合艦隊参謀……」の言葉は聞きのがせない。これは、豊田長官が鹿屋に出てくる前の記事だから、日吉には草鹿参謀長は不在である。つまり、豊田の言葉そのままではなくとも、その意向にそったものであったろう。

ところが豊田大将は、戦後、こう回想している。

「この（海上特攻作戦の）敗戦の主な原因は、やはり航空兵力の不足と、次には基地航空部隊（宇垣部隊）と水上部隊（「大和」部隊）との協同動作が十分しっくりといかなかった点に帰しよう。護衛の戦闘機は出るには出たが、それにずっと終始十分の兵力をつけておくことができなくて、一時引き揚げる。そのあとに敵機動部隊の空襲を連続受けたというのが敗戦の原因になってしまった。そして、空中護衛が十分できなかったのは、航空艦隊（五航艦）が敵機動部隊に対する攻撃に頭を向けすぎた、すなわち、協同作戦に関する兵術思想に未熟な宿命的欠陥があったからだとも考えられる……」

豊田長官の発令した作戦命令には、この上空直衛については、何も書かれていなかった。このような話、ツジツマが合おうが合うまいがかまわないのかもしれない。だが、そのためもあって、あたら三七二一名の将兵と、「大和」「矢矧」以下六隻の艦艇を失い、作戦目的を達することができず、中途で挫折しなければならなかったことを思うと、当時の指導部が何を考えてそうしたか、何を考えなかったからそうなったか、だけは、ハッキリさせておく必要があると思う。

「大和」部隊の奮戦を、一方的な死闘と一言でいうのは、一方的でありすぎる。敗れるには敗れるだけのメカニズムがある。

この場合は、前にも述べたように、「大和」部隊に時間の余裕がなく、自主的な行動の選択ができなかったこと。天候が致命的に不利なのに、引き返すことも、北に避けて雨が降りはじめるまで待つこともできなかった。ひたすら突き進むほかなかったこと。

頭の上に、高さ一キロから二キロの雲のベールを「大和」はすっぽりかぶせられていたのと同じだった。「大和」の機銃員には、敵機がその雲から姿を現わさないと、見えもしないし、射てもしない。一方、急降下爆撃機は、三キロないし三・五キロから突っこんでくる。もともと対空機銃は、二キロから三キロくらいの敵機に有効弾を射ちこめるようにできているが、「大和」の機銃は敵機が見えず、一キロから二キロに敵機が近づいてきてはじめて射撃ができる。そのときの敵機は、十分に加速をつけ、爆弾を投下し、身を翻して避退しつつある。スピードが速いというよりは、機銃の射手の目の前を横切る角速度が速い。それを追っかけて銃身を振り回すわけだが、そうすると、タマはあたりにくい。

約四〇〇機の攻撃を受け、全員死闘をつづけたが、魚雷一〇本、爆弾六発が命中、転覆沈没した。「大和」の戦死者、伊藤司令長官を含み、二七四〇名。海上特攻部隊全体でいえば、先ほど述べたように、三七二一名を失った。

なんのために、このような窮屈な行動を「大和」部隊にさせねばならなかったのか。

この場合も陸軍の総攻撃にタイミングを合わせようとしたようだが、結局総攻撃は、陸軍の都合で先に延ばされた。ガダルカナルで、第二師団の総攻撃のとき、

「攻撃を伴う陸上戦に日を限り、これを基礎として大部隊の艦隊作戦を期すること、これにてコリゴリなり」（『戦藻録』）

という戦訓は、どうなったのか。

潜水艦戦

「大和」を敗北に追いこんだメカニズムと同じような敗北のメカニズムが、日本の潜水艦に

もあった。

第六艦隊（潜水艦部隊）参謀鳥巣中佐が、こう図式を描いた。

「日本の潜水艦では、永年の研究と訓練の結果として、航行中の敵艦に魚雷を命中させるには、距離一・二キロから一・五キロにまで近寄って発射すればいい、とされていた。事実、距離三キロを越えると、命中率が急に悪くなり、四キロ以上ではほとんど命中しなかった。だから、潜水艦長は、なんとしてでも敵のふところにとびこもうとした。

戦争の中期、つまり昭和十八年半ば以後になると、レーダーのほかにソナーという、いわば水中音波レーダーが出現した。このソナーの有効距離が、およそ五キロから六キロ。三キロから四キロくらいなら、ほぼ確実に目標をとらえることができた。

これを、実際の状況にあてはめてみる。

まず、レーダー網をうまくスリぬけた日本潜水艦が、敵艦を攻撃する場合、潜水艦長は確実に魚雷を命中させようとして、敵の一・二キロから一・五キロまで、水中速力二ノットから六ノットで近寄っていく。一方、敵艦は、ソナーで三キロないし四キロのところから日本潜水艦を発見しトレースしている。日本潜水艦は、そんなこととは知らず、敵の一・五キロに近づくまでの八分ないし二五分間、潜望鏡を引っこめた全没状態で、ひたすら前進する。そのまま、敵の一方的な集中攻撃を受けることになる。

工合の悪いことに、潜航中、潜水艦は二次電池で走るので、電池容量に限度がある。充電完の状態から走ると、だいたい三ノットから四ノットで、六〇浬から八〇浬、時間にすると二〇時間前後走れる。実戦のときは、充電完であろうとなかろうと、敵を発見すると潜航して二次電池で走りはじめるから、この時間はずっと短くなるのが普通である。一〇時間ぐらい攻めたてられて死線を彷徨し、辛うじて帰ってきた実例もある。

そのころの日本潜水艦は、潜航のまま二次電池の充電ができるシュノーケルを持っていなかった。充電には、浮上してディーゼルを回すほかない。浮上すれば、レーダーで発見され、まず飛行機が来て、やがて対潜艦艇が集まってくる。もちろん潜水艦は、充電をやめて潜航し、二次電池で逃げなければならないから、その点からすると、ハラを減らしながら死闘する、二重苦、三重苦の戦闘になった」

このような攻撃をうけて沈没した日本潜水艦は、わかっているだけでも四〇隻にのぼるという。飛行機も潜水艦も、日本軍は本質的に勝てない戦を戦っていたことになる。

日本海軍指導部は、開戦前、井上成美中将が、「新軍備計画論」で警告したとおり、この戦争で、たいへんな誤りを犯した。飛行機と潜水艦の価値と本質にたいする誤判断、ことに潜水艦にたいする誤判断は、対潜水艦戦への手抜かりともからんで、われとわが咽喉を絞め上げた。

黒木中尉が、人間魚雷「回天」を着想、先頭に立って戦力化を図ったのも、そのような背景があったからこそのことだ。

昭和十九年十一月二十日、回天特別攻撃隊菊水隊が、米海軍の最前線基地ウルシー泊地を奇襲した。神風特別攻撃隊敷島隊が、レイテ沖の敵空母部隊に突入して一ヵ月足らず、米軍のいう「アンダーウォーター・カミカゼ」が、海中から第一撃を加えた。港の奥深くにいた油槽艦が、まったく突然、大火災を起こした。姿が見えないだけに、回天にたいする米軍将兵の恐怖は、カミカゼ以上にすごかった。

「もし戦争が、さらに続いていたら、この物凄い兵器は、(米軍に)重大な結果をもたらしていたであろう」

とオーデンドルフ中将は、身体をふるわせた。

しかし、日本海軍の指導部は、潜水艦の用法を誤り、そのために日本の潜水艦を、働き場所が得られないまま大量喪失に追いこんできた。というのに、回天もまた、親潜水艦ともども敵艦隊の泊地や前進基地の攻撃に使いつづけた。

新鋭機の陸爆「銀河」を使って、長駆して敵泊地に特攻させようという「丹作戦」と並び、「玄作戦」と名づけた敵泊地の回天攻撃がそれである。昭和十九年末、六隻の潜水艦に積んだそれぞれ四基または五基の回天で、ウルシー、アドミラルティー、パラオ、グアム、サイパンを攻撃した。戦果不詳。硫黄島には計一四基の回天を搭載した潜水艦三隻が向かったが、全滅。沖縄に敵が来攻したときも、軍令部は泊地攻撃に固執して、また親潜水艦が大被害をうけた。

「敵艦隊の集まる泊地を攻撃して、敵艦隊を漸減する」

という昔ながらの思想の上に、潜水艦が回天を積むことにより長柄のヤリを持ったと考えているわけだ。前記の、潜水艦敗戦のメカニズムなど、神参謀の抗議ではないが、勇気さえあれば蹴散らして行ける、としたのか。

レーダーで水上を進んでくる潜水艦を遠距離にとらえ、護衛空母と三隻の駆逐艦でチームをつくったハンター・キラー・グループが潜水艦を追いつめ、ソナーで捕らえ、潜航避退しようとする頭の上から爆雷やヘッジホッグ（ロケット推進爆雷）でトドメを刺す——そういうおそるべき現実の姿は、軍令部にも連合艦隊司令部にも理解されていなかった。

そして四月二十七日、長い間のスッタモンダの末、はじめて洋上での回天戦がスタートを切った。開戦劈頭、真珠湾封鎖戦を終わって帰ってきた潜水艦長たちが異口同音に訴えた洋上攻撃が、ようやく、戦争も終わりに近くなって、しかも回天を使って実現したのである。

沖縄とウルシー、サイパンをそれぞれ結ぶ線上付近に、二隻の潜水艦が潜んだ。そして、一隻の艦船を撃沈破し、親潜水艦には被害なく、無事帰ってきた。沖縄周辺にハリつけられた、いままでの戦法で戦った潜水艦九隻のうち七隻沈没、戦果不明というのに、である。

「軍令部や連合艦隊司令部からは、それ以後、細かい作戦上の指示をしてこなくなった。潜水艦乗りたちが叫びつづけてきた自主的作戦、すなわち補給路破壊作戦に専念できるようになった。しかしそれはあまりにも遅すぎた。回天作戦に使える潜水艦は、わずかに九隻だけになっていた」

鳥巣参謀は、無念さをかくそうとしなかった。

「大和」以下が、九州坊ノ岬沖で憤死して二〇日あまりたった四月三十日、人事の内奏に参内した米内海相に、またまた天皇の御下問があった。

「天号作戦における大和以下の使用法は、不適当なるや否や」

捷号作戦のあとの御下問と同じ言葉づかいだが、この奉答はむずかしかった。前のとき同様、人事局長と作戦部長が知恵を絞った。海上特攻は、もともとどう強弁しても兵術的合理性があるとはいえなかったので、適切な作戦だったとい難いが、といって、あけすけにそう申し上げるわけにもいかなかった。

「当時ノ燃料事情オヨビ練度、作戦準備ナドヨリシテ、突入作戦ハ過早ニシテ、航空作戦と吻合《フンゴウ》セシムル（註・ぴったり嚙み合わせる）点ニオイテ、計画準備ハ周到ヲ欠キ、非常ニ窮屈ナル計画ニ堕シタル嫌《キライ》アリ。作戦指導ハ適切ナリトハ称シ難カルベシ」

これより五日前の四月二十五日、連合艦隊司令部の上部機構として海軍総隊が新設され、豊田大将は海軍総司令長官に親補され、同時に連合艦隊長官、海上護衛長官を兼ねることになった。

宇垣中将が酷評する。

「……作戦については現に規程があり、いまさら海軍総隊など作らなくてよい。……これは陸軍が総軍制度を作ったので、その向こうを張ろうとしているのかと思っていたら、連合艦隊司令部が艦におらず陸にいることにたいする世間の人の思惑を消すためだと聞いては、まったく開いた口が塞がらない……」

豊田がその翌日、挨拶のため米内海相のところに出向くと、海相は、

「君に近いうちに軍令部に来てもらうつもりだ」

といった。豊田は意外に感じて理由を聞くが、米内はなんとなく言葉を濁して、

「もう年寄りは引っこんで、若い者に代わっていくのが当然だから……」

というふうにつくろった。豊田は納得せず、

「一年前に連合艦隊に行ってから、することなすことみな食い違いで、敗戦ばかりを続け、責任を痛感しております。お前は指揮官としてダメだから辞めろ、といわれれば、私は謹んでいつでも引っこみますが、この敗戦の作戦部隊を捨てて、今私が一番高い地位に就くのは、非常に心苦しい。なんとか考え直していただけんでしょうか」

と、それだけいって、帰った。だがその申し入れは、人事局長から海相の伝言として、

「昨日の話は、再考の余地がないから、そのつもりでいてくれ」

と拒否された。

そのあと、五月四日、米内海相が、豊田を軍令部総長に親補していただくために内奏した

ときは、当然、二回の御下問を勘定に入れた人物評を申し上げねばならなかった。

「豊田連合艦隊長官の作戦指導は、勇断には富んでおりますが、上手とはいえないのが事実であります。しかし、彼我の航空兵力に大差があり、いつも受け身の作戦をしなければならなかった点は、諒とすべきものがあります。大本営のような、戦備、戦争指導、戦略指導など大綱的な措置を行なう性格の場所では、疑いもなく最適格の上将であろうと思われます」

そう申し上げて、御裁可をいただいた。豊田の軍令部総長就任は、五月二十九日。後任は、小沢治三郎中将であった。

「軍令部総長に最適格の上将」

と申し上げた米内大将は、あとで、

「豊田を見損なった」

と嘆くことになる。井上成美大将に一等大将の折紙をつけられた米内も、人を見る明には、案外欠けるところがあったようだ。そういう井上も、次官として、大西瀧治郎中将を軍令部次長に推している。そして、海軍が主導した終戦工作のさなか、戦争継続を大西が強硬に主張して米内たちがテコずり、人を見る明が、井上にもなかったことを証明するのだが、それらは、ここで扱う範囲から外れている。

第四章　小沢治三郎の作戦

本土

この戦争中、四代目に当たる連合艦隊司令長官小沢治三郎中将は、そのとき、海軍実力部隊の編制が変わっていて、海軍総司令長官という肩書きであった。本土決戦に対応するためには、連合艦隊長官が、本土周辺の海域を防備してきた鎮守府、要港部の内戦部隊をも指揮しなければならなくなったからだという。

高木惣吉少将のいう「海軍の統率の第一人者」である小沢中将は、日本が本土決戦に追いこまれるドタン場になって、はじめて処を得た。いや、日本海軍は、ここにいたってはじめてその人を得た。淵田美津雄大佐のいう「時代の趨勢を洞察して、その変革に即応するための達識と勇断はもとより、その着眼に柔軟性を備えた人」が、ようやく、連合艦隊長官のポストについたのである。

この人事は、米内海相の抜擢であった。発令のときに、実は小沢に、

「大将になれよ」

といっている。その二〇日ばかり前、次官の井上成美をムリヤリ大将にしていたので、同じクラスの小沢を大将にするのは、順当な人事だった。が、小沢は、「その資格なし」といいはって、とうとう大将にならなかった。

これが実現していたら、先任であった南西、南東方面艦隊の大川内、草鹿両中将をも指揮できることになる。適材適所のための抜擢人事が、海軍の終焉間近になって、アメリカ式合理性をもって実施されたという記録ができたはずだったが、残念ながらそれは不成功に終わった。

このころになっても、例の軍令承行令が生きていた。そこで、小沢より先任者を指揮系統から一掃する必要が起こった。支那方面艦隊長官近藤大将を東京に移し、後任者を持っていき、またその後任に別のところから人を連れてきて穴埋めするというふうで、司令長官三人が異動。前記の二人の方面艦隊長官は、交通が杜絶しているので動かせないから、連合艦隊から外して大本営直轄部隊にした。

こんな騒動をしなければならないから、山本戦死のあとは、古賀か豊田にする必要があり、適材適所よりも、他を異動させなくてもすむクラスの古さが優先したわけである。

日吉の防空壕に着任した小沢は、さすがに豊田とは違っていた。

このころになると、本土はもう、ほとんど完全に孤立していた。

日本の気象暗号を解読することに成功し、爆撃目標上空の天候を知ることができるようになって、マリアナから来るB-29は、うなぎ登りに数がふえた。七月の二回の空襲では、延べ数が三〇〇〇機にもなり、主要都市、生産施設、航空基地は、悪天候に邪魔されず、激しい攻撃にさらされていた。

生産力が落ちるだけでなく、生産されたものが片端から破壊された。その上、B-29による機雷敷設が、下関海峡から内海航路のキイポイントにまで及んだ。米潜水艦は、大挙して日本海に侵入、輸送船はもとより客船までも撃沈した。海上交通が、南方からはもちろん、大陸からのものも、内地相互間のものも杜絶した。硫黄島から来はじめたP-51戦闘機や機動部隊小型機の銃撃で、漁船も海に出られなくなった。平時にはとても想像できないような地獄図が、現実にあらわれていた。

国力の現状は、六月八日の御前会議で秋月総合計画局長官が朗読したものから参考までにピックアップすると、こうであった。

「汽船輸送は、二十年末には使えるものがなくなる。鉄道は、十九年度の半分。一貫輸送ができなくなり、近距離だけになる。陸上小運送力と港湾荷役力は、輸送全般の重大な隘路となり、港湾の機能は、敵襲のためにとまるおそれが大きい。通信は、二十年中期以降ほとんど不能になる。

物的国力では、鉄鋼生産は五月末現在、前年同期の四分の一に落ち、二十年中期以降は鋼船の新造不能。中枢工業地帯では、石炭の輸送杜絶で、相当部分が稼働不能。大陸の工業塩の移入ができないため、中期以後は軽金属、人造石油の生産が困難になり、火薬、爆薬も確保できなくなる。液体燃料は、南方から輸入できず、航空燃料が逼迫して、中期以後戦争継続に大影響を受ける。航空機を中心とする近代兵器は、遠からず量産できなくなろう。

国民生活のうち食糧は、ギリギリに規制された穀類と、生理的必要最小限度の塩分をようやくとることができる程度。物価騰貴が著しく、インフレ急進の結果、戦時経済の組織的運営が不可能になるおそれがある。

民心の動向は、軍部と政府にたいする批判がしだいにさかんとなり、指導層にたいする信頼感が動揺している傾向がある。国民道義は頽廃の兆がある……」

それを聞いた鈴木貫太郎首相は、これ以上戦争を続けてはならないと、深く心に決したという。だが小沢には、この他にも難題があった。

搭乗員の面から、三、五、十の三つの航空艦隊が戦いつづけることができるのはあと約三ヵ月、作戦回数にして約三回強。そのあとは、内戦部隊である鎮守府の部隊、海上護衛部隊の航空部隊を集めて約二ヵ月、作戦回数にして約二回。結局、海軍航空は、あと五ヵ月で一人もいなくなってしまう計算であった。

もっとも、このような状況におどろいて、あわてて操縦員教育を再開、特攻に出ていった残りの練習機と、わずかな燃料を使い、飛行時間二〇時間から三〇時間を目標に訓練していた。これが七月末と十月末に卒業するから、あと二回の作戦ができるはずだ。

それ以後は、海軍は一機の飛行機も飛ばすことのできない、最後の関頭に立つことになる。

一方、艦艇は、燃料がなくて動けず、軍港内外のあちこちに繋いでいた。それが、三月十九日から七月二十八日にいたる空襲で、大被害を受け、転覆あるいは着底した。軍艦としての機能を失ってしまったもののうちに、戦艦「長門」「伊勢」「日向」「榛名」、空母「天城」、重巡「利根」「青葉」、軽巡「大淀」、「磐手」があった。

乗員を半分以下に減らし、人里離れた岸辺の浅いところに艦を繋ぎとめ、陸上から電気を引き、艦にはカモフラージュをするといった、戦前には想像もできなかった連合艦隊の哀れな姿をさらしていた。残った乗員たちの心のハリは、不沈防空砲台となって最後まで戦うことであった。

真新しい軍艦旗を掲げて、たとえば呉の「榛名」など、主砲に三式弾を塡めて敵機の大編隊を狙い、先頭の大型機を一発で撃墜、そのため、後続機があわてて爆弾を落としたためか、意外に艦の被害が少なかったという。しかし、しょせんはシッティング・ダック（動かぬ鴨）。回避することができないから、下手でも当たる。直撃弾一三発をうけ、浸水着底するのは、いたしかたなかった。

剣と烈

このような終末期、ひとり気を吐いていたのは、回天であった。

桜花といい、回天といい、どちらもこの戦争で新しい威力を発揮し、凄い兵術的価値を示した飛行機と潜水艦の化身であった。どちらも、海軍の指導部が判断さえ誤らなければ、戦場に姿を現わして米軍の心胆を寒からしめ、戦争が終わってからかれらをあわてて誘導弾やホーミング魚雷の開発と製作に走らせることにはならなかったかもしれない。

さて、その回天である。

「水中に身を潜めて敵艦の艦底を攻撃することは、本来、決定的な威力を持っているはずだ。水中速力六ノットしか出ない潜水艦が、魚雷を当てようとして敵の一キロそこその至近距離にまで近寄ろうとする。だから、やられる。二〇キロも離れたところから人間魚雷を放して、サッサと引き揚げれば、まず、やられることはあるまい。そのあとは、われわれが、敵を潜望鏡で睨んで、舵をとって、体当たりで仕止める」

自分の生死の問題はとっくにどこぞへ置き忘れてきたような、回天乗員の口ぶりであった。そして、徳山湾の大津島で訓練をはじめ、訓練中一五名の殉職者を出しながら、いかにうまく体当たりするかの工夫をこらして倦むことがなかった。

「このままでは、潜水艦は、一方的に全滅させられるばかりだ。潜水艦は、そんな弱いものじゃない」

そんな共通の認識をみなが持っていなければ、とても耐えられないほどの試練であった。指導部にたいする幻滅と不信と、そして戦局にたいする危機感が強ければ強いほど、回天は活発に、勇敢に、海中を走りまわった。

あとの話になるが、終戦直後マニラに飛んだ日本の軍使に、マッカーサー司令部のサザランド参謀長が最初に質問したのは、現在、回天を積んだ潜水艦が、何隻洋上を行動しているか、ということだった。軍使が、約一〇隻と答えると、身体を震わせていったそうだ。

「それはたいへんだ。一刻も早く戦闘停止を命じてもらわなければ——」

小沢長官が、敵に一矢を報いるために計画した新作戦は、回天攻撃と併行して、基地航空部隊の戦力を集中し訓練して、マリアナのB‐29を、特攻攻撃で一網打尽にしてしまおうとする剣作戦と烈作戦だった。

烈作戦では、銀河陸爆三〇機で、この目的のために開発した特殊機銃（一機に一七梃の二〇ミリ機銃を斜め下に向けて装備したもの）をもつ一五機と、特殊爆弾（一個の弾体に三六個の子爆弾を組みこんだ二十一号爆弾）一二発を積む一五機が、協同してサイパン、テニアン、グアムの飛行場に超低空で突入、そのころ写真偵察で一四〇〇機にふえていたB‐29を、地上で撃破する。

剣作戦では、呉第一〇一特別陸戦隊三五〇名（第一剣部隊）が陸攻三〇機に分乗、山岡少佐を指揮官として、グアムに二〇機、テニアンに一〇機が強行着陸、B‐29を焼き打ちする特攻作戦。また、第二剣部隊は、園田陸軍大尉の率いる陸軍空挺部隊三五〇名。同じように陸攻三〇機に分乗、サイパンに二〇機、テニアンに一〇機突っこむ。かれらは第一剣部隊とともにB‐29焼き打ち訓練に励んでいた。

訓練基地は、烈部隊が松島(宮城県)基地、剣部隊が三沢(青森県)基地。まず烈部隊が突入し、空中から飛行場を制圧している間に、剣部隊がつづいて強行着陸、焼き打ちしようという手順だ。

なかでも第一剣部隊は、米本土を奇襲攻撃する目的で、約一年半、訓練をつづけてきた部隊で、髪を伸ばし、背広を着た精鋭。指揮官だった三航艦長官寺岡中将によると、「不敵な面構えの、実にたのもしい軍人集団」だったという。

八月五日、小沢は、寺岡中将の案内で、木更津から松島に飛び、翌日は三沢に飛んで、烈部隊と剣部隊の総合訓練の状況を視察した。一行には、大西軍令部次長たちのほか、高松宮(軍令部参謀)も参加された。海軍首脳部がこの特攻攻撃にどれほど期待しているかを、よく物語っていた。

まったくのところ、敵を攻撃する有効な手段としては、回天攻撃のほかには、これくらいしか海軍には残されていなかったのだ。

烈・剣作戦は、七月下旬に決行する予定で、準備していた。訓練と実験をつづけ、欠陥が発見されるたびに改良や対策を重ね、万全の状態になってきた。隊員の士気は高かった。

ところが、七月十四日、米機動部隊が三沢基地を急襲、作戦用の陸攻が潰滅的な打撃をうけた。百方手段をつくして計画を強行しようとしたが、あいにく天候が悪く、その上、米機動部隊が本土付近に行動していて、七月下旬にはどうしても作戦が実施できなかった。やむを得ず、次の月明期間である八月十八日以後に延期が決定され、八月十五日の終戦を迎えて、この作戦は不発に終わった。

もう一つ、不発に終わった作戦がある。

小沢は、潜水艦でトラックに彩雲偵察機四機を運び、中部太平洋の偵察能力を強化する（光作戦）一方で、超大型潜水艦二隻に新鋭の潜水艦搭載用水上爆撃機「晴嵐」六機を積み、ウルシー環礁にいる敵機動部隊を奇襲する（嵐作戦）計画を立てた。

晴嵐三機ずつを搭載する伊四百型潜水艦は、空前の約三五〇〇トン。「大和」「武蔵」と同じ軍機扱いの艦で、大きさもさることながら、航続距離がケタ外れに長く、一四ノットの巡航速力で四万二〇〇〇浬。全世界のどこの港にも往復でき、その間に作戦行動もできる。それでいながら、一分で急速潜航するし、水中旋回力、操縦性もたいへんよい。「大和」などと同じように、日本海軍造船技術の勝利といえるシュノーケル特殊潜水艦だった。

一方、晴嵐もまたユニークで、一三四〇馬力、双浮舟、低翼。攻撃行動をとるときには浮舟を切り落とし、それにバランスさせるために垂直尾翼の上端を外して急降下爆撃をする。潜水艦に帰ってきたら、胴体着水して搭乗員だけを拾い上げる。

本来の狙いはパナマ運河閘門《こうもん》の破壊で、八月末決行の予定で準備を整えてきたのを、急に決行日を繰り上げ、ウルシー奇襲攻撃に切り替えた。だが、光作戦部隊の一隻が船体故障のため出発が遅れ、八月五日、ようやくトラックに着いて彩雲偵察機を陸揚げし、協力態勢を整えた。そこで、嵐作戦部隊は七月二十六日に大湊を出港、八月十七日早朝にウルシーを奇襲する計画で、トラック南西海面にさしかかったとき、終戦になった。

この潜水艦に爆撃機を積んで敵地を奇襲攻撃しようという計画は、開戦二ヵ月もたたぬ昭和十七年一月に立てられた。そのための伊四百型潜水艦の設計と建造が進められ、一八隻建造予定のところ、終戦までに三隻竣工。同時に、それに搭載する晴嵐水上爆撃機は二八機完成し、訓練を重ねてきた。真珠湾攻撃で、それまでの常識からいえば奇想天外ともいえる着想を具体化した日本海軍独特の組織力と実行力が、ここでもまた発揮されようとし、その寸前で終戦を迎えた。

残念というべきか、それとも実施されなくてよかったというべきか。

いずれにせよ、戦争終結の大命で、嵐作戦決行の二日前に内地帰投を命ぜられた第一潜水隊(伊四百潜、伊四百一潜)司令有泉龍之助大佐は、横須賀入港直前、艦内で自刃して果てた。

終戦

七月、八月、戦局が最終段階に入ったころ、また、航空兵力の温存か攻撃かの問題で、トラブルが起こった。

もちろん、本土決戦(決号作戦)に備えて、航空兵力を温存しようとするのだが、前記七月十日から二十八日にわたるハルゼー機動部隊の本土空襲は、関東地区を手はじめに、北海道から九州までの間を往ったり来たりしながら、まったく傍若無人の執拗な空襲をくりかえした。

それまであまり手を触れなかった交通網まで攻撃し、青函連絡船七隻沈没、四隻大中破。北海道と本土との交通連絡が切断された。ばかりか、釜石、室蘭の両製鉄所も被害を受け、銃砲弾の製造にもこと欠く結果になった。

温存したとはいうものの、この間に本土だけで三一八機の被害を出し、前記、剣作戦用の陸攻がやられ、九州では多数の飛行機と莫大な弾薬が烏有に帰した。

小沢は、たまりかねて、二度にわたって訓示を出した。敵が近くに現われ、あるいは艦砲射撃までしているものを、黙って見ている法はない。少数精鋭の兵力を出して、敵の企図を打ち砕け。被害防止のため、指揮官は現場に出て実情をとらえよ、などと、叱咤激励した。

「進め、進め」と、指揮官が先頭に立ち、敵を攻撃するのは、実はやさしい。「攻撃は最良の防御なり」などといって、海軍は攻撃一点張りで戦ってきたが、むしろそれは、日本将兵の性格にもっとも適した方法だったのかもしれない。気を配らずとも、士気はあがり、統制も容易にとれ、結果もいい。

だが、いったん守勢をとり、防いで戦力を維持しなければならない場面に立つと、まったく苦しくなる。慣れないことでもある。いっそ、離島防衛のように、来攻する敵を反撃して海中に追い落とす目的に徹することができれば、士気も揚がる。しかし、兵力温存のため、きわめて有利な場合少数を出して攻撃するほか、攻撃するな。被害局限のため、重要な兵器は分散、秘匿せよ、などといわれると、まず士気が落ち、身体は動かず、精神集中ができにくくなり、すべてに消極的、退嬰的になってしまう。

それを証拠立てるような事件が、八月一日、伊豆大島で突発した。七月の長い本土空襲を終わった米機動部隊が、どこにいったか捉えられない、という状況があって、八月一日早朝から、大島に、敵艦上機と陸上機を合わせて約五〇機が、四時間にわたって来襲、艦砲射撃も加えてきた。その夜半のことである。

大島見張所から、緊急信が入った。

「大島ノ一八〇度三〇キロニ敵攻略船団三〇〇〇隻ナイシ四〇〇〇隻北上中」

海図で見ると、疑いもなく房総に向かっている。海軍総隊から「決号作戦警戒」命令が出され、一時は大騒動になったが、やがてこれは、夜光虫を見誤ったことがわかって、旧に復した。

二日後に真相がわかって、さらに驚いた。敵が来襲したのは伊豆大島ではなく、大鳥島（ウェークをそう名づけていた）だった。大島と大鳥島とを、暗号化する途中で間違えたものらしかった。ところが、それを調べている間に、通信の処理が通信隊で定められたとおりに行なわれていなかったことがわかった。電報を受けたあとの処理が遅い。指揮官に届けるのも遅い。全文を翻訳しなかったところがある。受信しなかった（受信洩れ）ところもある。重要通信は地方の艦所に中継することになっているのに、それをしていなかった。

どれもみな、常識では考えられない失策ばかりだった。通信業務は純然とした精神作業である。誰もかれもが精神的に萎縮しているのではないか、と考えられた。これは、電信員を集めて訓示をしても、叱っても、だめである。一時的には何とかなっても、すぐにモトのモクアミに戻ってしまう。しょせん守勢をとるとか、兵力を温存するとかいうことは、日本人には耐えられないのか。

このような状況の中で、では、海軍首脳は何を考え、どんな成算をもって戦いつづけていたのか。

サイパン失陥（昭和十九年七月）のすぐあとのことだ。東条内閣が倒れて小磯・米内内閣ができた。その数日後、作戦研究のため、豊田連合艦隊長官は、軍令部に行った。そして、新任の米内海相に挨拶に顔を出したときの話である。豊田によると、

「大臣が一番に私に聞いたことは、戦局の見通しはどうだ、今年いっぱいもてるか、という質問だった。それに対して私は、きわめて困難だろう、とごく簡単に答えたのだが……連合艦隊長官としては、戦に勝ち目がない、泥田の中にますます落ちこんでしまうばかりだから、速やかに終戦に持ちこんでくれと直截に口を切ることは、立場上、ちょっとできなかった」

という。海軍大臣が、実力部隊最高責任者である豊田に、判断資料として戦局の見通しを聞く。それにたいして、連合艦隊長官が、なぜ立場上、速やかに終戦に持ちこんでくれといえないのであろうか。

高木惣吉氏は、こういう。

「かれらは、形勢が非常に悪化していることは認めていたが、とにかく日本は、何とかして戦争を続けていけると考えていたようだ。それをどのような方法で続けていくかについては、

あまりハッキリした対策は持ち合わせなかったが、そのハッキリしない基盤の上に立って、やっていた」

ずいぶん心細い見通しに思われるが、実は、かれらはそう心細いとは感じてはいなかった。心細いとか頼りないとか思うのは、「戦争」の見地に立つからである。かれらは、いまとなっては「戦争」の立ち場を無視できなかったが、それでも頑張って「作戦」の見地に立っていた。今度こそ、今度こそ、と思っていた。

「豊田を見損なった」

と米内大将が洩らした終戦決定にいたる陣痛期、井上次官の推挽による米内人事で軍令部次長に持ってきた大西瀧治郎中将が、戦争継続一本ヤリで強硬に終戦反対に動きまわり、豊田軍令部総長を衝き上げる。まだ軍には余力がある、戦うことで「死中に活を求めるべきだ」と、豊田を引き入れ、米内の早期終戦努力に対決する。

「艦隊決戦を、どう有利に戦うか」

というテーマに、三〇年というもの打ち込んで来た海軍作戦家の実像が、ここにいたってあらわれた、というべきか。

八月十日、ポツダム宣言受諾についての聖断が下った翌々日――十二日、豊田は梅津参謀総長と連立上奏して、

「統帥部といたしましては、本覚書のごとき和平条件は断乎として峻拒すべきものと存じます……」

に。

　と申し上げた。「戦争」で敗けても、なお「作戦」で勝てる、などと言えるはずはないのに。

　のちにこのことを知った米内海相は、保科軍務局長に豊田総長と大西次長を大臣室に呼んで来させ、軍務局長を立ち合わせて、厳然とした態度で二人を詰問した。

「統帥部が、海軍大臣たる私に何らの相談もせず、陛下に直接上奏して海軍の伝統たる結束を乱したことは、誠に遺憾である。また軍令部が、先方の放送傍受で参謀本部とともに上奏したことは、軽率である。何を基礎にして上奏したのか」

　豊田総長は、沈痛な面持ちで頭をたれたまま、答えることができなかった。保科軍務局長は、「私は米内大将に三度仕えたが、このときほど激怒された姿を見たことがない」とのちに述べているところからも、その場の様子が察せられる。このとき高木少将は、米内海相からこんな話を聞いている。

「私は、私の意見に盲従しろとは言わぬ。人おのおの考えがある以上、その所信に従うのはやむを得ないが、その際、大臣とよく意見をかわし、もし私の意見が間違っておれば、私はこれを改めるにやぶさかでない。また、私の意見が正しいときは、私に協力するのが当然である。御下問に奉答もできないような基礎で行動することは、甚だ軽率至極である。今日はだんだん詰め寄ったところ、結局敵側の条件では統率上甚だ困ると思っていたところに（米側）放送を聞いたので、つい誤ったと言っていた。極力善処する、進退はいつでも覚悟しているという意味のことを言ったから、それは君が考えなくてもよい、私が考えることだと言っておいた。(大西軍令部)次長に引きずられるのだよ。次長を呼んで、うんと叱ってやった。すでに聖断が下った以上、絶対であって、いかなる困難があっても、思召しにそうよう万全を尽すべきである。……事ここにいたって、いよいよの土壇場になったら、相対的なことと絶対的なこととの区別だけは間違えないようにしなくてはいかん。それを言ったら、次長もわかってくれたようだ」

「この間(八月九日?)の閣議で、総理を差し置いて甚だ僭越だと思ったけれども、軍需大臣と農商大臣と内務大臣に私は質問した。

『諸官は国内情勢をどう見られるか。きわめて率直な意見を承りたい』

といったら、長ったらしい数字を挙げて説明したが、結局、軍需大臣と農商大臣は(今後の)見込みがないということになるし、内務大臣は、(戦争終結への)転換に関しても何とか抑えられるということだった。……私は言葉は不穏当と思うが、原子爆弾やソ連の参戦は、ある意味では天佑だった。国内情勢で戦争をやめるということを出さなくてもすむ。私がかねてから(終戦による)時局収拾を主張する理由は、敵の攻撃が恐ろしいのでもないし、原子爆弾やソ連参戦が恐ろしいのでもない。一に国内情勢の憂慮すべき事態が主である。したがって、今日その国内事情を表面に出さなくて(時局を)収拾できるというのは、むしろ幸いである。軍令部あたりも、国内がわかっていなくて困るよ」

「戦争」を知るものの意見である。

八月六日、広島に原爆が投下された。九日、十日の両日、敵機動部隊が東北、関東の航空基地に来襲、十三日以後、関東に攻撃を集中した。

九日、長崎に原爆が投下された。

十日、マリク・ソ連大使が、日本政府に宣戦布告文書を手渡した（八日午後十一時〈日本時間〉モスクワでモロトフ外相から佐藤大使に対日宣戦布告文書が手渡されていたが、その公電は、どういうわけか、東京には着電しなかった）。

十日、小沢長官は、大本営の新たな基本命令をうけて、新情勢に対応する命令を発した。

「決号作戦準備ヲ顧慮スルコトナク、速ニ……航空部隊ハ……積極的ニ敵機動部隊ヲ撃滅スベシ。……沖縄敵艦船オヨビ航空機攻撃ヲ積極果敢ニ実施ス……」

その基本命令（十一日発令の大海令）には、こうあった。

「海軍総司令長官ハ決号作戦兵力ノ温存ヲ顧慮スルコトナク主敵米ニ対スル作戦ヲ強化シ、好機ニ投ジ敵機動部隊ノ撃滅ニ努ムベシ」

八月九日から翌十日未明にかけて最高戦争指導会議、閣議、御前会議が開かれ、ポツダム宣言の取り扱いが議せられ、聖断で受諾のことに決定されたが、海軍総司令長官は、当然な知らなかった。

上したが、そのことも、米内海相が怒って豊田総長と大西次長を叱りつけたことも、小沢は

のラジオで放送され、その朝、前記、豊田軍令部総長が梅津参謀総長とともに受諾反対を言

がら、議にあずからなかった。受諾申し入れにたいする連合国側の回答が、十二日午前一時

十二日の閣議でも、十三日朝の最高戦争指導会議構成員会議でも、陸相と陸海軍総長はそ

のままポツダム宣言を受諾することに反対し、会議は紛糾した。そして、十四日午前、最後

の御前会議で天皇のおさとしがあり、終戦の詔書が発布され、連合国にたいして受諾の通告

が発せられた。

しかし、小沢長官としては、その経緯に耳目を奪われているわけにはいかなかった。十三日に、また姿を現わした敵機動部隊が、関東空襲をしかけてきたのにたいし、周囲の情勢から本土上陸の公算ありと見て、「決号作戦警戒」を発令、厳戒態勢に入った。

十四日、ポツダム宣言受諾通告とも関連して、「何分ノ令アルマデ対米英蘇支積極進攻作戦ハコレヲ見合ハスベシ」との大命が発せられたので、マリアナ、硫黄島、沖縄、ソ連領土にたいする積極作戦を停止し、自衛のための反撃のみを行なうよう命令した。なお、海軍総隊司令部指揮下の兵力が、いっさいの戦闘行為の停止を命ぜられたのは、八月二十二日午前零時であった。

そのポツダム宣言受諾が議せられていた、たぶん十日から十二日のころ、日吉の海軍総隊司令部に、大西次長が血相を変えて小沢長官に会いに来た。そして、間もなくして、こんど

は入って来たときよりもなお一層悲痛な顔をして大西次長が帰っていった。

それを見ていた千早参謀が、そのあと用事があって長官室に入ると、小沢が、なにげないふうに口を切った。

「今日、大西が徹底抗戦を説きにきたよ。それで、いまさら抗戦を説いて何になる、といってやったら、えらい顔して帰っていったよ」

米内海相に叱りつけられたといっても、大西次長には、かれと握手をして飛び立っていった大勢の若い特攻隊員の手のぬくもりが、消そうにも消えなかったに違いない。祖国の盾になろうとして死んでいった特攻隊員——いや、一六万の海軍将兵がそのために命を捨てた祖国が、敵の軍門に降り、みずから崩壊していく。これだけは食いとめねばならぬと死に物狂いで考えたのであろう。かれは、何かに急き立てられているような口調で、八月九日の朝、軍令部作戦部の参謀たちに訓示していた。

「もし、お上《かみ》が終戦せよと仰せられた場合は、たとえ逆賊の汚名を着ても、われわれは大きな忠義のため、あくまでも戦争を継続せねばならぬ……」

小沢長官のところに行ったのは、そのあとのことと思われる。そして、その一週間後、大西次長は、

「特攻隊の英霊に曰《もう》す、善く戦ひたり。深謝す。最後の勝利を信じつつ肉弾として散華せり。然れども其の信念は遂に達成し得ざるに到れり。吾れ死を以て旧部下の英霊と其の遺

族に謝せんとす……」

と遺書を残し、少しでもわが身を長く苦しめる死に方で死なねばならぬと、割腹自決した。

その前日（十五日）、宇垣五航艦長官が、訣別の辞を特攻機上より打電、故山本元帥より贈られた脇差を手にして、沖縄付近の米艦隊に突入した。

「過去半歳ニ亙ル麾下各隊ノ奮戦ニ拘ラズ、驕敵ヲ撃砕シ、神州護持ノ大任ヲ果スコト能ハザリシハ本職不敏ノ致ストコロナリ。本職ハ皇国無窮ト天航空部隊特攻精神ノ昂揚ヲ確信シ、部隊隊員ガ桜花ト散リシ沖縄ニ進攻、皇国武人ノ本領ヲ発揮シ、驕敵米艦ニ突入撃沈ス。指揮下各部隊ハ本職ノ意ヲ体シ、来ルベキ凡ユル苦難ヲ克服シ、精強ナル国軍ヲ再建シ、皇国ヲ万世無窮ナラシメヨ。

天皇陛下万歳。

昭和二十年八月十五日一九二四　機上ヨリ」

そして、「ツー、ツー」と電鍵を押しつづける突入符号が、パッと消えた。午後七時三十分であった。

その翌日、終戦の命に服しない厚木航空隊を説得するため、三航艦長官寺岡中将が日吉に小沢を訪ね、打ち合わせと状況報告をした。寺岡中将によると、そのとき小沢は、寺岡を見るなり、「君、死んじゃいけないよ。昨日から宇垣は沖縄に飛びこんだ。大西は腹を切った。みんな死んでいく。これでは、誰が戦争の後始末をするんだ。君、死んじゃいけないよ」と、心の底を顔に見せて、くりかえしたという。

終章　大西瀧治郎の言葉

太平洋戦争を通観して、とくに気になるのは、海軍の情況判断ないし情勢判断の方法に、それ自身としてもシステムとしても、なにか欠けるところがあったに違いないことだ。だいいち、その情況判断ないし情勢判断があぁも次つぎに狂ったのでは、総合的判断資料に遠い第一線将兵は、いつもいつも、敵に不意を打たれるばかりである。

情況判断は、いうまでもなく、問題に直面したとき、

一、わが任務
二、状況
三、かれのとりうる方策
四、われのとるべき方策
五、もっとも起こる見込みの多い状況
六、起こるかもしれぬもっとも危険な状況

について検討し、それにたいする
七、判決
八、処置
を考える意味のものである。

この情況判断は、自主的にものごとを解析し、能動的に事を処していこうとする者にとって、三度の食事ほどにも欠かせない重要性をもつ。こんな話がある。親に急ぎの用事をいいつけられて、使いにいく途中の子供が、道で、転んで足に怪我をして泣いている小さな子供に出会った。どうしたらいいか——その判断と処置を、小学校一年の修身の時間に教えているのを、昭和六、七年ころ、横山一郎少佐（当時米国駐在）がアメリカのニューヘブンにいたとき実際に見学した。きまった答えに誘導するのではなく、「考え方」を教えていたが、少佐は舌を捲いた。

「小学校一年のときから情況判断と判決処置を考えさせるアメリカは、おそろしい国だ」

日本では、もちろん小学校では教えなかった。中学校、海軍兵学校、術科学校でも教えなかった。詰め込み教育、画一教育であった。海軍大学校の学生になって、はじめて教えられた。三十歳を越えて、アタマがいい加減カタくなったころの二年間の付け焼き刃だ。

そして、大学校に行くのは一クラスの約一割六分だったから、海軍士官の大部分は、そんな考え方はしなかったといっていい。日本人的な直感で判断するのである。

大本営や連合艦隊司令部のスタッフたちが戦争中におこなった情況判断に、この日本人的な直感――あるいは希望的観測によるものが少なからずあったことは、述べてきたとおりである。

悪いことに、海軍では、時間をかけてジックリ判断する慎重型よりも、パッと単刀直入に結論をいう直感型が尊重された。指導部には、直感型でなければ恃むに足らず、という空気さえできていた（ミッドウェー前後の山本司令部のスタッフたちについて、想起していただきたい）。

米軍が、日本海軍の戦略常用暗号を解読し、日本海軍指導部の戦争指導、作戦指導そのものを摑み、意図までを見透していたことを思い合わせると、対敵判断の正確さの日米の落差は、天地ほども開いていた。

当時、そのような実態は、日本軍、とくに第一線将兵にはわかっていなかった。だから、あれだけ懸命の奮戦ができた。もし、それがわかっていたら、国力、生産力、技術力で太刀打ちできないことまでは知っていても、物質力でカナわなければ精神力でいこうと、健気にも思い定め、なんとか敵にひと泡ふかせ、日本だけは護りたいと気を張りつめていた人たち――われわれ――は、ガッタリと、揃って尻もちをついていたろう。

三年八ヵ月と七日間――。

これほどの長い戦いになり、こんな姿で完敗しようとは、予想もしていなかった。

思いなおしてみると、人も物も、すべてが準備不足、準備未成、準備不良のままであった。

それで圧倒的な国力、生産力、技術力をもつ米国と戦った。そして緒戦に大勝すると、すっかり気をゆるめてしまった。

飛行機を増産せず、海軍機の生産を陸軍機に優先させず、搭乗員を急速大量養成せず、予備員もないまま、

「空母機動部隊は補助作戦に任ずべきもので、決戦主力は依然大艦巨砲を中心とすべきもの」（福留作戦部長）という認識――作戦思想を変えず、したがって軍備方針も転換せず、ただでさえ勝てない戦を、いっそう勝てなくした。

海軍の指導者たちは、自分自身を戦争の現実に適応させながら考え、判断するのでなく、これまでかれらが拠ってきた砦から動かず、その位置から作戦を考え、情況を判断した。性格的に、かれらがすすんで身を動かすのを億劫がることもあったろうが、それより海軍には、航空主兵の近代海戦の研究が全くされず、したがってビジョンもピクチュアもなく、白紙のままだったことの方が大きかったのであろう。つまり、四人の連合艦隊司令長官とそのスタッフたちの占めている心の座標が問題であった。本文で述べてきた近代海戦の本質に、幸い近いところにいたものは比較的無難にこなすことができたが、旧時代に近いものは逆に努力の足を引っぱり、よけいに敗色を濃くさせた。

単一民族、大家族主義の上に組織された生活共同体的日本海軍であった。病気で勤まらなくなるとか、よくよくの失態でもないかぎり、だれでも大佐までは進級させる。平時は福祉にも十分注意を払っていた。海に隔てられた別社会だった。

創設以来七五年たち、二代、三代と代替わりして、すっかり安定した日本人的な長老体制ができあがっていた。抜擢は大佐に進級するときまでで、将官になると、ずっと序列は変わらなくなった。本来、海上で働く将官は、少将で四十歳、大将は五十歳が理想とされたが、住み心地がよすぎたせいか、新陳代謝がすすまなかった。開戦のとき、中沢人事局長によると、だいたい五歳から八歳くらい老けすぎていた（開戦時山本長官五十七歳、永野軍令部総長六十一歳）。

仕事はきまったことのくりかえし、長老は頭の上に載せておく帽子代わりでよい、というのは平和時代のことである。戦時には、トップこそ豊富な経験と知恵の上に想像力と独創力を働かせ、頑健な身体と健全なバランス感覚で、誤りない意思決定をしなければならなかった。

山本五十六が、自分で、独自の対米作戦構想を練り、その構想にもとづいて作戦を指導していったことは、そのような無風帯的バックグラウンドからすると、突出的でありすぎた。海軍は、連合艦隊を含めて、すっかりこんがらかった。

海軍は、この稿のはじめにも述べたとおり、作戦研究しかしていなかった。今日から考えるとウソのような話だが、戦争研究はしなかった。理由は、政治と経済を取り込むことを頑ななまでに排除したからだが、山本は、この戦争研究次元で考えていた。だから、山本作戦の意味を、部将たちは作戦研究次元でしか解釈できなかった。山本もまた、自分の考え方は誰にも理解されないものと諦め、わからせる努力をせずに作戦指導をすすめたから、当然ながら、かれの意思に反した、中途半端な結果になりがちだった。絶好の戦機を得ながら、それを生かしきれない、ということも多かった。

山本は、長老体制の安定した海軍からいうと、まさに異教徒であった。しかも山本は、みずから異教徒であることを承知していて、人事権者である海軍大臣にむかい、

「自分が長官であるかぎり真珠湾攻撃をせざるを得ない。もし従来型戦法でいくべしというのだったら、いつでも喜んで長官の椅子を明けわたす」

と申し出た。大臣は、ならば「明け渡せ」とはいってこなかった。

長老的考え方に立って推察すると、おそらく及川大臣も嶋田大臣も、

「戦時の連合艦隊長官には、統率のうまい者を充てるがよい」

と考えていたのだろう。

したがって、前に述べた、一人の山本にたいする七五年の歴史をもつ日本海軍全体、という壮烈な精神風景が、現出した。一方では、真珠湾とマレー沖で新しい航空時代への幕をみずから切り落としておきながら、切り落とした当人である日本海軍は、その歴史的意義にも、作戦思想の転換にも、軍備方針の変更にも注意を払わないまま、勝ちムードに浸っていた。

三年八ヵ月の戦争期間にわたって連合艦隊を指揮した四人の長官は、山本、古賀、豊田、小沢ともども、私心を離れ、懸命の努力を傾けたことには間違いないが、こと志と違って、戦いに勝ちを収めることができなかった。

日露戦争以来の艦隊決戦思想、指揮権の移る順序をきめた軍令承行令、そして海戦要務令。

そのほか明治の戦争の様相、論理、作戦の規模、指揮、テンポとスピードから生まれた考え方が、海上航空戦時代に入った戦争のなかに生き残り、ガンとしてそこを動かなかったせいである。いや、それより、艦隊決戦構想があまりにも完璧に練り上げられていて、そのため、初めて遭遇する全く新しいタイプの作戦についても、現実を直視せずとも概念的作戦指導をしていればよいと考えさせ、現地を混乱させさえした。

日本軍は、攻撃は最良の防御なり、といって、攻撃一点張り。米軍は、飛行機も軍艦も攻防兼備。そこで、日本機が米艦に攻めかかると、米艦の備えた防御砲火が日本機の裸同然の防御を容易に打ち破り、米機が日本艦艇に攻めかかると、日本機の攻撃による被害を最小限に食いとめ、逆に、米機が日本艦艇に攻めかかると、日本艦艇の防御力の弱さを衝いて大損害を与え、日本艦艇はその米機をなかなか撃ち墜とせない、という結果になった。つまり、日本軍の考え方、兵器の性能は、図式的にいって、攻めるときは攻めにくく、戦果を挙げにくく、防ぐときは防ぎにくく、米軍の攻撃に名を成さしめることになった。

レーダー、航空機用無線電話機（とくに戦闘機用）、機体防御、対空砲火、艦艇の防火と応急（ダメージ・コントロール）、そして何よりも、防御という感覚の欠落がその盲点であった。

だからといって、そのために作戦指揮や戦闘行動に混乱を起こしたことは、まったく、といってもいいほど、なかった。

この稿ではほとんどふれなかった戦闘員将兵が、階級を問わず、見事な戦いぶりをみせた。

戦況を直視し、みずから何をなすべきかを考え、最善の方法を探し出して、自分でそれを断行した。

かれらは、条件がどんなに悪かろうと、どれほど重い荷を背負わされようと、精魂を傾け、誠実一途に頑張った。たとえそれが、かれらの死を意味するものであっても、ひるまなかった。

「この戦争は、自分たち若い者がやります。ご安心ください」

と、澄んだ目で、ハキハキといったのは、マリアナ沖海戦直前の、空母の若い航空兵たちであった。

「こんなことをしていたら、日本は手も足も出なくなる。もっと簡単に作ることができ、もっと威力の大きいものはないか」

と、自分で図面を引き、海軍省に兵器に採用してもらうよう請願にゆき、なかなか許されないのにもめげず、くりかえし請願して、作ってもらうことに成功。使い方を研究し、訓練を重ねて一発必中の自信を得、命令を出してもらって敵艦めがけて突撃していったのは、人間魚雷回天の青年たちだった。

人間ロケット爆弾の桜花にも、おなじようなエピソードがある。そして、神風特別攻撃隊にも。

いや、レイテ沖海戦を前にした栗田艦隊でも、小沢艦隊でも、おなじようなことがあった。

栗田艦隊では、小柳参謀長が、

「ご命令とあれば戦いますが、いくさは、われわれの納得のいく方法でやります」

という意味のことを連合艦隊幕僚にクギを刺して出て行ったし、小沢艦隊では、連合艦隊司令部から、レイテ沖海戦には空母は使わないとの言質を得て、それではと、空母機を台湾沖航空戦に供出してしまったところ、敵がスルアンに上陸してくると、言葉を翻して、空母部隊は出撃せよと命じられた。先任参謀が、真ッ赤になって連合艦隊司令部をなじるのへ、小沢長官は、

「それが必要なら、やろうではないか」

と淡々といい、艦隊の出港を命じた。

この戦争を総括すると、山本五十六の悲願が、駐米日本大使館幹部を含め、実際に敵と戦う戦隊司令官（少将）、艦隊司令官（中将）といった部将や後方の幹部たちで、山本の意図どおりに動かないものがあったことと、日本軍が攻撃一点張りで防御をことさら軽視したことのために、その欠陥が無惨に足を引っぱって崩れていく。そこへ、南東作戦で陸軍を抱えこみ、それ以来、陸軍に終戦まで振り回され、引きずられた。あのような形で終戦にもちこむことができたのは、不幸中の幸いだった、というか……この稿では、そこまでは扱わなかったが、あのように危機一髪の挾間を抜けてうまく終戦ができたのは、国のためを思いつつ戦死した人々の英霊の加護——としかいいようがないものであった。

さて、四人の連合艦隊司令長官のほかに、将官クラスで、太平洋戦争を語るにふさわしい

人をあえて挙げれば、まず大西瀧治郎中将であろうか。

山本五十六とおなじ航空主兵論者だが、大西は生えぬきの飛行機乗り（山本はもともと鉄砲屋で、大佐になって航空色をつけた）。山本を航空生みの親とすれば、大西は育ての親といわれたものだ。山本と共通しているのは、どちらもバクチ好き。洞察力というか、先見の明があったことも、おなじだった。

「開戦劈頭に真珠湾を空襲したい。研究してみてくれ」

と山本長官に腹案の骨子を渡され、大西はさらに源田実中佐に研究を頼んだ。大西、源田とも、海軍航空の頭脳を代表する最右翼の二人であった。

その成果を山本長官に渡しはしたものの、考えれば考えるほど、真珠湾攻撃はしてはならない、とかれは思いいたった。

「日米戦っても、武力では、とうてい日本は勝てない。早く戦争を終わらせることが、何よりたいせつだ。それには、米本土の一部を撃つことになるハワイ空襲のような、米国民をあまり強く刺戟しすぎる作戦は、とるべきでない。むしろ遠くの方で、サッと勝負をつけ、すぐにも戦争を終わらせる工夫をすべきだ」

と考えた。山本の政略思考の上をゆくほどに見識の高い主張である。

大西は、昭和十六年九月末、南雲部隊（南雲長官は、あまりにも危険が多いことを理由に、真珠湾攻撃に反対していた）と打ち合わせ、南雲部隊の草鹿参謀長と同道して、山本長官に意見具申をしにいった。話の途中から、大西は反対論を引っ込め、逆に草鹿を一生懸命説得したという。大西、草鹿と並べると、大西の方が思想傾向として山本に近かったのだ。たしかに大西は、山本流に、全身全霊を傾け、まともにぶつかっていく、というまッ正直さと、決断のあざやかさとをもっていた。

かれが昭和十九年十月、一航艦長官となってフィリピンに着任し、着任間もなく、「組織された特攻」をスタートさせた事情は、本文に述べた。

「こんなこと（組織された特攻攻撃）をせねばならぬというのは、日本の作戦指導がいかにマズいか、ということを示しているんだよ」

大西は、猪口先任参謀にもらした。

「なあ。こりゃあね、統率の外道《げどう》だよ」

正直である。その正直さは、訓示になおよくあらわれていた。

「日本はまさに危機である。しかもこの危機を救い得るものは、大臣でも大将でも軍令部総長でもない。それは諸子のごとく純真にして気力に満ちた若い人々のみである……」

長老体制の本質に、大西は気づき、真実をさらけだして若い人々の自主自立性に訴えたのだ。

そして、終戦前、軍令部次長になるが、昭和二十年八月十三日、豊田軍令部総長とともに米内海相に呼ばれ、かれらが終戦引き延ばし工作をしていることについて、一時間半ばかり、痛烈な口調で叱りつけられた。叱られても、大西は工作をやめなかった。高松宮をなんとか説得し、皇室への影響力を使っていただこうと努力した。

その日の午後十一時ころ、豊田は梅津参謀総長といっしょに東郷外相に会っていた。

「連合国側が、『国体』にたいしてどう考えているか、それを聞いてもらいたい」

というのへ、東郷外相は、

「そんなことはできない」

と拒絶、押し問答となった。

その席に、高松宮の説得に行って失敗した大西が、目を血走らせて現われた。豊田総長に手短に経過を報告したあと、そこを動こうとせず、同席していた迫水書記官長の気を揉ませた。

たまたま空襲警報のサイレンが鳴ったため、会議はそのまま流れた形になった。そのあと、席に残った迫水書記官長に、大西は、胸の中のものを絞り出すようにして語ったという。

「私は、今度の戦争がはじまって以来、戦争をどうすればよいか、全力をつくし、日夜考えつづけてきたつもりでした。しかし、この二、三日のことを考えてみると、これまで戦争を考えた考えかたが、ほんとうに真剣なものに、どれほど及ばなかったかがわかりました。われわれは気がつかなかったが、われわれは甘かったのです……」

そして大西は、迫水の手をとると、

「なにか、いい考えはありませんか」

といい、しばらくして、淋しく帰っていったという。

これが、迫水の大西を見た最後であった。

あとがき

太平洋戦争で、なぜ日本海軍があんなにまで完敗しなければならなかったか、それは、いわゆる日米の物的ギャップだけによるのか、戦後三〇年たち、いろいろ真相が判明してきたことも含めてほんとうのことを考えてみようと、六年前から、作業にとりかかった。

たまたま三年前、ガダルカナルを訪れる機会に恵まれ、古戦場を見渡すオーステン山に立ってみて、それまで思いもしなかった疑問につき当たった。

「こんな狭い戦場に、なぜ山本長官たちは、ムリをして、つぎつぎに陸軍部隊を送りこんだのだろう。制空権をまずとらねば、ここでは手も足も出ないはずなのに――」

ガダルカナルだけではない。指導部は、いったい何を、どう考えて、あのような作戦指導をしたのか。

ミッドウェー海戦惨敗のあと、連合艦隊司令部は、いつもやる戦訓研究会を開かなかった。その理由を、担当の黒島先任参謀は説明した。

「突っつけば穴だらけであるし、みなが十分反省していることでもあり、その非を十分認めているので、いまさら突っついて屍に鞭うつ必要がないと考えたからだ」

身びいきである。自分自身をふくめて参謀たち、長官、司令官たちが、満座のなかで失策を追及されたりすると、あとあと指揮統率ができなくなる、と考えたのか。

真珠湾の衝撃の中からアメリカ海軍が立ち上がり、一挙に航空主兵の近代海軍に脱皮した。それと同様の貴重な衝撃をミッドウェーで受けながら、この黒島式判断と処置、すなわちその衝撃を隠すことで、日本海軍は脱皮しそこなった。

本書は、その四人の連合艦隊司令長官とスタッフたちの情勢判断と意思決定に焦点を当て、作戦指導をまとめたものである。第一線将兵の苦闘や、戦間のはなばなしさにはふれていないので、それだけ偏っているが、基礎にした情報は、極力根拠の確かなものにかぎり、真実を語ることに努めたつもりである。

イギリス海軍を範として組織され、何回もの戦争経験を積み重ね、輝かしい伝統と、西欧文化の香りをもつものとして国民にも敬愛されてきた日本海軍だったが、アメリカ海軍と戦ってみたら、やはり「日本」海軍であった、ということか。それとも、元も子も失うところ、西欧的良識のおかげで、最悪の事態だけは食いとめることができた、というべきか。

なお、この稿は準備期間が長かったため、その間にずいぶん多くの方々のご教示を得、また防衛庁公刊戦史をはじめ、ずいぶん多くの図書、雑誌、手記を参照、引用させていただいた。ここに厚くお礼を申し述べたい。

「四人の連合艦隊司令長官」が出版されて三年たったが、その間に新しく入手できた資料をもとに研究した結果、改めた方がよいと考えた個所を、こんど文庫版になる機会に改訂した。ご諒承いただきたい。

昭和五十九年八月

吉田俊雄

参考文献＊豊田副武　最後の帝国海軍　世界の日本社＊福留繁　海軍の反省　出版協同社＊福留繁　史観真珠湾攻撃　自由アジア社＊高木惣吉　私観太平洋戦争　文藝春秋＊高木惣吉　太平洋海戦史　岩波書店＊高木惣吉　連合艦隊始末記　文藝春秋＊高木惣吉　自伝的日本海軍始末記　光人社＊高木惣吉　高木海軍少将覚え書　毎日新聞社＊高木惣吉　太平洋戦争と陸海軍の抗争　経済往来社＊宇垣纏　戦藻録　原書房＊草鹿龍之介　連合艦隊　毎日新聞社＊保科善四郎　大東亜戦争秘史　原書房＊富岡定俊　開戦と終戦　毎日新聞社＊小柳冨次　栗田艦隊　潮書房＊小柳冨次　日本海軍の回想とアメリカ海戦史の批判　自家本＊三和義勇　山本元帥の想出　手記＊山本親雄　大本営海軍部　白金書房＊原為一　帝国海軍の最後　河出書房＊源田実　真珠湾作戦回顧録　読売新聞社＊源田実　海軍航空隊始末記　文藝春秋＊富永謙吾　大本営発表　青潮社＊近藤太　海軍特務士官の記録　ターミナルレポート社＊造船会編　造船官の記録　刊行会＊墨水会編　二年現役五期海軍主計科士官戦記　刊行会＊二〇一空会編　二〇一空戦記　刊行会＊七〇五空会編　第七〇五海軍航空隊史　刊行会＊新名丈夫編　海軍戦争検討会議記録　毎日新聞社＊松浦敬紀編著　終りなき海軍　文化放送＊電波関係物故者顕彰慰霊会　海軍電波追憶集　刊行会＊海軍機関学校四十期生　亡き級友の思い出　刊行会＊山本小松　山本小松刀自伝　刊行会＊横山一郎　海へ帰る　原書房＊海軍省編　山本権兵衛と海軍　原書房＊島田謹二　アメリカにおける秋山真之　朝日新聞社＊実松譲　米内光政　光人社＊阿川弘之　米内光政　新潮社＊実松譲　最後の砦・吉田善吾　光人社＊高木惣吉　山本五十六と米内光政　文藝春秋＊阿川弘之　山本五十六　新潮社＊反町栄一　人間山本五十六　光和堂＊山本義正　父山本五十六　光文社＊豊田穣　波まくらいくたびぞ――南雲忠一　講談社＊長谷川清伝　刊行会＊寺島健伝　刊行会＊提督小沢治三郎伝　刊行会＊回想の提督小沢治三郎　原書房＊提督草鹿任一　刊行会＊草柳大蔵　特攻の思想――大西瀧治郎伝　文藝春秋＊吉田満　提督伊藤整一の生涯　文藝春秋＊海軍中将中沢佑　刊行会＊追想海軍中将中沢佑　刊行会＊曾谷正宏　西田正雄　西播文学＊伊藤正徳　人物太平洋戦争　文藝春秋＊半藤一利　人物太平洋海戦　オリオン出版＊実松譲　日本海軍英傑伝　光人社＊棟田博　陸海勇士一〇〇選　秋田書店＊田畑正美　海軍入門　広済堂＊山本七平　一下級将校の見た帝国陸軍　朝日新聞社＊瀬間喬　素顔の帝国海軍　海文堂＊斎藤正二　やまとだましいの文化史　講談社＊土居健郎　甘えの構造　弘文社＊中根千枝　タテ社会の人間関係　講談社＊中根千枝　適応の条件　講談社＊渡部昇一　日本史から見た日本人　産業能率大学＊加瀬英明　日本人の発想、西洋人の発想　講談社＊会田雄次　日本人の意識構造講談社＊会田雄次　事実と幻想　講談社＊小林秀雄　歴史について　文藝春秋＊郷土部隊一〇〇選　秋田書店＊＊山屋太郎　日本水軍史　海軍省教育局＊海幹校　近代戦略の創始者たち＊海幹校　戦略情報作成の基本原則＊防衛研修所　明治・大正・昭和における政治と軍事の関係に関する考察＊伊藤正徳　大海軍を想う　文藝春秋＊伊藤正徳　連合艦隊の最後　文藝春秋新社＊池田清　日本の海軍　至誠堂＊千早正隆　連合艦隊始末記　出版協同社＊千早正隆　呪われた阿波丸　文藝春秋＊服部卓四郎　大東亜戦争全史　原書房＊外山三郎　大東亜戦争と戦史の教訓　原書房＊伊藤正徳　帝国陸軍の最後　文藝春秋＊児島襄　太平洋戦争　中央公論社＊中堂観恵　宿命の戦争　自由アジア社＊森正蔵　旋風二十年　鱒書房＊黛治夫　海軍砲戦史談　原書房＊源田実　指揮官　時事通信社＊大井篤　海上護衛戦　日本出版協同社＊児島襄　指揮官　文藝春秋＊児島襄　参謀　文藝春秋＊渡部昇一　ドイツ参謀本部　中央公論社＊古波蔵保好　航跡　毎日新聞社＊淵田美津雄・奥宮正武　機動部隊　出版協同社＊淵田美津雄・奥宮正武　ミッドウェー　出版協同社＊猪口力平・中島正　神風特別攻撃隊　出版協同社＊吉村昭　海軍乙事件　文藝春秋＊陸戦史研究普及会　沖縄作戦　原書房＊神直道　沖縄かくて潰滅す　原書房＊紀脩一郎　第四艦隊事件　自家本＊山高五郎　日の丸艦隊史話　千歳書房＊日向会　軍艦日向栄光の追憶　刊行会＊外務省編　終戦史録　新聞月鑑社＊矢野恒太（記念会）編　日本国勢図会　国勢社＊海空会　海軍航空史年表＊海軍大学校　海軍兵棋演習規則＊朝日新聞　朝日新聞に見る日本の歩み　昭和十二年より昭和十九年まで＊海軍砲術史刊行会＊海軍水雷史　刊行会＊防衛研修所戦史室　〝戦史叢書〟　朝雲新聞社　大本営海軍部大東亜戦争開戦経緯１・２　大本営海軍部・連合艦隊１・２・３・４・５・６・７　海軍軍戦備１・２　海軍航空概史　海上護衛戦　ハワイ作戦　ミッドウェー海戦　南東方面海軍作戦１・２・３　南西方面海軍作戦　北東方面海軍作戦　中部太平洋海軍作戦１・２　マリアナ沖海戦　海軍捷号作戦１・２　沖縄方面海軍作戦　沖縄方面陸軍作戦＊丹羽文雄　海戦　中央公論社＊阿川弘之　軍艦長門の生涯　新潮社＊尾崎秀樹　歴史文学論　勁草書房＊春山和典　海軍散華の美学　月刊ペン社＊吉田満　戦艦大和ノ最期　創元社＊大本営海軍報道部編　海軍戦記＊島田豊作　サムライ戦車隊長　光人社＊天藤明　珊瑚海を泳ぐ　朝日新聞社＊坂井三郎　坂井三郎空戦記録　出版協同社＊藤本威宏　ブーゲンビル戦記　白金書房＊船坂弘　英霊の絶叫――アンガウル　文藝春秋＊森史朗　海軍戦闘機隊１・２　Ｒ出版＊森史朗　海空戦・空母瑞鶴　Ｒ出版＊半藤一利　魚雷戦・第二水雷戦隊　Ｒ出版＊今官一　不沈・戦艦長門　Ｒ出版＊池田清　激闘・重巡摩耶　Ｒ出版＊佐藤太郎　戦

艦武蔵の死闘　鱒書房＊木村登　原爆機東京へ　鱒書房＊大宅壮一編　日本のいちばん長い日　文藝春秋＊戦史研究会　原爆投下前夜　角川書店＊半藤一利・吉田俊雄　全軍突撃　R出版＊実録太平洋戦争1・2・3・4・5・6・7　中央公論社＊東京12チャンネル報道部　証言私の昭和史1・2・3・4　学芸書林＊機密兵器の全貌　興洋社＊航空技術の全貌　日本出版協同社＊米戦略爆撃調査団　証言記録・太平洋戦争史　日本出版協同社＊日本海軍潜水艦史　刊行会＊伊号第八潜水艦史　刊行会＊鳥巣建之助　人間魚雷　新潮社＊回天　刊行会＊福井静夫　日本の軍艦　出版協同社＊堀元美　現代の軍艦　出版協同社＊永村清　造船回想　出版協同社＊内藤初穂　海軍技術戦記　図書出版社＊内藤初穂　機密兵器奮竜　図書出版社＊堀越二郎・奥宮正武　零戦　出版協同社＊巌谷二三男　中攻　原書房＊日本海軍艦艇写真集　潮書房＊野沢正　日本飛行機一〇〇選　秋田書店＊井上成美　教育漫語　海軍兵学校＊森本享　海軍兵学校　東京ライフ社＊影山昇　海軍兵学校の教育　第一法規出版社＊豊田穣　江田島教育　新人物往来社＊実松譲　海軍大学教育　光人社＊プレジデント編　海軍式マネジメントの研究　プレジデント社＊宮川公男　OR入門　日本経済新聞社＊A・J・トインビー　歴史の教訓　岩波書店＊R・C・K・エンソー　第二次世界大戦史　岩波書店＊R・J・C・ビュートー　終戦外史　時事通信社＊ウルスシュワルツ　アメリカの戦略思想　読売新聞社＊グリーンフィールド　歴史的決断　上・下　筑摩書房＊R・ベネディクト　菊と刀　社会思想社＊米戦略爆撃調査団　日本戦争経済の崩壊　日本評論社＊J・B・コーヘン　戦時戦後の日本経済　岩波書店＊E・J・キング　米国海軍作戦の全貌　国際特信社＊ニミッツ、ポッター　ニミッツの太平洋戦史　恒文社＊J・D・ポッター　太平洋の提督　恒文社＊C・ウィロビー　マッカーサー戦記　時事通信社＊米戦略爆撃調査団　太平洋戦争の諸作戦　日本出版協同社＊モリソン　太平洋の旭日　改造社＊J・フィールド　レイテ湾の日本艦隊　日本弘報社＊G・プランゲ　トラトラトラ　リーダーズダイジェスト社＊W・ロード　ニイタカヤマノボレ　早川書房＊トレガスキス　ガダルカナル日記　三光社＊米陸軍省　日米最後の戦闘　サイマル出版会＊ビュエル　提督スプルーアンス　読売新聞社＊毎日新聞編　太平洋戦争秘史　毎日新聞社＊T・ロスコウ　第二次大戦米駆逐艦作戦　防衛庁＊資料調査会編　米国海軍作戦年誌　日本出版協同社＊B・デイヴィス　山本五十六死す　原書房＊D・カーン　暗号戦争　早川書房＊R・W・クラーク　暗号の天才　新潮社＊E・M・ザカリアス　日本との秘密戦　日刊労働通信社＊W・J・ホルムズ　太平洋暗号戦史　ダイヤモンド社＊S. E. Morison, *History of U. S. Naval Operations in WW II* (vol.

12, 13, 14), Little Brown ＊ W. Korig, *Battle Report* (vol. 1, 3, 4, 5), Rinehart & Co. Inc. ＊J. C. Fahey, *The Ships & Aircraft of the U.S. Fleet*, Ships & Aircraft ＊別冊文春 日本陸海軍の総決算 文藝春秋新社＊別冊文春 赤紙一枚で 文藝春秋新社＊別冊文春 ニッポンと戦った五年間 文藝春秋新社＊歴史と人物 太平洋戦争 中央公論社＊歴史と人物 日本海軍の実像 中央公論社＊歴史と人物 日本海軍事件秘史 中央公論社＊歴史と人物 太平洋戦争と日本海軍 中央公論社＊人物往来 人物帝国海軍 人物往来社＊別冊週刊読売 実録太平洋戦争史 読売新聞社＊増刊文藝春秋 目で見る太平洋戦争 文藝春秋＊増刊文藝春秋 日本航空戦記 文藝春秋＊週刊読売 日本海軍 読売新聞社＊週刊読売 日本陸軍 読売新聞社＊プレジデント 戦訓特集 プレジデント社＊雑誌 東郷＊雑誌 丸 潮書房＊雑誌 丸エキストラ版 潮書房

文庫本 昭和五十四年十二月 文藝春秋刊

NF文庫

四人の連合艦隊司令長官

二〇一七年九月 十九 日 印刷
二〇一七年九月二十三日 発行
著 者 吉田俊雄
発行者 高城直一
発行所 株式会社 潮書房光人社
〒102-0073 東京都千代田区九段北一-九-十一
振替／〇〇一七〇-六-五四六九三
電話／〇三-三二六五-一八六四代
印刷所 モリモト印刷株式会社
製本所 東 京 美 術 紙 工
定価はカバーに表示してあります
乱丁・落丁のものはお取りかえ
致します。本文は中性紙を使用

ISBN978-4-7698-3027-6 C0195
http://www.kojinsha.co.jp

NF文庫

刊行のことば

第二次世界大戦の戦火が熄《や》んで五〇年——その間、小社は夥しい数の戦争の記録を渉猟し、発掘し、常に公正なる立場を貫いて書誌とし、大方の絶讃を博して今日に及ぶが、その源は、散華された世代への熱き思い入れであり、同時に、その記録を誌して平和の礎とし、後世に伝えんとするにある。

小社の出版物は、戦記、伝記、文学、エッセイ、写真集、その他、すでに一、〇〇〇点を越え、加えて戦後五〇年になんなんとするを契機として、「光人社NF（ノンフィクション）文庫」を創刊して、読者諸賢の熱烈要望におこたえする次第である。人生のバイブルとして、心弱きときの活性の糧《かて》として、散華の世代からの感動の肉声に、あなたもぜひ、耳を傾けて下さい。